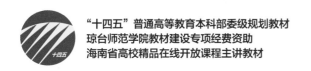

"十四五"普通高等教育本科部委级规划教材
琼台师范学院教材建设专项经费资助
海南省高校精品在线开放课程主讲教材

服装
专题设计

FUZHUANG
ZHUANTI SHEJI

曹春楠　主　编

张　蕾　吴晨珠　陈侦侦　豆文静　副主编

U0217092

中国纺织出版社有限公司

内 容 提 要

本书为"十四五"普通高等教育本科部委级规划教材。

本书对时装设计、童装设计、职业装设计、礼服设计、民族风格服装设计、品牌服装设计、服装赛事专题设计七部分进行了专业性的论述。本书注重引导学生进行多元设计元素的探索,提高创新设计能力。

本书不仅可以作为服装设计专业学生的教材,也可以作为服装设计师及服装设计爱好者的参考阅读书籍。

图书在版编目(CIP)数据

服装专题设计 / 曹春楠主编;张蕾等副主编.
北京:中国纺织出版社有限公司,2024.5. --("十四五"普通高等教育本科部委级规划教材). -- ISBN
978-7-5229-1831-0

Ⅰ. TS941.2
中国国家版本馆CIP数据核字第2024HW0072号

责任编辑:亢莹莹 施 琦 责任校对:寇晨晨
责任印制:王艳丽

中国纺织出版社有限公司出版发行
地址:北京市朝阳区百子湾东里 A407 号楼 邮政编码:100124
销售电话:010—67004422 传真:010—87155801
http://www.c-textilep.com
中国纺织出版社天猫旗舰店
官方微博 http://weibo.com/2119887771
北京通天印刷有限责任公司印刷 各地新华书店经销
2024 年 5 月第 1 版第 1 次印刷
开本:787×1092 1/16 印张:14
字数:279 千字 定价:69.80 元

凡购本书,如有缺页、倒页、脱页,由本社图书营销中心调换

在全面建设海南国际教育创新岛和国际设计岛的背景下，为了培养出优秀的复合型服装设计人才，我们坚持项目导入教学方式，实行校企合作和产学研结合的教学改革模式，在服装设计品类和民族服饰品牌开发等方面研究整理海南的非遗文化脉络和国际时尚品牌的借鉴与创新，促进海南岛旅游服装、航空服装、游艇晚宴服装、酒店服装等项目服务区域发展。《服装专题设计》主要借鉴国内外服装与服饰设计专业办学经验及当今社会对服装设计人才的需求，制定教材大纲内容目录，做到与当今服装的发展规模和趋势接轨，反映服装发展现状；培养具有全球服装设计视野的应用型专业人才，重点通过教学案例培养学生的实践能力及解决问题的能力。

"服装专题设计"是服装设计专业人才培养方案中的核心必修课程，它将服装设计的艺术性、科学性和商业性融为一体，根据服装市场和行业需求，在开设专业基础课和专业技能课的教学课程基础上，对服装设计品类进行了细分，并从不同的角度、不同的思维方式对学生进行有目的、系统、针对性的课程教学，从而实现对学生综合设计能力的培养。服装设计中的专题设计所涉及的课程范围非常广、分类较为详细，本书将其分为时装设计、童装设计、职业装设计、礼服设计、民族风格服装设计、品牌服装设计、服装赛事专题设计七部分进行编写，具有世界时尚化设计和本土传统文化互相融合的研究意义。

"服装专题设计"在2021年被评为海南省第二批线下一流本科课程，2023年该课程立项为第七批海南省高校精品在线开放课程，本课程注重学生专项设计能力的培养，是一门涉及服装设计品类较多的课程。随着科学技术的发展，该课程研究的方式和内容会不断地更新和扩充，理论内容也将不断丰富和深化，分析方法不断完善和发展，是一门建立在研究经验理论的基础上且综合性很强的专业课程。几位编者在教学工作中深入设计学的研究领域，深刻体会服装文化脉络的重要性，在这十几年的工作中，我们一点一滴辛勤耕耘，将教学成果进行整理与分析，然后赋予其更宽广的艺术视野，仿佛让它的生命再度活跃起来。

　　本书由琼台师范学院曹春楠、张蕾、吴晨珠，海南经贸职业技术学院陈侦侦及海口经济学院豆文静共同编写。曹春楠负责第一章，第三章至第六章部分的编写工作；张蕾负责第二章，第三章部分、第四章部分和第七章部分的编写工作；吴晨珠负责第四章部分和第五章部分的编写工作；陈侦侦负责第六章部分和第七章部分的编写工作；豆文静负责第三章部分和第六章部分的编写工作。

编者

2023年7月7日

目录
CONTENTS

第一章

时装设计

教学目标：时装设计是一门要求学生掌握特定特点和设计方法的技能型课程。学生需要能够结合市场因素进行时装设计，培养其对流行趋势和服装市场的把握能力，以及对流行信息和实际应用的掌握能力。此外，学生还需要学习服装市场调研分析、流行趋势分析、设计图稿分析和服装创意设计、推广、策划及品牌服装设计等专业知识。

教学要求：教学中应用不同的设计思路、设计方法指导学生进行设计，不能使学生形成千篇一律的定性思维。在进行不同服装类别的设计时，应多从市场的角度出发，运用实际可行的方案进行设计。

第一节　时装设计基础

什么是时尚?

时尚常常是社会的一种映射,有时它被看作一种艺术形式。它可以转换成一种形象,来彰显一个人的社会地位,或者作为一种社交声明。它与推陈出新有关,也会考虑到时常变化的审美。时尚常常被描述成一种被很多人跟随的当前的风格。从广义上来说,时尚刻画了一种时代精神。

时尚和创意产业形成的产业链为成千上万的人提供了工作机会,如在服装设计、纺织设计、生产、媒体、销售与营销、时尚零售以及服装管理等领域。当然,教育业亦应培养具备相应技能和知识的学生,让他们进入时尚与创意产业中。

什么是时装?

时装是指在一定时间和空间内,为大众所接受的具有新鲜元素和时代感的流行服装。时装具备强烈的流行趋势,是引领人们喜好或追求某种着装形式的行为表现。时装根据流行、接受的程度,可分为前卫型时装和大众化时装,同时包括一些富有创意,用于流行预测、学术探讨和表演的服装。时装的流行周期一般较短,服装公司生产时装大多采用多品种、小批量和快变化的方式。因此,时装设计具有时效性、新颖性、流行性、多样性的特点。

一、设计与时装创意

设计是一种思维实物化的过程,它创造了前所未有的形式和内容。从现代设计的特征来看,它是一种通过人类思维活动,在科学方法的指导下,对需要解决的问题提出多种形式的规划、设想和方案,直至最终解决问题。在设计中,形式可以理解为设计对象的外在表现,内容可以解释为设计对象的内在功能,两者包含了设计活动的最基本问题,即设计对象的外表与功能的统一。

时装设计是以服装元素为对象,运用适当的设计形式和语言,完成人的着装状态的一种创造性行为。服装是与人类生活息息相关的物品,产生过程的第一步就是设计,虽然从服装的原始状态开始就有了设计,但是,时装设计的基本概念是在服装进入生产设计阶段以后才被确立的。不同历史时期的服装设计手法也因社会因素对服装的限制而不一致,如人文思潮、时尚变迁、法律道德等。现代意义上的服装设计除了考虑服装所具备的保暖、舒适、遮盖等传统功能外，还融入了人性关怀、环境保护、生态健康、清洁节能、卫生保健、自我护理等新颖功能。同时，传递企业品牌文化、满足价值追求等精神内涵也成为现代服装设计的重要职责。

二、时装的特点

（一）时装设计的流行性

由于人们具有求同、求齐、求美的心理特征，使服装的流行成为可能。服装的流行具有周期性。相对而言，时装的流行要比其他服装的流行周期短，因为时装的流行具有明显的时间性和空间性。服装的流行样式往往是在旧有的服装样式基础上发展而来的，服装设计师要在分析历史的、旧有的服装样式基础上，恰当地预测和把握时装的流行趋势。

（二）时装设计的时效性

时装是与时代同步的服装，它被称为"时间的艺术"。时装具有明显的时效性，每季甚至每月的时装都有其独特的流行特点，时装如果"过时"，便会成为企业滞销的积压产品。所以，服装企业要及时抓住有效时期来生产和销售应季应时的产品。随着人们生活水平的提高，消费者对服装的要求更为丰富，这使时装的流行寿命越来越短。因此，设计师必须把握流行周期，确保服装流行的时效性。

（三）时装设计的新颖性

时装设计的新颖性是设计师能力的表现，也是服装品牌竞争的关键。时装的新颖度根据不同的消费者来确定，一般来说，年轻人的时装设计可能更前卫、更个性，在具体设计上可以多些夸张和对比。时装的新颖可以是一种创新的着装样式，也可以是一种独特的风格。现代高科技产生的新材料、新工艺将成为时装设计最为关键的内容。

（四）时装设计的多样性

现代的时装已呈现出多样性的特点，随着人们对服装个性的不断追求，这种多样性满足了不同消费者的着装需求。时装设计可借鉴的元素广泛，可以是民族、现代、田园、休闲等风格元素，也可融合礼服、街头服饰、职业装、运动服等元素，这些丰富的创作素材使时装的多样性设计成为可能。并且随着现代设计手法、服装材料、工艺技术的不断更新，时装设计所表现出的多样性更为强烈。

三、时装创意设计的思维分类

（一）反向思维与变相设计

惯性思维在很大程度上限制了人们的创造力，使人们难以跳出固有的思维模式。然而，反向思维作为一种独特的逆向思维方式，可以帮助我们在服装设计中寻找创新点。通过反向思维，设计师可以打破传统功能与意义的束缚，寻找创新的方法。

在服装设计中，反向思维被称为"变相设计"。它鼓励设计师从全新的角度思考服装的设计和穿着方式，从而创造出具有独特魅力的作品。例如，上衣下穿、内衣外穿等逆常规的穿着方式就是变相设计的典型例子。这些独特的设计为服装设计带来了无限的创意，使设计师能够跳出传统的设计框架，创造出更具个性和创意的作品。

变相设计在服装设计中的应用非常广泛。它可以应用于各种类型的服装，包括休闲装、职业装、礼服等。通过变相设计，设计师可以创造出更具个性和吸引力的服装，满足不同消费者的需求。

（二）类比思维和仿生设计

类比思维是一种重要的创造性思维方法，通过从内在相似或形象相似的事物中寻求思想上的启发，从而在不同领域中发挥作用。类比思考方法在艺术创作过程中尤为重要，能够激发艺术家的想象力，使他们大胆想象，敢于打破常规，从而创作出具有创新意义的作品。艺术创作离不开想象力，它是创造性思维的提炼和升华。艺术家需要运用类比思维方法，从自然、社会和生活中汲取灵感，通过想象力将各种元素融合在一起，形成独特的艺术作品。在艺术创作过程中，想象力和类比思维方法相辅相成，共同推动艺术的创新和发展。

仿生设计是一种基于自然生物和生态形象的内在审美特征进行设计的方法，它注重整体艺术风格、色彩、配饰、图案和面料等元素的协调和统一。仿生服装设计作为一种特殊的设计形式，通过模仿自然生物和生态形象的特点，为服装设计注入新的活力和艺术魅力。

类比思维和想象力在仿生服装设计中具有重要作用。设计师需要运用类比思维方法，从自然生物和生态形象中寻求灵感，并运用想象力将这种灵感转化为独特的艺术作品。同时，类比思维和想象力也能帮助设计师突破传统设计的局限，创造出更具创意和艺术价值的作品（图1-1）。

此系列设计灵感来源于海洋里的水母、大海的颜色、无忧无虑的生活。

图1-1 《深海》（作者：琼台师范学院 2017级服装与服饰设计 鲁海江）

（三）发散思维和整合设计

把大脑作为思维的中心点，四周是无穷大的立体思维空间，通过举一反三、触类旁通，向外扩散思路，从不同的角度和领域寻找灵感，研究历史、艺术、建筑、自然等各个领域的元素，将这些元素融入服装设计中。发散性思维有助于设计师突破传统的设计局限，创造出独特的作品。

发散思维产生多种思路之后，需要集中整合灵感的中心，筛选出那些不合理或不适合的元素，只留下那些最能体现设计焦点的元素，在细节中强化设计的焦点，从而使服装的整体效果锦上添花。香奈儿（Chanel）女装外套的细节与整体风格的高度匹配就是一个很好的例子。这种整合过程需要设计师具备敏锐的洞察力和判断力，以便在众多的灵感中找到最佳的组合。

（四）无理思维和媚俗设计

在现代社会中，一种非理性的、散漫的、随意的思维方式逐渐兴起。这种思维方式打破了常规的思考角度，甚至选择不合理的思维方式，以自由嫁接的态度对待事物，对一般规律提出怀疑，甚至对规则进行拆解、破坏和反对。

这种思维方式在设计领域得到了一定应用，特别是在服装设计中。设计师们通过传统的形式美和艳俗内容的结合，让设计以妖娆、甜俗的感官来嘲弄昔日优雅端庄的传统审美标准。这种设计风格揭示了某个时代群体的服装审美心理，反映了他们对传统审美的颠覆和嘲弄。

（五）虚拟思维与超现实设计

虚拟思维作为一种独特的设计思维方式，超脱现实，背离常规逻辑，设计作品具有强烈的视觉冲击力和虚幻的视错效果。虚拟设计思维要求设计者充分发挥想象力，对客观事物进行主观分析，并以形象代替理念。这种思维方法下产生的设计作品往往具有强烈的个性和张力，能够引发人们对现实的重新思考和审视。将幽默背后的深刻内涵用诙谐、夸张、变形等手法表现出来，使创意更容易理解和富有亲切感。这种设计手法在超现实主义设计风格中尤为常见，例如意大利服装设计师夏帕瑞里（Schiaparelli）与画家达利（Dali）合作设计的"泪滴"图案服装等作品。这些作品具有简单的廓型、高纯度的色彩、易穿搭和充满趣味的装饰细节，体现了设计师对幽默和诙谐的独特理解。

超现实主义设计风格与虚拟思维相似，两者都强调对现实世界的超越和突破。超现实主义设计风格寻求奇迹与梦境的阐释，展现了超现实主义艺术跨越时空的震撼之美。这种设计风格不仅具有强烈的视觉冲击力，而且能够引发人们对现实世界的重新思考和审视。

（六）柔性思维与中性设计

柔性思维是一种独特的思维方式，它兼具柔性、发散性、理性和收敛性等特点，能使作品呈现出多样性、多重性和通达性等特点。这种思维方式的创新善变和成熟收敛的双重性，使作品具有中庸性，如同服装设计中的中性风格，融合多种要素和语境进行思考。

在服装设计中，柔性思维方式的体现尤为明显。如在表现女性主义的女装设计中，增加垫肩设计，使女性形象更加强大，同时用浅色来平衡温柔感，展现出女性柔美与力量的完美结合。在男装设计中，将西装中的驳领变窄，形成商务休闲的双重样式，增加了可穿着的场合，使服装更加实用和多样化。

柔性思维方式在服装设计中的应用，使服装设计更加灵活和多变，能够满足不同人群和场合的需求。这种思维方式突破了传统服装设计的局限，使服装设计更具创新性和包容性。同时，柔性思维方式在服装设计中的体现，也反映了现代社会对多元文化的包容和尊重，展现了人类文明的进步和发展。

（七）空间思维和建筑风格设计

空间思维是一种全方位、多层次的思维方式，它强调以空间为基础，以空间的概念和意识为中心，对空间事物进行一系列完整的设计思维过程。这种思维方式突破了传统的平面设计思维，将设计的视野拓展到三维空间，为设计师提供了更广阔的创意空间。

设计师可以通过空间思维的训练，将创意思维过程中形成的形象以立体的方式流畅地表现出来。这种训练可以帮助设计师更好地把握空间和形象的关系，创造出更具有空间感和立体感的作品。

建筑风格的服装设计是典型的以空间思维来完成作品的样式。例如，文艺复兴时期欧洲流行的西班牙宫廷服造型仿照了哥特式教堂尖顶高耸的建筑风格。这些服装设计作品不仅体现了设计师对空间和形象的把握，也展示了空间设计思维方式在服装设计中的应用（图1-2）。

图1-2 《云端》（作者：琼台师范学院 2017级艺术设计学 王珊珊）

第二节　时装设计灵感

灵感是在人的潜意识中酝酿出来的想法，在人的创造过程中突然闪现出来，是一种心灵感应的东西，是无形的、不能触摸到的。灵感是偶然产生的，在人类的创造活动中起着非常重要的作用，它的产生并不是偶然发生或者孤立的现象，是设计师对某个问题长期实践、不断积累经验和努力思考探索的结果，它或是在原型的启发下出现，或是在注意力转移、大脑的紧张思考得以放松的不经意场合出现。

一、时装设计灵感特征

设计灵感是设计师在进行时装设计过程中突然出现的，具有专注性。设计师通常在思考与设计相关问题时，受到某些刺激而产生设计构思或创作意识。设计灵感源于对设计的思考以及对事物的观察和领悟，需要建立在丰富的设计学识和敏锐的洞悉能力的基础上。

（一）独创性

设计灵感的独创性是指灵感的产生因人而异，具有独特性。每个人的生活经历、知识储备和思维方式都不尽相同，因此每个人所激发的灵感也各不相同。这种独特性使设计师能够创造出与众不同的作品，为世界带来全新的视觉体验。

（二）短暂性

设计灵感的短暂性是指灵感稍纵即逝，需要及时记录。灵感的出现往往是一瞬间的事情，如果不能及时捕捉，就会消失得无影无踪。因此，设计师需要时刻保持敏锐的洞察力和高度的警觉，一旦灵感闪现，应立即将其记录下来。

（三）多解性

设计灵感的多解性是指一个灵感可以产生多个设计和想法。一个灵感的出现，往往可以引发设计师的多种思考，从而创造出多种不同的设计方案。这种多解性使设计师能够从多个角度思考问题，从而找到最佳解决方案。

（四）偶然性

灵感的偶然性是指它无法被预测和掌控，是与设计师的知识、经验和思维方式密切相关。因此，设计师需要积极争取灵感，等待是不可行的。

二、灵感的来源

（一）日常生活

设计师的灵感源于客观现实世界，是他们长期思维累积的结果。例如，2008年北京奥运会的会徽设计灵感便源于中国传统文化，这是设计师对传统文化的独特解读。生活中的事物都可能成为设计素材，如果没有这些事物的存在，可能就不会有相应的设计。因此，设计师需要从生活中汲取灵感，将生活中的元素融入设计中，创造出独特的作品。

（二）自然事物

大自然是设计灵感的重要来源，自然界中的各种事物都可能激发设计者的思维。从古至今，许多伟大的设计作品都源于对大自然的观察和感悟。无论是达·芬奇（Da Vinci）在《最后的晚餐》中对自然光影的巧妙运用，还是中国古代建筑中对山水园林的精心布局，都体现了大自然在设计中的重要性。

自然界中的各种现象，如生长消亡、风雨雷电、山川河流等，都充满了无尽的魅力和奥妙。设计者可以从这些现象中获取灵感，创造出具有新意和奇妙韵味的设计作品。例如，生长消亡的现象可以启发设计师思考生命周期的设计，风雨雷电的现象可以启发设计师思考如何将自然元素融入设计中，山川河流的现象可以启发设计师思考如何通过设计来展现大自然的壮美。

设计说明：《生态海洋》系列服装灵感来源于海洋垃圾污染及人类生活的污水排放造成的海水浑浊。因此，将海水浑浊和海洋生态的破坏运用到整个系列的服装设计中，将棉布棉线采用传统的扎染方式进行加工，再用喷绘进行二次改造达到想要的色彩和肌理效果，表现出海洋垃圾给人类生活带来的危害（图1-3）。

图1-3 《生态海洋》（作者：琼台师范学院 2017级服装与服饰设计 张浩）

此外，大自然中还有许多生物，如植物、动物、微生物等，它们独特的形态、色彩、纹理等都可以为设计师提供丰富的灵感来源。例如，植物叶子的形态可以启发设计师设计出独特的建筑外形，动物皮肤的纹理可以启发设计师设计出精美的服装面料，微生物的繁衍生息可以启发设计师设计出生态环保的产品。

（三）时尚与艺术

服装设计是一门不断发展和演变的艺术，与时尚和社会事件紧密相关。设计师需要关注时尚和时事，以及各类流行预测发布、大师作品发布、品牌发布会等活动，以便紧跟潮流。此外，出版物和陈列展示等领域的设计也可成为服装设计师的灵感来源。

服装设计的发展过程可以分为过去、现在和未来三个阶段。过去，服装设计主要受社会和文化背景的影响，设计师通常会根据当时的流行趋势和社会事件来设计服装。现在，随着科技的发展，服装设计已经进入一个全新的时代，设计师可以通过各种渠道获取时尚资讯和社会潮流，从而创造出紧跟潮流的设计作品。

然而，仅仅关注时尚和社会事件是不够的，设计师还需要广泛获取各类设计灵感。例如，可以从自然、建筑、艺术等领域寻找灵感，也可以从其他设计师的作品中汲取灵感。此外，设计师还需要具备创新精神和独特的审美观，以便在激烈的市场竞争中脱颖而出。

（四）姊妹艺术

在时尚界，服装设计与其他艺术门类存在紧密的联系。时装设计灵感源于各种艺术形式，如绘画、雕塑、摄影、戏剧、电影、音乐、舞蹈和文学等。这些艺术门类之间的触类旁通之处为时装设计提供了丰富的灵感来源。时装设计师将各种艺术元素融入服装设计中，形成了独特的服装符号和设计语言。

例如，伊夫·圣·洛朗（Yves Saint Laurent）曾将蒙德里安（Mondrian）的绘画作品融入服装设计中，展示了服装与时代风格的紧密联系。这种跨界合作为时装设计带来了新的活力，让设计师得以从不同的艺术领域汲取灵感，创造出更具创意和个性的作品。

此外，音乐、舞蹈和文学等艺术形式也能激发服装设计的灵感。音乐可以影响服装的韵律和节奏，舞蹈可以启发服装的动态美，诗歌可以赋予服装更深层次的内涵。这些艺术元素为设计师提供了更多的想象空间和创作可能性，使服装设计更具艺术性和创新性。

（五）科技成果

科技成果激发设计灵感主要表现在两个方面：其一，设计师可以利用科技成果作为服装题材，如太空竞赛、机器人等，反映当代社会的进步。20世纪60年代，人类开始探索太空，皮尔·卡丹（Pierre Cardin）便不失时机地推出"太空风格"的服装。在服装设计比赛中，也可以看到类似机器人一样反映科技题材的服装。其二，设计师可以利用新颖的高科技服装面料和加工工艺，开拓设计新思路。例如，热胀冷缩面料、液体缝纫、牛奶纤维、夜光面料、镭射面料等新型面料都给服装设计带来全新的启发（图1–4）。

图1-4 《择溟而居》(作者：琼台师范学院　2020级艺术设计学　屈克鑫)

（六）社会动态

社会环境变化会影响服装领域的发展，时装设计师需要时刻关注社会实事和变革，以便捕捉当前的社会热点话题。这些热点话题往往具有广泛性，因此利用这一因素设计的服装更容易引起人们的共鸣和熟悉感。

（七）民族文化

民族文化不仅影响着人们的生活方式、价值观念，还在很大程度上决定了一个国家、地区和民族的发展方向。设计师作为文化产业的重要参与者，在探索文化方面具有独特的作用。他们通过对本民族文化的开发和利用，能够带来独特的灵感和设计构思，从而创造出更具特色的文化产品。

设计师对本民族文化的开发和利用具有优势，因为设计师对本民族文化有最深切的了解。他们熟悉本民族的历史、文化、风俗习惯等，能够在设计中融入这些元素，使作品更具文化内涵和价值。同时，设计师对本民族文化的开发和利用也能够促进文化交流和传播，提高本民族文化的影响力。

然而，设计师在探索异域文化方面也面临着挑战。设计师需要尊重和理解其他民族的文化，避免因为文化差异而产生误解和冲突。这就需要设计师具备跨文化沟通的能力，能够理解并欣赏其他民族的文化特点，从而创造出更具包容性和多样性的设计作品。

（八）名人效应

对于追随流行的人来说，名人的服饰行为常常是他们的追逐目标。名人具有一定的社会感召力，在某些方面具有一定的权威性。例如，世博会上各国领导人穿着的具有当地特色的服装成为服装厂商推销的好产品；明星在机场等场所的穿着街拍等。

名人效应的利用有两种情况：模仿名人穿着过的款式和借鉴名人服饰的风格推陈出新。模仿名人穿着过的款式是指设计师在服装设计中直接运用名人曾经穿着的款式，这种设计方法简单直接，能够迅速吸引消费者的目光。而借鉴名人服饰的风格推陈出新是指设计师在服装设计中借鉴名人的服饰风格，结合自己的创意，设计出全新的款式。

并非所有名人都会被人效仿，只有那些演艺界明星或特别讲究仪表的公众人物才会被人纷纷效仿。这些名人的穿着风格往往代表了一种时尚潮流，他们的服饰行为也常常成为人们关注的焦点。因此，设计师在服装设计中运用名人效应时，需要选择那些具有代表性的名人，这样才能更好地吸引消费者的目光。

（九）流行市场

流行市场上的服装产品会带给设计师灵感启发和设计构思，设计师需要意识到，设计是为市场服务的，因此他们需要提炼适合自己产品风格的流行元素，并将其融入设计中。要做到这一点，设计师需要有市场意识、了解市场和感知流行的能力，同时还需要具备扎实的专业基本功。

进行市场调研是设计师必不可少的学习方法。通过市场调研，设计师可以了解消费者的需求和喜好，从而更好地把握流行趋势，创造出被市场接受的流行产品。此外，设计师还需要关注、运用和创造流行，因为设计最终要推向市场，这是服装设计最有效的灵感来源之一。

三、灵感的实现过程

灵感如火花般闪现，因而需要有一定的程序来处理。一般而言，创意服装的灵感实现过程分为主题、漫想、记录、整合、完善五个阶段。

（一）主题

服装设计根据引发创造的不同，可分为偶发型设计和目标型设计两类。前者是指设计之前并没有明确的目标和方向，而是受到某类事物的启发，突发灵感完成的设计创作，后者则相反。

对于偶发型设计，虽然可以凭主观的表现愿望和内容去完成设计，但依然要明确最终设计的风格和想要表达的理念等。对于目标型设计，在灵感产生之初，先要明确此次设计的主题、类型、数量、风格、穿着季节和人群等相关要求。

（二）漫想

当时装设计确定主题后，灵感来源的最好方式就是漫想，是不经意间的想象。其过程是由量变到质变的积累，由某一事物展开具有放射性的联想，从而激发出灵感。为了获取更多、更好的灵感，设计师应尽量积累有价值的素材，养成广泛收集素材的习惯，这既能让设计师集中思维，又能给设计师提供形成理念的设计线索。包括与设计主题相关的流行趋势、面辅料、流行色、民族图案、民俗摄影、特色建筑、化妆品、产品包装、时尚广告、时尚杂志等素材的收集。

（三）记录

通过灵感漫想和素材搜集，记录下创意来源是将灵感具象化的重要过程。记录的方式有图案、形状和文字。通过对服装主题关键词的确定，为表现某种服装风格，可同时从多个角度积累灵感素材。记录下来的灵感往往是潦草而简单的草图。然而并非每个灵感都适合应用于服装中，尤其在记录到众多的灵感时，更要注意对灵感的筛选。同时尝试多种绘画的手法，从而能更熟练地寻找到适合自己的方法，并用自己特殊的艺术形式把它表现出来。

（四）整合

整理和筛选灵感形成明确的设计草图，是设计过程中至关重要的一步。这一过程通常在可视状态下进行，需要将文字或符号图形化，以便更好地传达设计理念。设计师需要不断提升自己的绘图能力，包括手绘和电脑绘制，以便更好地将灵感转化为具体的设计草图。

草图可以从多个角度绘制，这有助于加快设计速度和丰富设计内容。通过多角度绘制，设计师可以更全面地审视自己的设计，发现潜在的问题，寻找新的解决方案。此外，在整理和筛选灵感的过程中，可能会有新的灵感闪现，不断丰富设计内容。

（五）完善

将整合后的草图配合人体画成整体的服装效果图。这个过程是虚拟地检查设计的空间状态是否合理的步骤之一。在绘制效果图的过程中，有经验的设计师能够发现问题，并加以改正。此外，灵感表现的完成阶段还需要完善设计的整体感。协调服装与鞋、帽、包、袋和首饰等配饰的关系，甚至包括化妆、发型等。

四、时装设计的形式美法则

一件事物之所以能产生美感是由于其自身的结构、组织、排序与外部形态都符合一定的规律。当形式美与内容达到完美的统一和结合，又有独具特色的个性及审美价值时，表明其适应了形式美的法则。设计师在创造各类服装时，不仅要掌握各种形式要素的特性，还要对各种形式要素之间的构成关系不断探索和研究，从而总结出各种形式要素的构成规律。

（一）反复、交替

同一个要素出现两次以上的重复排列是反复；当把两种以上的要素轮流反复时则是交替。反复和交替是服装设计师常用的手段之一，无论是在结构、色彩还是在材料上运用，其生成的有序与协调都是富有美感的。反复与交替提升了服装整体的层次感与体积感。

（二）节奏

节奏是一种音乐术语，是指各种音响的长短强弱交替组合，具有一定的规律，是音乐的重要表现手段。在服装造型上是通过元素的反复和富有规律的排列，突出视觉上的主次关系和秩序性。如服装中某一元素的叠加和排列秩序，形成有快有慢、有松有紧、有强有弱的节奏感，或者服装的色彩、面料的重叠、装饰物的反复等手段，都能产生服装的节奏感与韵律感。

（三）渐变

渐变是指要素的基本形状、方向、位置按照一定的顺序和规律呈阶段性递增或递减的变化。当变化保持统一性和秩序性时，便显现出美的效果。在服装设计中，渐变的效果主要由色彩、图案和装饰来完成。以渐变为主要设计手法的服装往往具有柔化的美感。

（四）对称

对称是指整体各成分间相互对应的关系。"人体之美，在于各部位之间的比例对称"，古希腊美学家曾提出这样的观点。在对称形态中，元素排列的差异性较小，因而总体缺乏生气，更适宜以稳重、宁静的方式来表现静态。对称使服装风格整齐、庄重、安静，可以突出中心。

（五）平衡

平衡是来自力学的概念，在服装设计中指大小、多少、轻重、明暗等在主观感觉上达到平衡的状态。在服装中有上下平衡、左右平衡、前后平衡等形式。支点两侧的平衡元素不必相等或相同，富于变化、形式自由是其最大的特征，平衡可视为对称的变体。

（六）比例

在服装设计中，比例是一个至关重要的概念，指的是形式对象内部各要素之间的关系。具体到服装设计中，有许多比例需要考虑，如几何图案的长宽比例、不同色块相拼的面积比例、不同质感的面料色阶跨度比例等。当一种艺术形式内部具有的某种数理关系能与人们接触到的数理关系达成默契时，就会在心理上形成一种快意的感觉，这种形态配比可以叫作与比例美相符的形态。

此外，服装设计中人体比例也很重要。例如，基准比例法、黄金分割比例法、百分比法等都是研究人体比例常用的方法。掌握好人体比例和比例美的使用，会使人物的个体造型和群体造型都产生特别的美感效果。因此，在服装设计中，需要充分考虑各种比例关系，包括几何图案、色块、面料色阶以及人体等比例关系，以实现比例美，使人物造型产生特别的美感效果。

（七）对比

对比是一种形体要素之间的组合关系，主要有形体上的对比和内容上的对比。形式对比具有一定的抽象性，如空间虚实、色彩浓淡冷暖、光线明暗、质感粗细等。在服装造型与表现方面有内容的对比，如华贵与质朴、典雅与粗俗、成熟与幼稚等。对比手法的运用，便于显示和突出服装中的设计亮点，强调视觉效果和感染力，成为视觉的中心点。

（八）调和

调和是一种秩序感，呈现的是多种要素在质或量上保持秩序和统一并给人以愉悦感的状态。服装造型的调和首先是形态性质的统一，形态的类似性是达到统一的重要条件。但是类似性的形态重复过多就会有单调感，调和中同样要有变化，即在统一中运用比例、平衡、节奏等方法取得形状、色彩、质感的微妙变化。

（九）主次、统一

在时装设计中，主次关系是至关重要的。主次是形式美的重要法则，通过有主有辅的构成方法，可以突出艺术主题。一件优秀的作品对于造型元素有主导和从属之分，局部作为整体的组成部分而从属于整体。这种主次关系可以产生统一美，使整体感更强，内容更丰富、更具魅力。主次关系主要体现在对服装造型元素的处理上。主导元素通常是服装中最引人注目的部分，如领口、袖口、下摆等。从属元素是为了衬托主导元素而存在的，如衣身、衣袖等。通过合理分配主次元素，可以使服装的整体造型更加和谐、更具美感。

此外，主次关系还可以体现在服装的色彩搭配和图案设计上。主导色彩通常是服装中最为突出的色彩，如黑色、白色等。从属色彩是为了衬托主导色彩而存在的，如灰色、米色等。通过合理分配主次色彩，可以使服装的整体色彩更加协调、更具吸引力。

第三节　时装设计风格

"服装是社会的一面镜子"，敏感的设计师通过对各种艺术的认识和感悟，捕捉社会环境的变化，推出富有时代感的流行服饰。在现实社会环境中生活的人难免会被社会的动态左右。由于社会大环境下发生的事情经过传播，会成为公众关注的热点话题而影响广泛。因而，巧妙地利用这一因素设计服装，容易让人产生共鸣，具有似曾相识的熟悉感。多数人在接受新事物时怀有从众心理，相对不容易接受完全陌生的东西，更乐于接受已在一定范围被承认的东西。当一种新的服装样式出现时，由于人们已了解其背景和内涵，会更容易接受，反之则会产生排斥心理。设计师只有握住时代的脉搏，才能通过作品更好地与时代互动。

人们对服装潮流的追求永无止境，经典的款式虽然可以经过数年的考验，但也要不断地变化才能满足消费者的求新心理。经典与流行时尚并不完全对立，流行时尚的元素可以使经典的样式更具有时代感，如20世纪80年代至今一直流行的短款外套，其款式就是在传统经典的礼服样式上进行变化形成的。面料、辅料、配饰设计的不断更新，尤其高科技的发展可以为传统的经典服饰带来更多的变化。经典的设计唯有跟上潮流的步伐，才能真正成为当代的经典作品。有些国内外知名的服装品牌，其设计总是停留在旧有的、传统的样式上，在激烈的市场竞争中没过几年就销声匿迹了。有的品牌总是在更换新鲜的血液，总是走在时代流行的前列，因而充满生命力。

服装设计风格可以理解为从各种艺术流派或社会思潮的冲击中衍生出来的艺术特征。风格有些经过历史和审美的积淀，成熟稳重，堪称经典，如被东西方设计艺术共同推崇的中国风、古希腊风等古典风格；风格具有连贯性，它不会随着时间的流逝而消失，而是能在不同的时期，以不同的手法重新演绎。服装设计师需要适应市场需求，吸收多种风格，拓展设计手法和设计空间，以适应经济高速发展、服装消费需求多元化的时代。因此，对服装设计风格的研究显得很有必要。本节以服装设计作品所参考的风格为基础，将其归类为四大板块：

历史类风格、艺术类风格、后现代思潮类风格、民族类风格。

一、历史类风格

（一）古希腊风格审美特征

古希腊服装作为西方服饰文化的源头，主要分为披挂型和缠绕型两大基本形式。其中，披挂型以希顿为代表，缠绕型以希玛为典型。这两种基本形式在古希腊人生活中扮演了重要的角色，展示了古希腊人对人体之美的关注和赞美。

希顿作为男女皆穿的基本服饰，在古希腊服装中占有举足轻重的地位。它主要分为多立克式和爱奥尼克式两种风格。多立克式希顿线条简洁、庄重，体现了古希腊人对于力量和权威的追求。爱奥尼克式希顿更为柔和、优雅，彰显了古希腊人对于美丽和和谐的崇尚。

缠绕型服装主要依靠面料的包裹性，穿着方式随意，可以根据个人喜好和场合需要产生不同的风格。这种服装形式在古希腊人中非常受欢迎，因为它能够展示人体的自然美，将人体之美与服装完美地融合在一起。

古希腊人关注人体之美，他们认为人体是自然界中最美的事物之一。因此，他们用服装的语言来歌颂人体之美，达到了极高的和谐境界。无论是披挂型还是缠绕型服装，都体现了古希腊人对于人体之美的赞美和尊重，以及对于和谐、自然的追求。

在古希腊服装发展过程中，我们还可以看到不同地区、不同阶层的人们对服装的不同理解和诠释。这充分体现了古希腊文化的多样性和包容性，也反映了古希腊人对于美的独特理解和追求。

（二）中世纪风格审美特征

中世纪的艺术形式呈现出丰富多样的特点，主要包括拜占庭、罗马式和哥特式。拜占庭艺术融合了古希腊、古罗马和东方文化，形成了独特的艺术风格。拜占庭时期的纺织业非常发达，服装华丽，成为这一时期艺术形式的重要组成部分。

罗马式艺术在拜占庭艺术的基础上，更加注重吸收古罗马的传统风格。同时，罗马式建筑、服饰也受到了基督教文化、游牧民族传统文化和东方国家文化的影响。罗马式艺术以其独特的建筑风格和华丽的服饰，成为中世纪艺术形式的又一代表。

哥特式艺术源于建筑艺术，其建筑特征是高、直、尖，具有强烈的向上动势。哥特式建筑的雕塑和彩色玻璃窗是其主要装饰，这些装饰元素使哥特式建筑独具特色。某一历史时期，新兴贵族的服装潮流表现出哥特式独特的服装文化特征。然而，当代哥特文化元素已发生转变。哥特式建筑和服饰中的黑暗元素在当代文化中，更多地被赋予了神秘、阴郁等色彩。哥特文化元素在当代的转变，也反映出文化发展的多样性和包容性。

（三）巴洛克风格审美特征

在欧洲古典宫廷华丽美的当代诠释中，设计师通过巧妙运用雕塑感的服饰结构和变形的花卉、花环、贝壳、果物等设计元素，以及流线型的线条来展现巴洛克艺术风格。这种风格的服饰充满了韵律和强烈的生命力，强调多变和气氛的渲染，为当代时尚带来了一种全新的审美体验。

在当代，对欧洲古典宫廷华丽美的诠释中，服饰结构的雕塑感是一个重要的设计元素。设计师通过立体裁剪和复杂的褶皱处理，使服饰呈现出一种雕塑般的美感。这种雕塑感不仅体现在服饰的外形上，还体现在服饰的层次感和立体感上。例如，一件礼服可能会使用多层布料进行叠加，形成一种富有层次感的视觉效果。此外，设计师还会在服饰中加入一些金属、皮革等硬挺的材料，使服饰更具雕塑感。纹样优美流畅、强烈奔放、豪华壮观是欧洲古典宫廷华丽美当代诠释的另一个重要特点。

变形的花卉、花环、贝壳、果物等设计元素通常以刺绣、印花、珠绣等手法呈现在服饰上，为服饰增添了一种华丽的美感。例如，一件礼服可能会使用珠绣的手法将变形的花卉图案呈现在裙摆上，使礼服更具华丽感。此外，设计师还会将这些元素与其他设计元素混搭，形成一种更加独特的视觉效果。

流线型的线条也是欧洲古典宫廷华丽美当代诠释的一个重要元素。这种曲线通常以褶皱、荷叶边、垂坠感等手法呈现在服饰上，形成柔和、优美的视觉效果。例如，一件礼服可能会使用褶皱的手法将流线型的曲线呈现在裙摆上，使礼服更具动感和美感。

（四）洛可可风格审美特征

洛可可服饰是一种独特的艺术表现形式，主要受到法国宫廷的影响，以奢华著称。洛可可艺术风格源自法国贵族和资产阶级沙龙文化。

工业革命后，法国纺织业飞速发展，使服装面料和装饰物更加多样化。这为洛可可服饰提供了丰富的素材和设计空间。洛可可女装的特点包括紧身胸衣、倒三角胸片、裙托、外罩裙摆和华丽衬裙，这些元素共同塑造了女性妩媚、娇柔和男性细腻、精致的形象。

紧身胸衣在洛可可女装中起到了关键作用，帮助塑造女性娇小、纤细的性感身材。裙撑和紧身胸衣一起塑造完美的X形体型，使女性身材更加婀娜多姿。18世纪中后期，法国女性服饰日益华丽，花边、缎带花结、花饰、繁复褶裥遍布全身，花团锦簇，蓬巴杜夫人的服饰多为此类。

洛可可服饰的艺术表现特点不仅反映了当时法国社会的审美取向，也展现了工业革命对服装设计的影响。紧身胸衣、裙撑等元素在塑造女性身材的同时，也反映了当时社会对女性的审美要求。然而，这种服饰风格也受到一些批评，认为其过于奢华和烦琐，不符合现代简约和舒适的审美理念。

二、艺术类风格

（一）波普艺术风格审美特征

波普艺术对同时代设计艺术的影响深远，特别是在建筑、产品、家具、广告和服装等方面。波普艺术与波普设计运动盛行之时，波普服装设计成了一个极具特色的领域。时装本身的流行性和时效性恰好与波普艺术的精神相契合，使波普艺术在服装设计中得到了广泛的吸收和采纳。

波普艺术本身所具有的批量复制和平面图形拼贴的艺术风格，决定了它在服饰领域的影响主要体现在图案艺术方面。波普艺术中的图案元素，如明亮色彩、夸张造型、重复图案等，都被广泛地运用到了服装设计中。这些图案元素使服装设计更加个性化、时尚化和年轻化，同时也反映了波普艺术所倡导的平民化、大众化和反传统精神。

波普艺术对服装设计的影响不仅体现在图案艺术方面，还体现在服装的裁剪和板型上。波普艺术中的几何图形、线条分割等元素也被运用到了服装的裁剪和板型设计中。这使服装设计更加简洁、明快，同时也更加符合现代人的审美需求。

波普艺术对服装设计的影响还体现在材料的选择和运用上。波普艺术注重材料的创新运用，这为服装设计提供了更多的可能性。例如，波普艺术中的塑料、橡胶、金属等材料，都被运用到了服装设计中，使服装设计更加多样化和个性化。

（二）洛丽塔风格审美特征

洛丽塔风格是起源于17世纪的着装风格，经过一个世纪的演变，逐渐发展成为当今独特的时尚潮流。尽管东西方对于洛丽塔风格的理解存在差异，但它们都有一个共同点：强调少女的独特气质。在西方，洛丽塔风格强调少女展现成熟女性的性感和妩媚气质，而在东方，更注重展现鲜明的少女特色。

20世纪90年代，洛丽塔风格在日本开始流行，随后逐渐传播到我国。这种风格的服饰主体年龄跨度较大，主要运用童装元素来表现稚嫩风格。典型的洛丽塔风格服饰具有高腰线裁剪、裙长及膝或膝上10厘米等特征。这些设计元素使穿着者在展现少女感的同时，也突显出高贵、优雅和精致的气质。

随着崇尚青春时尚潮流的兴起，洛丽塔风格服饰在当代一再被重新演绎。许多设计师从洛丽塔风格中汲取灵感，将其与现代元素相结合，创造出既具有古典气息又符合当代审美的时尚作品。这种风格的流行不仅源于其独特的设计元素，更在于它传达了一种追求青春、自由、个性的生活态度。

（三）田园风格审美特征

田园风格的服装设计，以其独特的自然美和舒适感，赢得了众多消费者的喜爱。这种风格既反对烦琐的矫饰，也反对工业化的单调，而是追求纯朴、自然的美。这种美源于大自然，也源于对大自然的热爱和尊重。

在服装设计上，田园风格从大自然的景物中汲取设计灵感。花卉等植物是其主要的图案来源，这些图案经过设计师的巧妙运用，成为服装上独特的装饰。碎花、碎褶以及具有层次感的花边等是常用的装饰，这些装饰元素让服装更加生动、自然。

田园风格的服装款式自然随意，以宽松、舒适为主。这种设计充分考虑了人体的舒适性，让人在穿着的过程中，能够感受到自然的气息。在材质方面，田园风格的服装主要选取环保且皮肤触感舒适的棉、麻等。这些材质不仅环保，而且对人体的皮肤非常友好，让人们在穿着的过程中，能够感受到一种自然的舒适感。

在色彩方面，田园风格的服装往往以朴素、怀旧为主，或显出一种淡泊的华丽。这种色彩风格，让人们在穿着的过程中，能够感受到一种宁静、平和的氛围，仿佛置身于大自然的怀抱之中。

三、后现代思潮类风格

（一）朋克风格审美特征

朋克风格作为一种独特的服装美学，主张"自己动手做"，将时装变成通俗艺术。这种风格通过"反叛"的装扮来挑战传统服装美学，引起了大量年轻人的效仿，对主流时装产生冲击。朋克教母薇薇安·韦斯特伍德（Vivienne Westwood）将地下和街头时尚变成大众流行风潮，使反时尚的样式成为一种新的时尚和风格。

20世纪80～90年代，朋克风格汇入主流时装设计中，成为高级时装的设计灵感来源。这种风格的流行，使许多设计师开始尝试将朋克元素融入设计中，创造出一种全新的时尚风格。在这种风格的影响下，许多时装品牌开始设计出更加大胆、创新的服装，使时尚界变得更加多样化。

到了21世纪，朋克和嘻哈文化等相互融合的亚文化风格被广泛接受，成为时尚的源头之一。这种风格的流行，使许多年轻人开始尝试将各种亚文化元素融入他们的日常生活中，创造出一种全新的生活方式。这种生活方式不仅影响了时尚界，还影响了音乐、电影、文学等多个领域，成为一种全球性的文化现象。

（二）解构风格审美特征

解构主义设计作为一种独特的设计风格，起源于解构主义建筑，其特点在于"不传统地应用传统"。这种设计风格与后现代主义设计有所区别，虽然解构主义设计的范围和影响相对较小，但它在产品设计中具有明确的形式主义立场和出发点。

弗兰克·盖里（Frank Owen Gehry）被认为是最早的解构主义建筑设计师，他的作品特点在于使建筑整体破碎后再重新组合。这种独特的建筑设计理念对解构主义设计产生了深远的影响，使解构主义设计在众多领域得到了应用和发展。

在服装设计领域，解构主义设计的特点在于不断打破旧结构并组成新的结构，强调感觉比和谐更重要。三宅一生（Issey Miyake）被认为是解构主义服装设计的开创者，他的作品大胆创新，将解构主义设计理念融入服装设计，为服装设计带来了新的可能性。此外，其他许多设计师也在作品中体现了解构思想，使解构主义服装设计成为一种独特的时尚潮流。

解构主义设计被认为是一种新风格的探索，旨在发现和挖掘过去被忽略和压制的创作方法。这种设计风格不仅拓展了古典主义、现代主义和后现代主义从未涉及的创作可能，还为产品设计带来了更多的创新和变革。

四、民族类风格

（一）中国风格审美特征

中国传统服饰因时代而异，其服饰风格也各有千秋，但其特点突出表现为：线形裁剪、平展、阔大，强调抽象的意蕴表现，线形与纹饰浑然一体。正是这样的特质，让传统的中国服装与直观静态的西方服装不同，透露出一种含蓄的动感之美。

中国传统服饰文化的温婉含蓄、优雅细致具有独特的艺术韵味，带有理性的超然，具有形与神的和谐。通过造型、色彩、纹饰、肌理等具体形态呈现出来的这种传统美具有内在的精神力量。

（二）日本风格审美特征

和服是日本传统文化的重要组成部分。和服能长期流行至今当然有着很复杂的原因。和服彰显了日本人的独特气质。与西方服饰相比，和服体现了简约性，和服在款式和图案上承袭了中国唐朝时期的服饰风格，腰带和腰包又模仿了英国传教士的服装，并进行了日式的改良。

色彩和纹样也是和服的主要特征，女子穿用的和服色彩绚丽、纹样繁多。和服纹样的表现方法众多，有手绘、刺绣、蜡染、扎染、印花等。和服纹样具有非常强烈的民族特色和内涵，其纹样题材众多，有松鹤、龟甲、樱花、扇面、红叶、秋菊、竹子等传统题材，还有牡丹、兰草、蝴蝶、梅花、富士山、庭院小景等自然景物。

（三）波西米亚风格审美特征

近几十年来，人类的科技文明以惊人的速度发展，但人类仍渴望"自由"和"自然"，欧洲浪漫主义文学时期的吉卜赛女性形象给人以心灵的慰藉和精神的充盈，人们移情于她们，寄托对理想的渴望之情。随着世界多元文化的发展，世人被这个民族吸引，波西米亚、吉卜赛文化在全世界都流行起来，吉卜赛女性形象得以魅力永驻。

（四）非洲风格审美特征

非洲妇女的装饰以粗犷和夸张为主要特点。在传统饰物中，硕大的各式耳环和玛瑙贝壳做成的项链普遍受到妇女的喜爱。昂贵的金银饰物和古老的脚镯、鼻饰等只有少数妇女才戴。此外，头巾和各种发式成了非洲妇女装饰美的另一种标志。

在服装上主要由北非、西非、东非、南非四部分组成的非洲服饰在世界范围内形成了别具一格的风格。在北非，埃及服装在服装史上拥有崇高的地位，早在4000多年以前，他们就穿用围系在腰间的胯裙和从肩膀一直覆盖至脚面的丘尼卡。从服装形态来看，前者属于系扎式，后者属于贯头式。在西非，同样很盛行贯头式长袍，比如居住在尼日利亚和喀麦隆的豪萨人的"布布"，都是中间位置开口将头穿出，以大面积的布幅覆盖全身。在东非，挂覆式衣物占据了主流。无论是马赛人和索托人的巨大的披肩，还是阿肯人的在身上斜向缠裹的大幅布块，都属于这个类别。南非的装束则以系扎式和佩戴型为主。前者是以自然或人工的线状材料，如绳、线、细带等，围绕人体某一部位进行系结，系在腰、颈、腕、腿等处的较多；后者是把天然或人工的小片固定于人体的某个局部，这是一种比较原始的服装形态。

第四节　时装设计要素与流行

时装设计是一种创新的体验，不能拘泥于步骤和方法而一成不变。本节内容以多元的调研方法为基础，形成独特的设计要素，以全新的创意设计思维和技艺完成设计作品。时装设计开发阶段结合了市场和流行趋势的调研和分析，以创新的技巧打造出适合市场的设计产品。实现这一步骤，总会有一些准则可以遵循，所有的专业设计师都会或多或少以各种艺术形式使用这些准则，将它们称为设计元素和设计法则。

一、设计元素和设计法则

（一）设计元素

设计元素有四个关键元素：廓型、色彩、线条、肌理。

1. 廓型

廓型是一件服装的整体轮廓或者外观，包括造型、体积、形态。这是服装最直接的视觉表现——当模特从T台上走出来的时候给人的第一视觉印象就是服装的整体造型，较之其他细节，它给人的第一视觉冲击力最强烈。

每个时代的流行趋势不同，所演变的服装廓型也各不相同。廓型可以突出整体外形，也可以夸大强调其中一个不同的部分，还可能引入新的突出点、流行要素。例如，带有窄肩收腰童真造型的服装廓型可以演变为一个更加匀称的造型——带垫肩、收腰、优美臀线的沙漏外形女装。

2. 色彩

在T台上，除了廓型，色彩是视觉上最突出的要素之一。它也是店铺中映入顾客眼帘的最直接的印象。色彩可以展现非常不同的气氛和感觉。

3. 线条

服装的线条与它的裁剪、款式和结构有关。这些线条将服装的外在轮廓分解成若干块面的线条，构造出各种造型（缝线、省、褶皱、褶裥、塔克等）和细节（口袋、袖克夫、纽扣、拉链、腰带）。线条可硬可软，突出某一特征或者使整体外观产生巨大差异。可以参考以下原则：纵向线通常使体型拉长，显得更加纤细；横向线通常使体型加宽，视觉上看着偏短；曲线或者斜裁线条体现立体造型效果，更加女性化；直线条给人阳刚的男性化感觉，在定制服装中运用直线条可以打造挺括的效果。

4. 肌理

设计中使用的面料和辅材可以打造出不同的设计效果。它们的选择必须符合氛围、款式和目标效果。可以比较一下牛仔和丝绸两种面料做成的夹克——两种夹克在人体上会呈现出不一样的效果，展现不同的风貌。

（二）设计法则

设计法则有八个关键点：比例、平衡、节奏、强调、渐变、对比、协调、统一。

1. 比例

比例在服装设计中指的是各个细节的尺寸、各个部件之间的体积或者整体比例的分配。例如，一件连衣裙的长度与宽度比例、衬衣前口袋的尺寸大小、裙子领圈上的荷叶边宽度，所有这些都需要仔细配比。

2. 平衡

对称平衡在服装设计上表现为款式线条和细节很均匀地用在服装上。例如，纽扣均匀分布在前中线上，口袋对称固定在前中两侧。非对称平衡中最明显的例子就是单肩礼服裙，是晚装中非常流行的款式。这种不对称的均衡，在肩线上体现出来的不对称是显而易见的，但在整体设计上，一定要做到均衡。

一个平衡性良好的设计意味着每个款式细节、色彩和面料等都能相得益彰，协调系统，互相不会喧宾夺主。

3. 节奏

节奏以重复为基础，包括重复使用线条、细节、配饰、色彩和图案。例如，一件小黑裙在领圈、袖窿和下摆线上镶嵌珠饰；上装可以在它的前身下摆和袖子上装饰一些褶裥。

4. 强调

强调又称焦点，是视觉中最醒目的部分，将人的目光吸引到服装上，可以是廓型或者色彩，也可以是某个特定的细节或者装饰，如一个腰带、一颗宝石。

5. 渐变

渐变指的是某个特征或特色的增加或减少。例如，一件裙装的绣花图案从肩线沿着对角线方向穿过前身到下摆处尺寸递减。

6. 对比

通过色彩、肌理或形状的对比让人注意到某个特别的设计细节，它诠释了一种不同的设计风格。例如，一件简洁的黑色礼服搭配一条对比色白色腰带，或者一件简单的夹克衫搭配一条多串链子的超大珍珠饰品。

7. 协调

当设计元素融合在一起而不是相互对立突出时，就创造了协调。例如，设计中淡雅的颜色和柔软飘逸面料的搭配使用。

8.统一

当设计中所有的设计元素和设计法则相得益彰，创造了整体感和凝聚力时，就形成了统一。统一可以运用到某件或某套服装或某个设计系列中。例如，在一个产品系列中，每件服装之间都可以进行随意的混搭，保持风格统一。

当设计元素和法则运用得当，整体统一协调，视觉上恰如其分地呈现其创新和品位，或者有可能添加了一个新的转折点，这就是一个成功的设计，甚至可能演变为一个经典款式。

作为一个设计师，一旦领会了设计元素和法则的作用和关系，你就会发现这些要素处处存在于每一款服装中、每一个系列里。

二、服装流行的预测

在当今商业竞争中，潮流预测的重要性不言而喻。掌握准确的预测报告，能够帮助企业在未来的商战中取得胜利。在信息时代，掌握信息主动权至关重要，但关键是对收集到的信息进行分析处理，以做出正确的判断。

正确的流行预测有助于服装生产厂家确定生产方向，指导消费者的购买行为，并为设计师指明设计方向。通过对市场趋势的准确把握，企业可以提前做好准备，生产出符合市场需求的产品，从而在竞争中脱颖而出。

此外，潮流预测还能帮助服装生产厂家更好地了解消费者的需求和喜好，从而制订出更有针对性的营销策略。对于设计师来说，了解流行趋势也有助于他们设计出更符合消费者需求的产品，提高产品的市场竞争力。

（一）流行预测的方法

1.问卷调查法

问卷调查法是一种广泛使用的调查方法，它通过向被调查者发放调查问卷，收集他们的回答，从而得出结论。这种方法具有客观性和随机性，所得结论相对准确。但是，问卷调查的结果也会受一些问题的影响，如问题的设计水平、数量、范围、答卷人数和层次等。如果这些问题处理不当，可能会导致调查结论与实际情况相差甚远，进而给实践带来误导。因此，在设计和实施问卷调查时，需要充分考虑这些问题，以确保调查结果的准确性和可靠性。

2.总结规律法

总结规律法是一种通过分析流行规律来预测未来流行趋势的方法。这种方法认为流行是有规律的，但规律中存在许多变量，这些变量会对预测结果产生影响。为了更准确地预测流行趋势，部分流行预测机构会参考历年的流行趋势，结合流行规律，从众多流行提案中汇总预测结果。

与调查问卷法相比，总结规律法更为省时省力。然而，这种方法也存在一定的主观性，人为分析因素过多，可能导致预测结果与实际情况产生偏差。为了防止这种情况发生，预测机构通常会组织许多学识渊博的流行专家共同分析，通过集体讨论最终得出预测结果。

3.经验直觉法

经验直觉法是一种在时尚领域广泛使用的预测方法，尤其是在知名品牌服装公司中。这种方法主要依赖于个人积累的流行经验，通过对新流行的判断来制定设计策略。知名品牌公司的首席设计师通常是经验直觉法的执行者，他们凭借丰富的市场经验和敏锐的时尚直觉，为公司制定独特的流行设计策略。

由于知名品牌公司已经在市场中占据一定份额，拥有大量的第一手市场资料，这使它们对自己的产品风格和定位有着清晰的认识。因此，这些公司对一般的流行预测报告并不十分关注，更愿意相信自己的经验和直觉。

服装设计是一项非常感性的工作，过于理性的分析往往无法产生令人满意的结果。经验直觉法强调灵感和经验的结合，有时反而能带来更好的设计效果。这种方法虽然可能存在一定的局限性，但在时尚领域，尤其是在知名品牌服装公司中，已经被证明是一种有效的设计策略。

（二）流行预测的步骤

1.流行研究

流行预测在纺织服装产业中发挥着举足轻重的作用。总裁、设计师等业界领袖需要不断研究和分析各种影响服装行业的事件和趋势，以便更好地把握市场动态。流行预测人员则需对各种资讯进行深入研究，调查市场需求，分析消费者的需求和欲望，了解消费者的消费心理和目的，解决消费者面临的问题。

从宏观角度来看，流行研究有助于促进纺织业和服装业的发展，推动纺织服装与科研、设计、生产、市场、消费一体化，使服装生产和消费的研究进入更高层次的发展阶段。从微观角度来看，流行研究有助于引导消费，指导纺织服装生产厂家获取更大的商业利润。

流行预测的研究过程通常包括以下几个方面：首先，收集和分析各种有关资讯，如时尚趋势、市场动态、消费者需求等。其次，进行市场调查，了解消费者的需求和欲望，分析消费者的消费心理和目的。再次，解决已经存在或尚未凸显的消费者问题，提高消费者满意度。最后，将研究成果应用于纺织服装设计、生产和销售环节，提高产品的市场竞争力。

2.流行报告

在深入探讨了各种市场领域和流行趋势之后，接下来需要做的是收集并整理所获得的信息。首先，要将那些确凿的事实和短暂的印象进行分类，以便更好地理解它们。其次，可以将这些信息整合成一份流行报告。这份流行报告的主要目的是为设计师、采购人员和销售人员提供参考，帮助他们更好地了解市场趋势，从而实现企业的经营目标。通过这份报告，企业的相关人员可以更好地把握市场动态，了解消费者的喜好和需求，进而设计出更符合市场需求的产品，提高企业的竞争力。

此外，流行报告还可以帮助企业更好地了解竞争对手的情况，以便制定更有针对性的营销策略。同时，这份报告也可以为企业提供改进产品和服务的建议，从而提高企业的整体竞争力。

3.流行发布

在时尚领域，时装流行预测研究一直是业界关注的焦点。其核心内容便是发布流行趋势，通过不同的渠道和层次传达给服装厂商和消费者。这一过程对于整个时尚产业的发展和消费者需求的满足具有重要意义。

不同层次级别的发布反映了不同程度的流行可能性。例如，高级别的发布往往预示着未来一段时间内的主流趋势，而较低级别的发布则可能只是针对某一特定群体的小众流行。因此，服装厂商和消费者需要关注不同层次的发布，以便更好地把握时尚潮流。

流行发布的形式多种多样，包括时装表演、展览会等。这些形式有助于消费者和流行的内容产生共鸣，进而激发消费者的购买欲望。时装表演通常是发布流行的主要形式之一，设计师通过动态的展示，让消费者直观地感受到流行趋势的魅力。展览会更多地展示流行的细节和背后的文化内涵，让消费者更深入地了解流行趋势。

三、服装流行资讯的获取途径

（一）时装周

时装周作为服装设计师的主要流行资讯获取途径，每年分春夏与秋冬两季，以动态的时装表演形式向传媒与买家展示该设计品牌的最新设计概念。世界上最著名的设计师时装周以巴黎、米兰、伦敦、纽约、马德里、东京六座城市为代表，其中以巴黎时装周最具影响力。

巴黎时装发布周主要分为高级时装发布周、男装成衣发布周和女装成衣发布周。其中，巴黎女装成衣发布周的规模和影响最大。米兰的时装发布周则发挥传统的意大利纺织产业优势，集中了欧洲优秀的设计品牌，以纺织与高级成衣为特点而引人注目。伦敦的时装发布周则以发布新概念的先锋派年轻型流行时装而著称。

每个城市的时装发布周都有其独特的风格和特点，为全球时尚界提供了丰富的流行资讯和设计灵感。这些时装发布周不仅是展示设计师才华的舞台，而且是全球时尚产业的风向标。通过这些发布周，设计师们可以了解最新的时尚趋势，为自己的设计注入新的活力。同时，这些发布周也成了时尚爱好者和买家关注的焦点，为他们提供了了解时尚潮流的第一手资料。

（二）流行杂志

国际流行情报的主要渠道为种类繁多的纺织品与时装情报杂志，这些资料成为设计和企划人员的主要参考资料。世界各地主要流行情报的发行国以法国、意大利、英国、美国、德国等欧美国家为主，杂志主要分为色彩、布料、综合情报、女装、男装、童装、运动服、内衣、服饰品和箱包、室内设计等种类。发布这些信息的通常都是专业权威机构。

这些流行情报杂志在全球范围内受到广泛关注，因为它们提供了关于时尚趋势、色彩搭配、面料选择等方面的最新信息。对于设计师和企划人员来说，这些杂志是他们了解行业动态、激发创意灵感的重要来源。

色彩类杂志主要关注每年的流行色，以及如何在服装和配饰中运用这些色彩。布料类杂志则关注各种新型面料的研发和应用，包括功能性面料、环保面料等。综合情报类杂志提供全面的时尚资讯，包括最新的时装发布会、设计师专访、时尚评论等内容。

女装、男装、童装类杂志分别关注女性、男性和儿童的服装流行趋势，包括款式、风格、搭配等方面的信息。运动服、内衣、服饰品和箱包类杂志关注相关领域的流行趋势和设计创新。室内设计类杂志提供关于家居装饰、室内布局等方面的流行情报。

这些杂志的发行国以欧美国家为主，因为这些国家拥有悠久的时尚历史和成熟的时尚产业。这些国家的时尚产业不仅拥有众多知名品牌，还培养了一大批优秀的设计师和时尚评论家。因此，这些国家的流行情报杂志在全球范围内具有很高的权威性和影响力。

（三）展览会

具有影响力的专业展会发布的流行趋势信息是获得国际流行资讯的主要渠道。一年中世界各地要举办许多各种类型的展览会和商品博览会，分横机纱线、织物、服装成品等不同类型。每年2月和9月在法国巴黎举办的第一视觉面料展集中了世界八百家面料公司最新的纺织品纱线和面料主题、色彩的新产品，是以企业界进行交易商谈为主的展示会，厂家向客户提供实验用的新布料样品。每年在德国法兰克福举行的英特斯道夫是最具传统意义的大型纺品展，每一届都要集中一千家以上的厂家，在每年的4月和10月召开。此外，北京的中国国际服装服饰博览会、北京或上海的中国国际面料博览会、大连国际时装节、上海国际服装文化节等都给设计师和消费者提供了流行信息。这些展会以其权威的流行发布，集中展示参展商的服装流行产品，诠释流行的概念，提高人们对流行的认知。

（四）时尚媒体

网络、媒体传播是服装流行中一个非常重要的环节。服装流行传播系统包括宣传媒体传播系统和纺织服装商家推广应用传播系统两种类型。宣传媒体传播系统一般包括时装发布会、服装博览会、交易会、产品洽谈会及展示会的电视转播；电视服装专栏、录像、新闻媒体及有关国际互联网络媒体；信息网络各地辐射传播等。纺织服装商家推广应用传播系统主要是指一些知名纺织企业、服装生产厂家在网络上宣传推广自己的产品，这也是获得流行信息的一种快速、方便的方法。媒体传播还包括各类时尚杂志、报纸、书籍等纸质传媒。

（五）服装市场

服装市场是很重要的也是最直接的服装流行资讯的获取渠道，服装设计师要经常到各类服装市场看一看什么样的服装销售状况比较好，什么样的服装最受消费者欢迎，消费者为什么会喜欢某一类服装，其卖点在哪儿，再将市场上流行的服装与流行预测发布的服装作比较，从而获得最接近市场需求的服装流行信息。

第五节　时装面料再设计

面料再设计是在原有面料的基础上，通过化学或物理的手段，将原有面料进行分解、重新组合，根据材料对比、肌理对比等原理，使面料的纹理、外形等发生变化，从而形成新的视觉效果。许多服装设计师都十分重视对面料进行第二次改造，通过换位思考，打破传统的思维定式，结合剪、贴、扎、拼、补、折、钩、染、磨、绣等工艺对现有面料进行改造和重组。

一、服装面料的加法设计

对服饰面料上进行再次创作，用所能用到的手段使之以一种全新的面貌及风格呈现，最直接的方式就是叠加技艺，有新的元素加入总是能有新的新鲜感和体验产生。

（一）刺绣

刺绣是将丝线、纱绳绣织成图案的装饰工艺手法。它是用针和线把人的设计和制作添加在织物上的一种艺术。不同的针法和绣法，能产生不同的线条组织和独特的手工刺绣艺术表现效果。

（二）雕花花饰

服装是三维的视觉艺术，服饰上的装饰手法也逐渐从平面向立体发展。花卉饰品在女装装饰中占据重要地位。运用不同工艺手段、表现形态、材质能表现不同的艺术效果，如立体或逼真或抽象的花卉装饰可在服饰上营造令人眼花缭乱、美不胜收的视觉效果。

（三）烫贴

烫贴是近年来流行的一种服饰装饰手法，国际流行发布中也经常有令人惊艳的作品问世。各种形状、色泽、切割工艺的贴片根据需要在服装不同部位进行装饰，是华丽繁奢的巴洛克风格的重要表现形式。

（四）填充

在面料中加塞填充材料，使原本二维的织物产生三维的立体效果，呈现别致的装饰感。经过图案设计的填充面料在设计表现上更具视觉冲击力，可提升艺术效果。近年来不少服装设计中运用这种面料创意元素。

（五）编结

编结是绳结和编织的总称，是主要采用各类线形纤维材料，运用手工工具，通过各种编织方法制作完成的编织物品。编结艺术是服装装饰的重要手段之一，其面料的肌理、纹理、色彩、花纹等具有变化的效果，能形成半立体的表面形态。

二、服装面料的减法设计

（一）镂空

镂空也是一种雕刻技术，从整体来看是一幅完整的图案，有序地将局部面料镂去形成新的图案效果。面料镂空图案有别于普通面料图案，面料隐约显露人体皮肤，更显风情别致，因而为许多人所钟爱。

（二）烂花

烂花是以化学药品破坏面料而产生图案的工艺。这种凹凸有致的有序花纹往往在丝绒面料上能看到，或者是半透明的，带有很强的装饰性。

（三）撕扯

流行时尚的风格总是千姿百态，有时残破也是一种美。在完整面料上进行撕扯、劈凿等强力破坏，留下具有各种裂痕的人工形态残像。在颓败破旧风潮盛行的时尚界，这种撕扯的装饰手法被越来越多的年轻一族喜爱。

（四）做旧

做旧工艺即利用水洗、砂洗、砂纸磨毛、染色、试剂腐蚀等手段，使面料有变旧的感觉。

（五）抽纱

抽纱工艺就是在原始纱线或织物的基础上，将织物的经纱或纬纱抽取而产生具有新的构成形式、表现肌理以及审美情趣的特殊效果的表现形式（图1-5）。

图1-5

图1-5 《亚特兰蒂斯》(作者:琼台师范学院 2020级艺术设计学 卢祉汐)

三、服装面料的其他手法设计

(一)褶饰

褶饰是服装设计常用的造型方式之一。面料的褶皱是使用外力对面料进行缩缝、抽褶或利用高科技手段对面料褶皱永久定型而产生的。褶皱可以改变织物表面的纹理形态,使之产生由平滑到粗糙的变化,触感十分强烈。褶皱的种类很多,有压褶、抽褶、自然垂褶、波浪褶等,形态各异。通过褶皱材料、工艺、造型、位置等不同的设计手法,使面料产生不同的美感。

褶饰大师三宅一生的褶皱是最为独特和出名的。三宅一生的名字和衣服上的褶子联系在一起,是从1989年他正式推出褶子衣服与顾客见面时开始的。运用褶皱表现个性,是他的出发点之一,另一个出发点是他希望自己设计的服装像人体的第二层皮肤一样舒适服帖,褶饰也能够很好地完成这个任务。三宅一生的褶饰很好地解决了东方服装注重给人体留出空间和西方式的严谨结构之间的协调问题。

(二)印染

印染是对需要进行图案装饰的纺织服装材料采用一定的工艺,将染料转移到布上的方法。包括雕版印染、蜡染、手绘、扎染等在内的多种手工印染品种,最具特色的是扎染。扎染,古称扎缬、绞缬、夹缬和染缬,是中国民间传统而独特的染色工艺,是织物在染色时局部扎结起来使之不能着色的一种染色方法。蜡染,古称"蜡缬",为中国传统民间手工印染工艺之一,以蜡为防染材料进行染色处理(图1-6)。当今蜡染在布依族、苗族、瑶族、仡佬族中仍较为流行，衣裙、被毯、背包等多用蜡染作装饰。蜡染图案丰富，色调素雅，风格独特，用于制作服装服饰和各种生活实用品，显得朴实大方、清新悦目，富有民族特色。

图1-6　《蜡颂于琼》(作者：琼台师范学院　2018级艺术设计学　郑雅雯)

服装手绘，即在原纯色成品服装基础上，根据服装的款式、面料以及设计风格，在服装上用专门的服装手绘颜料绘画出精美、个性的画面，无论国画效果还是油画效果，基本都能在面料上呈现出来。因为其手工性，比服装印花更具有欣赏价值；由于它的绘画性，比起以实用为第一要求的工业设计，它的艺术价值更大。手绘因能充分展现个性和对艺术的追求，自产生以来一直受时尚年轻人的追捧，特别是近年来在欧美、日韩等地刮起了"涂鸦文化"的旋风，手绘服装开始成为时代的新宠。

数码印花，是用数码技术进行的印花，是随着数码电脑印花技术的不断发展而逐渐形成的一种集机械、电脑电子信息技术于一体，将不同的图案直接打印在服装面料上的高新技术。

（三）拼贴

拼贴包括拼缝与贴补艺术。这种技艺起源于古老的拼缝艺术，并在此基础上发展成为一种新型艺术形式。

贴补工艺，即在一块底布上贴、缝或镶上有布纹的布片。这是一种以剪代笔、以布为色的装饰手法，充分利用布料的颜色、纹理、质感，通过剪、撕、贴的方法，形成有独特色彩的抽象造型，具有笔墨不能取代的奇效。

拼贴工艺在面料再造设计中的应用，能够创造出面料的浮雕感，给人以新的视觉感受。这种独特的视觉效果，使得拼贴艺术在现代设计中具有广泛的应用前景。

（四）仿真

艺术来源于生活并且高于生活，创意则是对现实世界的致敬。人们在崇拜大自然，品味生活原味中，开始在自然界美的基础上，探索生物形态的内在美规律和文化内涵的仿真艺术设计。悠远古老的黎族服饰就拥有仿真的艺术语言，运用图形和意象来展现自然界的"形、态、质、色"等元素，传达对大自然的崇敬与喜爱，并形成独特的民族服饰仿真艺术语言。

在时装设计中，设计师也乐于运用仿真的元素。仿真植物、动物等形式的配饰设计一直为人们所钟爱，对真实世界的仿真设计从未停止。如今在服饰设计的面料创意领域，也有越来越多的设计师对这种既生动又有趣的创作手法极富兴趣。仿真设计在实现手法上可借鉴各家所长，营造和真实物质一致的视觉效果。

第六节　时装设计大师及著名时装品牌赏析

一、加布里埃·香奈儿

（一）创始背景

香奈儿是享誉全球的奢侈品牌，以风格独特、产品优质、设计创新而著称。香奈儿的品牌文化深受消费者的喜爱，是时尚产业的经典品牌之一。这家法国品牌的创始人是著名设计师加布里埃·香奈儿（Gabrielle Chanel），她在20世纪20年代的法国巴黎打造了一个充满激情和创造力的时尚帝国。

在20世纪初，香奈儿开始设计服装，并在巴黎开设了一家时装店。她的设计风格独具特色，运用了轻便、舒适和简约的元素，以及男装式的裁剪和设计。这些设计引起了人们的关注，尤其是那些厌倦了束缚和烦琐的女性。

（二）品牌故事

"经典反映着那个时代的精神，无论岁月如何流逝，时代如何变迁，流行如何更替，经典却永恒而无可替代。"香奈儿的时装是经典风格的典型代表。无领毛呢套装、黑色连身裙、珍珠配饰、山茶花和拼色皮鞋都是香奈儿设计的经典标志。香奈儿利用了传统英式男装中的苏格兰呢绒，其质感厚重但色彩变化丰富的图纹质料被沿用至今，成为她经典设计的传统印记。此外，白色与黑色的经典配色，让香奈儿的设计更能凸显女性之美，无论是黑白相间的开襟羊毛套衫，还是黑白相间的套裙，都作为经典款式一直流行至今。

（三）产品风格

在设计作品中，服装结构线条简单且具有实用性，所使用的色调多为深暗色或中性色，风格独特鲜明。香奈儿是一个有近百年历史的著名品牌，香奈儿时装永远坚持高雅、简洁、精美的风格。擅长突破传统的香奈儿早在20世纪40年代就成功地流传着这样一句话："找不到合适的衣服就穿香奈儿套装。"香奈儿经典风格的设计特点具体呈现在以下几个方面：以传统的上下套装为主，以常规领、直身、中短外套的款式为主，以一片袖居多，门襟纽扣对称，以山茶花、长串项链为配饰；以细腻软呢、粗花呢、苏格兰呢、毛呢、斜纹软呢等三维交织染色为主，面料质感浑厚饱满；擅长黑白颜色搭配，多以深暗色或中性色为主色调；以黑白几何图案、菱形格纹、千鸟格纹、山茶花图案等为主，常用香奈儿品牌的"双C"标志作为服装及配件的装饰。

二、乔治·阿玛尼

（一）创始背景

乔治·阿玛尼（Giorgio Armani）是全球知名的时尚设计师，被誉为意大利时装设计师的代表之一。他于1975年创立了同名品牌，品牌标志是由一只往右看的雄鹰变形而成，鹰象征了品牌至高的品质、卓越的技艺，从此以它为永久的象征。时装史经过反叛动荡的20世纪60年代，到70年代依然充满对反叛和激进的探索，"反时装"观念盛行，后现代主义、折中主义泛滥。在这种喧闹中，还是出现了一点不同的探索，比如中产阶级的"回归自然"着装、职业装以及极简主义着装。到了20世纪80年代，出现了多元化的时装潮流，在很大程度上，时装回归到了传统和正规，讲究个人事业成功和现实主义，少了反叛和挑衅，时髦的形式是以"雅皮"显示个人品质和品位。在这样的背景下，中性、节制、优雅的阿玛尼服装脱颖而出。

（二）品牌故事

乔治·阿玛尼的设计不追随潮流，又超越传统，是两者的结合。他的设计以优雅、精致、高贵、含蓄、不招摇而闻名于世。他的设计作品不会完全顾及时尚的变化，一直以追求服装的高品质为主要特点，经典的色彩结合经典的款式，搭配空间自由广泛。乔治·阿玛尼第一次发布会的服装，因其没有衬里和张扬结构线条的设计，并利用天然的色彩、简单的轮廓、宽松的线条，使他获得了"夹克衫之王"的美誉。

乔治·阿玛尼的设计哲学和风格是品牌成功之路的起点。他的设计理念始终是简约、时尚、大气，注重线条和结构，减少烦琐的装饰和细节，遵循舒适、自然、耐看的原则，让人们在自然舒适的感觉下展现个性和魅力。在设计风格方面，阿玛尼注重灵感来源的多样性，融合了不同的文化、艺术和时代元素，体现了他的创新精神和对美学的深刻理解。阿玛尼的设计风格被誉为意大利时尚的代表之一，不仅体现了意大利悠久的设计传统和文化底蕴，还保持了与时俱进的现代感和国际化视野。

（三）产品风格

阿玛尼认为："想要在日新月异的时尚潮流中保持自己的设计风格不变，最重要的一点就是必须使出浑身解数。"阿玛尼热衷于对各种布料材质的研究，他承认，"质地是我成功的秘诀"，这使他毫不妥协地坚持着自己的设计风格。乔治·阿玛尼品牌服装的面料都相当昂贵，多采用纯天然或混纺织物，如方格粗呢、亚麻为底的羊毛织物和织有丝线的横贡缎，质地精巧考究，还经常使用最新技术合成纤维的面料，使外人难以仿制。他的设计常采用无彩色系，诸如褐灰、米灰、黑色等，色彩柔和而沉着理智，这些特点都使他的设计创造出了一种阿玛尼式的极简优雅的经典风格。

三、三宅一生

（一）创始背景

三宅一生是日本的时装品牌，是世界知名女装品牌，是一个代表着日本民族观念、习俗和价值观的品牌，1970年在东京创立，其以服饰设计和展示极富工艺创新著称于世。根植于日本国民观念、风俗习惯、价值观的三宅一生，成为享誉全球的优秀时装品牌。其作品更接近于艺术作品，很大原因归结于其对审美及材质的执着。

品牌创始人三宅一生先生提出的"一块布"的制衣理念在世界范围内得到广泛认同。与西方的立体裁剪强调人体曲线和结构的服装设计观念截然不同的是，三宅一生试图表达的是东方的制衣哲学，强调服装与人体的关系，而非人体结构本身。"从研发一根丝线开始设计创新面料"是三宅一生旗下所有品牌的核心设计理念。

（二）品牌故事

三宅一生以其创新和独特的设计风格享誉全球。他的作品突破了西方传统造型模式，以东方制衣工艺为基础，强调服装的功能性，尊重穿着者的个性，让身体得到最大限度的自由。正是这种对传统观念的挑战，使三宅一生在时尚界独树一帜，成为一位不可多得的天才设计师。

三宅一生开创了解构主义设计风格，运用各种意想不到的材料进行设计，被称为"面料魔术师"。他的作品以黑色、灰色等色调为主，充满了浓郁的东方情愫。这种独特的设计风格使三宅一生的作品在众多设计师中脱颖而出，成为时尚界的一股清流。

三宅一生对服装设计的创新和突破，以及对时代的理解，使他成为当代最伟大的服装创意者之一。他的作品在时尚界引起了巨大的反响，成为许多人的灵感来源。三宅一生不仅改变了人们对服装设计的传统观念，还为世界带来了全新的时尚潮流。

（三）产品风格

三宅一生的设计对于一贯强调感官刺激、追求夸张人体线条的西方式服装设计传统来说是一种冲击和突破，其另辟蹊径，将全新的设计理念从东方的服装文化和哲学观中发掘出来。在造型上，他借鉴东方制衣工艺和包裹缠绕立体裁剪技术，在服装设计上开创了解构主义的设计风格。他一直以无结构模式进行设计，摆脱了西方传统的造型模式。通过掰开、揉碎、再组合的方式，形成了别具一格的新造型，这种基于东方制衣技术的创新模式，具有神秘的东方特征。

在服装材料的运用上，三宅一生改变了高级时装及成衣一贯平整光洁的定式，以各种各样的材料，如日本宣纸、白棉布、针织棉布、亚麻等，创造出各种肌理效果。他用任何可能的材料编织布料，将他前卫大胆的设计理念不断地加以完善。并且喜欢用大色块的拼接面料来改变造型效果，这使他的设计醒目而与众不同。

除此之外，三宅一生所创造的褶皱面料，使他的设计风格表现出了独特的一面，这些作品奠定了三宅一生在时尚历史中的地位，布料上挥洒设计的创意也成了三宅一生的品牌精神。他对布料的要求近乎苛刻，成百上千次的亲自加工、改良，已是家常便饭。所以他设计的布料总是出其不意、奇效惊人。

四、例外

（一）创始背景

例外创立于1996年，是中国原创设计师品牌之一，自成立以来不断学习、吸收国际先进管理经验并结合自身特点，秉持东方本土文化的原创精神，持续创新和经营。例外认为服装是表达个人意识与品位素养的媒介，例外展示的是一种现代的生活意识，知性而向往心灵自由，独立并且热爱生活，对艺术、文学、思潮保持开放的胸襟，从容面对自己、面对世界，懂得享受生活带来的一切并游刃有余。

例外品牌给人的感觉不是视觉上的，而是内心深处的，是不以性别功能为主要衡量标准的时装、潮流、服饰。其崇尚"本源、自由、纯粹"，尊重生命的存在，倡导释放人性的本真，挖掘人在衣裳背后的灵性。设计师马可认为，女性没有缺点，只有特质，服装是表达个人品位修养的媒介。她通过最简约的裁剪，创造出最舒适实用的服装，并传达最丰富的生活态度。例外成功地创造了东方哲学式的当代服饰艺术风格，具有鲜明的美学追求和独特的设计理念。

（二）产品风格

例外品牌将东方传统文化与现代服装设计创意相结合，呈现出简洁含蓄、舒适实用且具有文化艺术特质及时尚品位的设计风格。其服装廓型以H形和T形为主，注重传统手法的运用，通过二维空间效果在穿着状态上的再创造，使服饰视觉效果更加丰富。这两种廓型具有简洁大方、线条流畅的特点，符合现代审美需求。

例外品牌的设计理念融合了东方传统文化与现代服装设计的创新，呈现出一种独特的美学风格。这种风格既简洁含蓄，又舒适实用，同时还具有丰富的文化艺术特质和时尚品位。

在面料选择上，例外品牌主要使用纯天然面料，如棉麻等，这些面料具有舒适、透气、吸汗等优点，穿着更加舒适。同时，品牌还会搭配其他辅材以丰富整体色彩效果，使服装更加丰富多彩。

在色彩运用上，例外品牌多采用中性颜色，如白色、灰色等，这些颜色具有安静、平和、优雅等特点，符合东方传统文化的审美观念。同时，品牌也会偶尔辅以亮色点缀，以体现清净和避免俗艳，使服装更加时尚、更具艺术感。

本章小结

本章主要对时装设计的特点、设计的要素、设计的流行进行了阐述，从时装的款式、面料、色彩、图案、细节等方面讲述了风格设计的特点。时装设计风格的未来设计趋势主要体现在时尚化、运动化、休闲化等方面。另外，还分析了代表性服装设计师，详细地介绍了其作品的品牌故事和设计风格，并进行了阐释。

课后习题

1.进行流行趋势调研，包括色彩、面料、廓型，并制作PPT汇报。

2.分析时装风格设计的特点，绘制相应的款式图说明其特点。

3.结合时尚设计的元素进行风格的设计，以时装效果图及实物的形式完成。

第二章

童装设计

教学目标：通过本章的学习，使学生能够了解童装设计的概念，童装设计的分类、特征和设计原则；能够根据儿童的生理、心理特征和父母审美特征，进行双向性构思设计；培养学生搜集资料、解读流行信息的能力；能根据不同的主题制定童装设计企划方案；通过本章的学习，树立设计意识，提高审美能力和创新能力，激发学生对童装设计的兴趣，将人文精神、自然关怀等优秀传统文化融入童装设计中。

教学要求：本章要求学生在掌握童装设计基础理论的前提下，掌握不同年龄段儿童的生理及心理特点，根据主题及市场的需求，进行系列童装创意设计，启发学生的童装设计思路，培养独特的设计思维能力，使童装设计作品具有创意，与市场相结合。

第一节　童装设计基础

　　童装是指婴儿、幼儿、学龄前儿童、学龄儿童以及少年儿童这些未成年人的服装。童装在服装中属于特殊的类别，童装设计需要充分了解儿童各个年龄阶段的生长变化和心理特征，了解父母的审美需求，以儿童为设计中心，以爱心为出发点，让服装成为儿童成长发育过程的好伙伴，丰富儿童的衣着造型，让儿童发现生活的美，感受美的陶冶。

　　童装是以儿童为设计对象，以儿童的生理特征及心理特征为设计出发点，考虑儿童的审美需求和习惯，满足儿童穿着的实用性和美观性，综合设计因素去设计儿童着装款式。童装款式变化丰富，在满足基本的服装功能性需求的同时，要考虑时代气息和时尚性，避免一味追逐流行和模仿成人服装。为了深入学习童装设计，必须对童装基础知识、设计理念、设计基本法则等有一个较为系统的了解。

一、童装的概念及其发展历史

　　儿童是相对特殊的群体，儿童各个年龄阶段的生长变化和心理特征是童装设计的重要依据。

（一）童装的概念

　　童装是0～16岁未成年人所穿的服装总称，它包括儿童成长的各个年龄段的服装，如婴儿时期、幼儿时期、学龄前儿童时期、学龄儿童时期、少年儿童时期等不同成长阶段的儿童服装。不同时期的儿童在成长过程中对童装有不同的需求，在设计时，要充分考虑儿童成长过程中的生理和心理在不同阶段的变化。童装需要满足儿童不同年龄阶段、不同生活场景、不同功能作用的需求。

　　服装是指人着装后的一种状态，不仅包含衣服，也包含与衣服相搭配的服饰品。童装与成人服装不同，童装的着装对象是儿童，而儿童在幼儿时期成长与发育较快，体型变化较大，且儿童的心理成长发育不够成熟，性格活泼好动，好奇心强且自控能力较弱，因此童装的设计比成人服装更强调安全性、装饰性、功能性。比如，运用了荷叶边及抽褶的方式作为童装的装饰，三角形的口袋装饰也符合童装的功能性，在面料上运用棉质的印花面料，强调了安全性。

（二）童装的发展简史

　　关于现代童装的起源，公认为是在18世纪末，在此之前，儿童的衣服就是成人服装的缩小版，以儿童为对象的人性化设计还十分有限。

1.西方童装的发展简史

在西方服装史上，长久以来，儿童的穿着就是成人服装的缩小版，极少有人关注儿童的身心需要和发展。从西方早期的肖像画中可以发现，儿童服装与成人服装极为相似，女童同样穿着低领的衣服和裙撑，仿佛是成人服装的缩小版。17~18世纪，流行夸张造型的巴洛克和洛可可风格的成人服装款式同样应用于童装中，这给儿童身体的成长造成了许多负担和束缚，束腰和裙撑不利于儿童的身体发育。于是，当时许多哲学家和教育家对此提出了反对，其中启蒙思想家卢梭在其教育名著《爱弥儿》中提出"儿童在成长发育中的身体，所穿的衣服应当宽大，绝不能让衣服妨碍他们的活动和成长，衣服不能太小，不能穿得紧贴身体且不宜捆带子"。18世纪末，因受到关注儿童着装健康的先驱们推动，童装的衣服活动量增加，不再那么束缚身体。随着工业生产的发展，轻、软、可洗的棉制品越来越多地应用到童装设计中，在18世纪末至19世纪初，出现了真正属于儿童的服装款式。

19世纪末至20世纪初，西方童装终于开始有别于成人服装，同时受工业革命影响，部分厂家开始生产和出售童装，但是这些厂家提供的服装款式都非常有限，专门研究童装的设计师相对较少。到第一次世界大战后，由于工业革命的发展，童装开始步入商业化的批量生产及模式化的销售方式。由于当时的女性开始从家庭走向社会，开启职业生涯，因忙于工作没有空闲的时间自制儿童服装，极大地增加了童装市场的购买需求，童装业便快速发展起来。

童装业发展起来的另一个原因是由于工业革命的发展，服装缝纫方式进行改革，很多机械代替了原来的手工模式，生产工作效率提高，服装号型尺寸慢慢标准化，服装辅料拉链、扣子、缝纫线等配件的发展，促进服装款式的多样化，工业批量化生产的服装也比家庭自制的服装更结实耐用，品质更好，价格更加经济实惠，因而很多人选择购买批量化的童装。工业化模式慢慢取代传统的手工模式，例如，缝纫机的针脚比较密实，专业机械可以完成许多人工无法实现的工艺。起初童装的尺码很简单，但在第一次世界大战后，生产厂家开始将童装的尺码标准化，使童装号型系统更加完善。童装款式多样化、号型标准化、生产模式化等改革，为童装的发展又向前推进了一大步。

在20世纪20~40年代，童装业发生了重要变化，录音机和电影进入人们的生活中，许多家长开始模仿电影中的明星来装扮自己的孩子，特别是青少年，他们有一定的审美意识，并注重自己的外表形象，于是尝试把自己打扮得像自己崇拜的明星，因此也带动了童装潮流的发展。直到20世纪50年代，由于电视的普及和发展，许多家庭通过电视了解各种各样的资讯，儿童是电视最大的受众群体，他们可以从电视中了解当下流行的元素和时尚潮流，许多设计师将儿童节目中的卡通形象元素运用到童装设计中，拉近动画与儿童的距离，符合儿童的审美需求，因而会刺激童装的发展。从学龄前的儿童电视教育节目《芝麻街》到迪士尼的米老鼠俱乐部，将这些卡通元素应用到童装中，设计越来越多元化。

21世纪，伴随着计算机辅助操作系统在服装业的应用，童装设计也实现了计算机化，促进了童装业的发展。计算机辅助操作系统让童装设计中某些部分实现了自动化、机械化生产。对生产商而言，计算机和互联网可以帮助他们对童装的流行趋势做出更快的反应，他们在网络上寻找全球合作商，如面料厂家、生产厂家、零售商等，不断扩大销售市场，同时也不断刺激着童装行业的发展。如今，童装最基本的要求已不再是原始的驱寒保暖，而是时尚化。社会和经济的发展不断对童装设计提出新的要求，在设计中既要注重儿童的个性表达，也要注重其文化内涵。21世纪后的童装设计更加丰富和专业，消费者对于童装的需求不仅仅是实用功能和审美功能，在童装设计中融入科技感和生态环保的理念得到消费者的重视。

2. 中国童装的发展简史

我国封建社会时期的童装和西方情况相似，大部分儿童服装的款式也是成人衣服的缩小版，但是在服装的装饰手法上会体现儿童情感的细节，比如运用兽首图案作为装饰，运用百家布进行拼布等，都是经典的童装装饰元素。由于古代医疗卫生条件不好，且受佛教思想的影响，家长便向诸家讨求布块，做成特定的百家衣，为儿童祈福。

在我国传统文化中提倡尊老爱幼的美德，许多长辈在制作服装时，将对儿童的期许和祝愿融入其中，将虎头作为装饰表现在男孩服装中，期望孩童虎头虎脑、身体强健。将花卉图案表现在女孩服装中，期望女童如花似玉、典雅端庄，这正体现了童装的象征意义。我国的服装款式多为平面裁剪，这种结构更适合图案的装饰与表现。

民国初年，西方服装的涌入对我国传统服装产生巨大的冲击，出现了以废除传统服饰为中心的服装改革。到改革开放初期，外贸业的发展和带动，我国生产制造业迎来了真正的春天。我国童装发展和起步比较晚，因当时经济条件较差，物质较为匮乏，一套服装基本都是孩子们轮流穿，或由父母买块面料简单缝制。童装的功能更偏向于御寒、遮羞、保暖等基础方面，缺乏对儿童生理、心理的科学研究。

20世纪90年代以后，我国童装进入快速发展时期。随着人们生活水平和审美能力的不断提升，款式新颖、色彩明亮、具有安全性和舒适性的高品质童装受到大众青睐。面对童装市场竞争，我国童装设计水平与发达国家仍有相当大的差距。事实上，儿童心理是童装设计中要考虑的一个重要因素，例如，同样年龄的男孩和女孩，他们对于服装的款式、色彩、图案、面料的需求是不同的，女童大多喜欢穿裙子，喜欢粉色系和公主风格的服装，而男童大多喜欢穿裤子，喜欢蓝色系和汽车卡通等图案的服装。因而，童装设计师要对男童和女童进行研究，关注不同年龄段儿童的心理、生理、审美需求，在款式设计中充分考虑儿童的成长特点，选择既美观大方又易于活动的面料，符合儿童好动的天性，同时注重服装本身所包含的文化价值和品牌化效应。品牌化逐步成为童装产业发展的最主要特征。

21世纪，我国童装行业进入快速发展时期，各种童装品牌崛起，童装产品的设计从模仿阶段逐渐转化为独立自主设计生产。在每年的童装时装周中都能看到不同童装品牌发布的设计作品，童装风格日益多元化。

（三）童装设计现状与发展趋势

随着社会经济的发展，越来越多的父母重视儿童的成长，给予儿童最好的物质条件，因而童装越来越被人们关注。童装品牌数量随着产业的发展开始持续增加，市场需求也不断增加并逐步多样化。童装设计需要了解童装市场和童装消费的特征，明确童装发展的趋势，把握时代的脉搏，以行业高标准的要求去适应童装的快速发展。

1.童装企业及品牌的发展现状

经济的快速发展、多元化的生活方式以及不断增长的消费需求，必将形成一个庞大的童装消费市场。面对国内童装市场的发展前景，目前国内的童装在设计及改革上仍存在一些问题。

首先，国内童装品牌缺乏相应的市场竞争力。由于我国童装最开始是受国外服饰影响而发展起来的，因此国外品牌占据了市场的先机，一些知名国际品牌以质量、款式、知名度等优势占据了大部分高档童装市场，与国外品牌相比，我国童装品牌在知名度和美誉度方面仍有一些差距。其次，童装产业结构不合理。受经济利润和销售总额的诱惑，童装企业更偏爱婴幼儿童装等12岁以下的儿童服装，青少年的服装相对偏少，儿童产品的类别不均衡，各品牌定位不明确且缺乏特色。最后，童装设计跟不上流行趋势。在设计过程中，缺乏真正有文化底蕴、有传统特色的原创设计，整体流行趋势受国外流行趋势影响。针对这一现象，目前国内一些院校以及企业联合开设童装课程，也培育了许多优秀的童装设计师，他们在设计研发过程中需要考虑审美性与功能性，并且要充分考虑产品的安全性和使用性，在未来的童装行业发展中要加强对童装设计人才的培养，更有利于童装品牌的发展。

2.童装设计中存在的问题

（1）童装设计趋于成人化。近年来，童装的设计趋于成人化，无论是款式造型还是装饰风格，都更多地借鉴成人服装。然而童装不能完全等同于成人服装的缩小版，儿童的心理和生理因素与成人差异较大，如果完全照搬成人服装，不但不能满足儿童的需求，还易使儿童过于早熟，不利于儿童健康成长。例如，为保持体型而设计的紧身衣也衍生出了儿童系列，但过于紧绷的服装在一定程度上会影响儿童的骨骼发育和身体健康。童装应充分体现儿童活泼好动、天真烂漫的气息，因此在进行童装设计时，应有选择地借鉴成人服装的设计元素，并在风格和细节上加以整合，使之符合儿童的身心特点。

（2）童装设计趋于时装化。随着流行文化和时尚文化的发展，童装逐渐开始强调时尚性和流行性，风格和款式变得更加多样化和时装化，童装设计也紧随流行趋势的变化而不断发展。一方面，童装时装化有利于儿童服装的时尚化和多元化发展；另一方面，童装时装化会导致童装成本增加，款式的复杂化促使制作工艺等环节随之增加，从而抬高了童装的价格。而且，过于烦琐的装饰并不完全适合童装，因为它会使童装显得过于累赘，不符合儿童多动的性格特点。

3.童装设计的发展趋势

面对拥有巨大潜力的童装市场，童装的发展趋势必然是和整个服装产业一样向着健康、舒适、时尚的形态发展。时尚的童装设计不仅是一种美的表达，而且是对儿童服饰美的价值观的符号体现，童装设计必须紧跟时代的发展，才能更好地表达童装的美。未来的童装发展会更加时尚化、品牌化、安全环保化。

（1）时尚化。"时尚"一词早已融入每个人的审美观念中，影响人们生活的方方面面。服装设计一直在追求时尚，童装设计也不例外，时尚千变万化，包罗万象。如今的童装设计已经不仅仅是满足驱寒、保暖、遮羞等基础实用功能的需求，它朝着时尚、潮流、个性、新颖的方向发展。时尚的童装设计不仅是一种美的表达，同时也是人们对于审美价值观的体现。

（2）品牌化。品牌效应给服装带来的利益远远超过服装本身。童装品牌的设计、质量、市场、安全等要素固然重要，但更重要的仍是品牌的文化底蕴。文化底蕴是品牌的精神来源，只有根植于我们的文化土壤，塑造独特的品牌文化，才能在国际市场上与其他品牌竞争。国内童装企业必须明确自己的品牌形象和市场定位，结合自身优势，充分发挥其独特的品牌文化优势，才能创造出属于本民族的童装品牌，发挥更大的品牌效益。

（3）安全环保化。高品质的生活态度是现代人对服装安全、健康、环保高要求的体现。童装面料的选取也是消费者在购买时不得不考虑的一大重点因素，如面料是否健康、是否环保、是否呵护儿童的皮肤等。另外，服装的款式是否安全、舒适、美观也是消费者看重的方面。社会发展提升了生活的质量，也对童装的安全环保性能提出了更高的要求。

二、童装设计的分类与设计

在当今社会，童装的种类繁多，了解童装不同的分类形式，有助于设计师更好地把握童装设计的方向。由于童装随着儿童从出生至成年前的成长过程，因而应体现不同成长阶段的设计特点。目前，童装常见的分类方法有以下几种。

（一）按年龄阶段的童装分类与设计

按照年龄阶段对童装进行分类是比较常见的方式。童装的特点是着装者体型跨度和心理变化较大，所以设计师应该熟悉各个阶段儿童的身体特点、行为举止、心理状态，这样才能更好地进行设计工作。

儿童穿着的服装统称为童装，通常是指0～16岁儿童穿的服装。按照儿童的年龄，童装可分为婴儿期（0～12个月末）童装、幼儿期（1～3岁）童装、学龄前期（4～6岁）童装、学龄期（7～12岁）童装、少年期（13～16岁）童装五类。

1.婴儿期童装设计

（1）阶段特点。婴儿期是指婴儿从出生至1周岁之前的成长期。这个阶段是婴儿迅速成长的阶段，以卧式姿势为主，成长至7个月基本能够坐立，8个月会爬行，到12个月初步具备模糊行走能力，婴儿的身长较刚出生时增高约1.5倍，体重约是出生时的3倍，体型特点为头部较大、腹部凸起等。在这个阶段，婴儿的感知能力也在不断完善，从出生前对母亲的声音有辨别能力，到3个月开始对外界产生好奇并开始有观察行为。婴儿对于色彩是非常敏感的，相较于沉闷的无彩色（即黑、白、灰），他们更喜欢色泽鲜艳的有彩色。

（2）设计要点。婴儿服装款式有连体式和分体式两种，造型多以平面为主，基本不需要口袋和领子等细节设计，穿着方式以系带为主，较少使用纽扣设计，其原因是防止婴儿用嘴巴探索时误食。相较于前中开襟来讲，侧开襟和肩部开合的款式更加适合这个阶段的需要。面料方面应多以弹性较好、质地柔软的纯棉面料为主。颜色以纤维本色或浅淡的颜色为主，而4～12个月的孩子经常采用低饱和的颜色，一般不采用暗色和较浓的鲜艳色，这样可以尽量减少染色对婴儿肌肤可能存在的伤害，下装多采用松紧带和开裆的裤子，3个月以内的婴儿因为活动幅度较小，多处于睡眠状态，所以多以裹被代替裤装。

2. 幼儿期童装设计

（1）阶段特点。幼儿期是指1～3岁，称为"小童期"。这一时期儿童身高比例为4～4.5个头身，较婴儿时期成长速度略微放缓。1～2岁脸部稍大，脖子较短，四肢胖短，肚子圆滚，身体前挺，男女幼儿基本没有大的形体差别。2～3岁，幼儿四肢更加发达有力，手指灵活，能够完成自己拉拉链、扣纽扣等动作，活动量大，此时儿童开始学走路、学说话，好奇心强，有一定的模仿能力，但行为控制能力较差，能认识简单的事物，会被饱和度较高的色彩吸引，喜欢简单的游戏，四处活动，他们的平衡感逐渐完善，对于感兴趣的事情能够集中注意力。

（2）设计要点。这一时期，大部分父母开始培养孩子独立穿脱衣服的能力，在设计幼儿服装款式时应注意穿脱简单便捷，安全系数要高，服装松量能充分满足孩子活泼好动的需求，不能有过多装饰、夸张累赘的细节设计。在面料上，应该选择能够调节体温、透气性良好、穿着舒适柔软的纤维。此外，可以在图案或色彩设计上融入一定的审美启蒙趣味的元素，增加孩子对世界的探索兴趣和好奇心。

3. 学龄前期童装设计

（1）阶段特点。学龄前儿童期是指4～6岁的儿童成长阶段，也可称为"中童期"。学龄前儿童的体型依然呈现出挺腰、凸肚、肩窄、四肢短粗、三围尺寸差距不大的特点。身体高度增长较快，围度增长较慢，身高有5～6个头长。在这个年龄段，儿童的动作及语言能力逐步提高，能够跳跃、运动、唱歌、识字、算数等，对于未知的世界想要去探索，并且逐步确立自我，表现出独立的性格特点，喜欢对成年人的行为和穿着进行模仿。由于开始与幼儿园的小朋友接触，形成了自己的社交圈子，他们开始互相影响，对于性别差异、关系亲疏、情绪好坏等开始有了概念，伴随这一切，他们有了较高的知识接受能力和理解能力。

（2）设计要点。学龄前儿童期的童装设计应该注意到，这一阶段的儿童在审美上具有一定的自我意识和不同见解，在保证服装舒适的前提下，可在色彩和图案等方面进行个性化设计，如将流行的卡通形象应用于童装，能够引起童装与穿着对象的青睐，另外，性别的差异也可以通过色彩、图案和工艺进行区分和引导。

4.学龄期童装设计

（1）阶段特点。学龄期是指7～12岁的阶段，也可称为"大童期"。在这个时期，儿童的发育慢慢向青少年发展，此时他们的体型变得匀称，肚子逐渐变平坦，腰身显露，手臂和腿部变长，手掌和脚掌变大，身高为头长的6～6.5倍，男女的体型差异日益明显，女孩在这个时期开始出现胸围和腰围差，即腰围比胸围细。该阶段后期，有些儿童开始出现青春期初期特征。由于儿童发育速度不同，个体差异较大。学龄期儿童摆脱了幼儿的特征，具有一定的判断力和想象力，智力开始从具体形象思维过渡到逻辑思维，心理特征的差异也较为明显。进入学龄时期的儿童，慢慢过渡到以学习为主的生活方式，在这个阶段的儿童依然活泼好动，但自制力变强，对事物有自己的判断能力，对审美也有自己的需求，对服装的穿着有自己的看法和要求。

（2）设计要点。这个阶段的儿童主要的生活环境为校园，所以穿着的服装以休闲服和校服为主。学龄期儿童的童装设计倾向于既简单大方又个性鲜明，在图案上倾向于富有知识性和幻想性的元素，自由随意，松量上以合体或宽松为宜，面料选择方面以舒适安全为主。

5.少年期童装设计

（1）阶段特点。这一阶段是人生的第二个成长高峰，是儿童逐渐接近成人体型和思想转变的时期。随着生长发育，少年的第二性征开始显现，男童一般在13～15周岁发育较为迅速。少年期儿童身长为7～8个头长，男孩与女孩的性别特征明显。女孩胸部和臀部开始变得丰满，盆骨增宽，四肢细长而富有弹性，腰围明显且较为纤细。男孩肩部变平变宽，臀部相对较窄，手脚变大，身高和围度以及体重增加迅速，但和成人比较，体型在宽度和厚度上还比较单薄。处于少年期的儿童，心理和生理发育变化显著，而女童的发育时间普遍早于男童，男女童身高的增长个体差异很大，少年期生理变化显著，同时心理发展比较丰富，情绪波动较大，喜欢表现自我，喜欢模仿和追逐流行，容易受到外界事物和潮流的影响。

（2）设计特点。对青少年期服装进行设计时，应该在板型上充分考虑到男、女体型特征和差异，女童合体服装应该进行收省处理，服装的造型应该追求自由多变，可适当突破体型的限制。这个阶段的服装开始接近于成人着装，具有很强的个性化区别，服装的类型以校服和休闲服为主，可适当地体现潮流元素和设计巧思，如果是偏向成人化趋势的童装，应该掌握好尺度，切忌过于性感和夸张，以积极健康和大方自然为好。

（二）按产品性质的童装分类与设计

1.按用途分类的童装设计

（1）儿童常服。儿童常服是指儿童穿着的日常服装，通常以休闲服为主，是日常生活中儿童着装的选择。常服应该注意着装者的穿着舒适性和日常着装场合，款式简单大方，造型设计合理便捷，不宜具有太过个性化和夸张的设计细节，造成活动不便，应当符合日常生活需要。

（2）儿童礼服。儿童礼服是符合儿童特殊时间、场合所需的礼仪服装。其实，古代也有儿童礼服和盛装，如今我国经济迅速发展，人民生活水平有了飞跃式的提高，为了适应生活多层面的需要，儿童礼服市场逐渐形成。目前市场上的儿童礼服丰富多样，体现出了产业发展背后的巨大市场需求和商机，儿童礼服的流行趋势基本可以分为两种：一种是以西方审美标准为主的西式礼服款式，另一种是加入东方元素的传统儿童礼服，近几年，中式儿童汉服的兴起具有一定的市场需求。

（3）功能性童装。功能性童装是指针对儿童的某种特殊需求的着装，最具有代表性的是儿童运动服装。儿童运动装又可以根据不同的运动项目进行分类，如泳装、练功服、滑雪服、舞蹈服等。现代社会中儿童的生活内容较为丰富，功能性着装的市场前景也是不容忽视的。

（4）童装制服。制服是指团体统一的着装，有强制、制约、统一之意。童装制服一般有两种情况，最具有代表性的一种是校服，校服是儿童在成长中不可或缺的一种服装形式。学校要求学生穿着统一的校服，其一能够防止学生之间的攀比之风，其二是为了方便学校进行统一的管理，通过校服对学生的身份进行识别，增加安全保障。校服还可以体现学校的精神理念，增加学生的集体感。校服的设计在近年来不断地改良，无论在颜色还是款式上都能体现学校的校园文化和艺术特色，如图2-1～图2-3所示。另一种制服是模仿某一种职业的儿童版职业装，这种制服有时是为了调动小朋友对不同职业的体验兴趣，增加对于某种职业的了解及认同感。

图2-1　小学制服效果图（作者：琼台师范学院　2017级艺术设计　邓靖文）

图2-2　小学运动校服效果图（作者：琼台师范学院　2017级艺术设计　邓靖文）

图2-3　中学校服效果图（作者：琼台师范学院　2017级艺术设计　代玲）

（5）儿童家居服。儿童家居服是指儿童在居家环境中穿着舒适的服装。儿童选择家居服，将外出着装和家居着装分开，有助于生活场景转换，使在家的着装更加舒适惬意，增加仪式感。从卫生层面考虑，儿童外出的服装容易接触到细菌和污渍，回到家换上家居服可以保证家居生活的洁净和舒服。家长为儿童准备家居服已经成为一种普遍趋势。

（6）儿童内衣。儿童内衣是日常穿着在外衣最里层的服装，主要有背心、短裤、T恤和针织长裤等款式。越来越多的年轻家长开始重视从小养成孩子穿着内衣的习惯。其实，婴儿服装品牌的面料和质地更加偏向内衣的标准和手感。在童装中，内衣也是十分需要的商品。儿童内衣产品的设计更多出自专业的童装品牌或内衣品牌，以及不少快时尚童装品牌都有童装内衣线的产品销售，为消费者提供了许多选择空间。

2.按性别分类的童装设计

（1）男童装。男童装是指以男童为着装对象的服装产品。男童装是涵盖了从婴儿到少年的不同年龄段，包括外套、裤子、T恤等各种款式，以满足男童的穿着需求和活动需要。这些服装注重安全性、舒适性和易穿脱性，是儿童成长过程中不可或缺的一部分。男童装在婴幼儿期男童装与女童装的区别主要体现在色彩和图案上，而学龄前期的男童装与女童装开始在款式和装饰手法上逐渐区别开来，因童装起到一定的启示及心理引导等作用，所以男童与女童服装的区别化设计是必要的。

（2）女童装。女童装是指以女童为着装对象的服装产品。女童装在色彩和图案的运用上偏向甜美可爱，有些单品如连衣裙、半裙为女童专属。细节上常常用蕾丝、珠片、缎带、蝴蝶结等装饰元素。女童装的设计空间较男童装来说更加自由和多变，款式更加丰富。

（3）无性别童装。无性别童装是指性别标识不明显的童装，也就是说男女童可以共用的服装产品，强化儿童的性格，从而模糊性别的差异，可以在色彩和图案的选择上偏中性，在款式和造型上偏前卫或简约。

3. 按季节分类的童装设计

按照季节对童装进行分类，可分为春、夏、秋、冬四个季节的童装。成人服装可笼统分为春夏和秋冬两季进行开发，而童装因其穿着对象对于温度和季节较敏感，通常按照四季进行区分。有些公司会将春夏季合并，分为春夏、秋、冬三季进行订货展示。有些童装单品是不受季节影响的，如连衣裙和衬衫，四个季度都会有，而有些童装产品季节性很明显，如羽绒服和吊带背心。

从面料的角度看，春夏季节多采用比较轻薄的机织或针织面料，童装夏季的面料则采用更加轻薄、透气性强、吸汗的面料。秋季上衣多以长袖为主，需要注意保暖性和舒适性，而冬季根据气候不同、地区不同，有较大的差别，在我国北方，长款过膝羽绒服童装产品比较常见，而南方由于温度没有北方低，考虑到孩子外出活动和舒适性要求，通常不会设计过长的童装款式，所以童装设计除了受到穿着对象生活习惯等的影响外，也必须考虑到季节和气候的变化，才能够满足童装消费者的需要。

4. 按穿用方式分类的童装设计

（1）上装。童装上装的款式多样，包括背心、T恤、衬衫、夹克、风衣、棉袄、羽绒服等。上装一般是视觉中心，童装的设计元素相较于成人服装更加丰富，需要设计师把握好服装造型和设计元素使用的尺度，设计师可以在上装中充分利用各种设计手法，做到既保留了儿童服装天真活泼的风格，又具备时尚大方的着装效果（图2-4）。

（2）下装。童装的下装通常是上装的搭配单品，以裤装和半裙为主，裤装的设计点常集中于腰部、裤袋、关节处、裤边等处，而裙装多集中于腰头和下摆等处，相较上装而言，下装的设计更偏向实用性。在进行套装设计时，下装往往会运用简化的元素呼应上装主体设计（图2-5）。

图2-4　常见儿童上装款式（作者：琼台师范　　　图2-5　常见儿童下装款式（作者：琼台师范
　　　学院　2022级艺术设计学　黄冬梅）　　　　　　学院　2022级艺术设计学　黄冬梅）

（3）连体装。连体装也是童装设计师比较喜爱的款式，尤其女童装中连衣裙的出现频率相当高，因为其空间面积大，所以设计较为自由多样，穿脱方便，是女童装中不可或缺的人气单品。另外，背带裤和连体裤虽然穿脱不便，但很符合孩子活泼、可爱的装扮，所以也是家长们偶尔会购买的童装单品（图2-6）。

图2-6　常见儿童连体装样式（作者：琼台师范学院　2022
级艺术设计学　黄冬梅）

（4）配饰。儿童配饰的设计及使用范围较广，在婴儿、幼童、小童、中童阶段除了满足装饰性需求，更重视满足功能性需求。童装配饰除了常规的单品以外，如帽子、鞋靴、围巾、手套等，还有一部分属于童装附属配件。童装附属配件主要包括婴幼儿时期的一些辅助类童装配件，比如围嘴、肚兜、袖套等。童装附属配件通常是为了满足儿童的生活和生理需要，但随着家长养育品质的不断提高，以及养育过程中精神愉悦的需求，其装饰的潜能被逐渐开发出来。

三、童装设计的构成要素

现代童装行业随着日益激烈的市场消费刺激，不断推陈出新，童装设计要根据潮流的趋势和审美，结合设计思维，满足消费者生理和心理需要的关键，整合设计的构成要素，不断对童装设计进行创新。童装设计的构成要素包含：款式设计、色彩设计、图案设计、面料设计、配饰设计等，这些构成要素之间相互联系与搭配，才能让童装设计不断创新与发展（图2-7）。

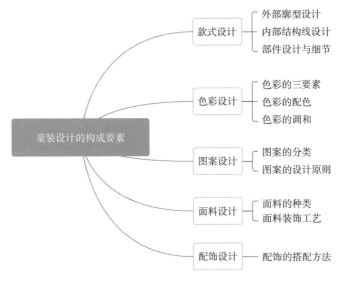

图2-7　童装构成要素框架图

（一）童装款式设计

款式是服装的骨架，是童装设计的关键，童装的款式包括外部廓型以及内部的分割。童装款式的设计要以儿童各个时期的体型为基础，既要满足孩子身体的活动需要，也要体现儿童天真烂漫的特征。服装的廓型是服装的外轮廓剪影，是服装造型的根本，廓型的分类多样，可以按字母型、几何型、物像型进行区别。童装廓型较成人装来讲，变化较柔和，这与儿童身体曲线不明显、三围差值较小有直接关系。虽然在体型上存在差异，但童装的廓型总体和成人装廓型基本一致，只是在性别区分上有所倾向。

1.字母形

字母形大致可归纳出五种基本廓型：A廓型、O廓型、H廓型、T廓型、X廓型。在基本型的基础上稍作变化和修饰，又可产生出多种变化造型。由于儿童活泼好动，因此，童装的廓型设计要考虑服装与儿童形体之间的内空间。

（1）A廓型。A廓型指外轮廓呈现正三角形的服装形态，这种服装肩部线条贴合身体，也可根据需要适当收缩肩部。从肩部向下逐渐放开，服装的下摆散开扩大。市场上年龄较小的女童连衣裙多为A廓型，因年幼女童不存在胸腰围差异，所以基本不需要收腰和收省处理，加之下摆外放比较符合幼童活泼可爱的形象特征。

（2）O廓型。O廓形也可称为圆形或椭圆形廓型，这种廓型是指腰线廓型向外突出，上下两端相对收缩的童装外轮廓型。O廓型服装给人以圆润、温和又可爱的摩登之感，能够充分诠释儿童特有的活泼和天真性格。

（3）H廓型。H廓型也可称为长方形廓型，这种廓型从肩到下摆线基本呈直线，这与幼童无腰身的身体特征相符，加之出于舒适度的考虑，日常穿着的童装大部分运用H廓型的形态进行设计。H廓型给人一种务实、简约的造型印象，可以塑造出开朗、大方，具有都市感和时尚感的儿童形象。另外，H廓型基本无性别差异，男女童装都很适用。

（4）T廓型。T廓型也可称为倒三角廓型，是指服装外廓型的肩部宽度较大，腰部和下摆收缩的样式。T廓型的童装款式有夸张的肩部线条，通常情况下连体袖和插肩袖居多，或者在肩部装饰，如荷叶边等具有体积感的细节来烘托效果，常常用于表达设计感较强、较前卫的造型。童装中的T廓型在儿童表演服中也常可见到。

（5）X廓型。X廓型是一种具有女性化造型线条的廓型。腰部收紧、下摆外放，勾勒出人体唯美的曲线，用于表现一些柔和、优美、女性化的形象。在童装设计中，X廓型主要运用在大女童乃至少女服装设计中，用于突出少女温婉可人和娇俏甜美的性格特征。

以下就是常见的童装字母形廓型A廓型、O廓型、H廓型的展示（图2-8）。

图2-8　常见儿童外轮廓A型、O型、H型的款式设计
（作者：琼台师范学院　2022级艺术设计学　黄冬梅）

2. 几何形

将服装的外轮廓全部简化为线条时，任何童装的造型皆由单个或多个几何形、几何体排列组合而成。在服装的造型过程中，我们可以单独选取某一个形体或者多个形体进行立体组合，从而衍生出不同的廓型变化，这有利于去开发更多的廓型设计。

3. 物象形

万物皆有其独特的造型形态，生活中的各种物体的造型也可以用于童装的廓型设计，尤其是在童装中运用仿生的设计手法，将可爱的小白兔、小老虎、小熊等动物造型提炼成平面的形式，再概括成简洁的形态，经过重组与重构，形成新的廓型，常出现在儿童舞台戏剧演出时所选用的服装。

（二）童装分割线设计

除了服装的外轮廓外，内部结构线也是款式设计中不可或缺的部分。童装中的分割是根据服装款式的造型需求，依据服装设计的形式美法则，把服装分解成若干衣片，再将这些衣片进行拼缝，由拼缝所产生的线条就是分割线。童装的内部结构线有功能性分割线和装饰性分割线两种。

1.功能性分割线

功能性分割线一般设置在人体凹凸明显处，使服装造型更符合儿童的人体三围曲线，将省量转移至分割线内，使外造型简洁、实用，是塑造服装合体造型的手段（图2-9）。

2.装饰性分割线

装饰性分割线的设计完全出于设计形式美感的需要附加在服装表面，仅起到装饰美化的作用，它的形态和位置多种多样、变化丰富（图2-10）。

图2-9 功能性分割线款式设计（作者：琼台师范学院 2022级艺术设计学 黄冬梅）

图2-10 装饰性分割线款式设计

（三）童装部件设计

在童装的整体造型中，如果说廓型设计是视觉的第一印象，那么部件是则是款式中最易出彩之处，通过部件设计可以体现细节设计的特色，款式的部件包括领子设计、袖子设计、门襟设计、腰带设计、口袋设计等。童装的部件设计在童装造型设计中最具有表现力，是体现设计美感的重要部分。

1.领部设计

衣领是童装设计中极为重要的部分，因为映衬着儿童的脸部，所以最容易成为视线集中的焦点。童装的领型设计变换多样、样式丰富。在设计童装衣领的同时，要充分考虑到儿童不同成长阶段的体型特征，例如，儿童在婴幼儿时期，头部较大，脖子短而粗，因而在款式设计中大多选用无领设计，也可选用连身领；而到了学龄期以后，儿童可根据其脸型及个性的不同选择各种合适的领型（图2-11）。

（1）无领式，包括了圆领、鸡心领、方领、一字领等。

（2）连身领，包括了翻领、平贴领等。

（3）装领，包括了立领、衬衫领、西装领等。

图2-11　常见领型款式设计（作者：琼台师范学院
2022级艺术设计学　黄冬梅）

2.袖型设计

袖子是服装设计中非常重要的部件。袖型设计在结构设计上要符合人体运动的规律，有较好的适体性，在外观形态上也要保持袖子设计的造型，并与服装的整体风格相协调。袖型设计分为袖山设计、袖身设计及袖口设计三部分（图2-12）。

图2-12　常见袖型款式设计（作者：琼台师范学院
2022级艺术设计学　黄冬梅）

（1）袖山设计。根据袖子的造型及与衣身的连接方式，有装袖、连袖和插肩袖。

（2）袖身设计。根据袖身肥瘦可分为紧身袖、合体袖及膨体袖。

（3）袖口设计。根据袖子的舒适性和功能性，袖口设计宽松度要适中，与整体服装风格相协调，可以通过添加装饰元素、图案或颜色来增强视觉效果，吸引儿童的注意力。

3.口袋设计

口袋部件具有实用功能与装饰功能的统一，对整体服装造型具有很好的点缀作用。口袋按其结构和工艺的不同，可分为贴袋、挖袋、插袋、复合袋四类（图2-13）。

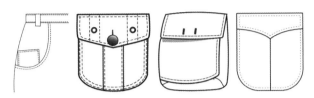

图2-13　常见口袋款式设计（作者：琼台师范学院 2022级艺术设计学　黄冬梅）

（四）童装色彩设计

色彩是人们对服装观感的第一印象，它具有极强的吸引力。一般来说，着重于色彩设计的服装，其款式相对趋于简单和平面。这一点与童装追求舒适、不做过分装饰的特性十分契合，所以色彩设计在童装中的使用也十分频繁。每一个色彩都有其对应的色相和色调，想要做好童装的色彩设计，除了要掌握色彩的基础知识，还要考虑到影响童装色彩的其他因素，例如性别、年龄，以及着装的季节等。只有全面地考虑儿童特点和着装的环境等问题，才能够掌握其色彩设计规律，出色地把握产品的色彩。色彩是视觉中最具有感染力的语言，服装色彩潜移默化地影响着儿童身心，它与时代、社会、环境都有着密切的联系。

1.童装色彩与儿童生理及心理的关系

儿童身心处在生长和发育阶段，对色彩的感知和色彩情感也正处在认识阶段，服装色彩是儿童接触最为亲密的色彩之一，它们势必会潜移默化地影响儿童对色彩的认知，因此，童装色彩的搭配除了满足人们的审美需求外，更重要的是适宜儿童的生理及心理发育的特点，这就在根本上决定了童装色彩相对成人装色彩存在极大的特殊性。童装色彩分为色相、明度、纯度三要素，色彩的三要素之间互相作用，从而产生出成千上万种不同的色彩，掌握色彩的三种属性有助于更好地进行色彩的设计和呈现。

2.童装色彩设计方法

（1）同色系的色彩搭配。同色系的色彩搭配是一种最简便、最基本的配色方法。同色配色是指色环上0°~30°以内的颜色搭配组合。同色系是由同一种色调变化而来，一般色相相同或相近，只是在明度、纯度方面发生一系列的变化，产生浓淡深浅不同的色调，这样搭配差异较小，给人以稳定、简洁的感觉。

（2）邻近色的色彩搭配。在色相环上，邻近配色是指色相环中组合搭配的各色彩均在30°~60°距离内的配色。如红与橙黄、橙红与黄绿、黄绿与绿、绿与青紫、橙色与橙黄色等。这种配色在统一中有对比感，但是颜色差异又不太强烈，所以具有和谐感，又不失活泼感，能够搭配出较丰富多彩的颜色。

（3）对比色的色彩搭配。对比色的色彩搭配一般指在色相环上相距90°~180°的两种颜色相配。对比色的色彩搭配会对人的视觉产生较强的视觉冲击，这种配色多用于表达活泼、跳跃、大胆、夸张的设计，尤其角度在180°两端的颜色称为互补色，互补的两种颜色在一起搭配时具有强烈的视觉冲击力。虽然这种互补的配色能够表现小朋友天真、自由、无拘无束和新奇大胆的形象，但在运用对比色的时候也要考虑到设计对象的年龄及生理、心理发育的特点，强对比色的色彩搭配一般不适用于婴幼儿服装。

（4）无彩色的色彩搭配。即黑、白、灰色，可以说无彩色属于有彩色体系的一部分，与有彩色形成了相互区别而又不可分割的完整体系。它在服装设计中是最经典、最单纯的配色。童装中使用无彩色系配色会显得干净利落，又比较时尚前卫。

（5）渐变色的色彩搭配。渐变式的色彩表现形式就是指将同一色相的色彩柔和晕染开，从明到暗或由深转浅，或者是从一个色彩渐变到另外一个色彩，有独特的秩序感和流动的美感，是服装色彩常用的一种表现形式。

（五）童装图案设计

图案是童装设计中的主要设计元素。从认知特点来看，图案元素通常比较直观和具体，容易吸引儿童的注意力，满足其好奇心，提升服装的趣味性和观赏性。

童装图案设计要符合儿童成长中心理健康的特点，要符合儿童活泼天真的性格，能够激发儿童的兴趣和想象力。图案设计的灵感来源是十分丰富的，日常生活及艺术中所接触到的各种物体和感受都能够成为童装图案的灵感来源，这就要求设计师应注意观察生活，从各种途径获取灵感，将这些元素经过写实、夸张或其他变换手段，组成各种装饰素材并运用到童装造型中。童装图案的设计取材可以分为：自然素材和人文素材两大类，自然素材含植物、动物、人物、风景等，人文素材含文字、工业产品、几何形体、童话故事、艺术等。

1.童装图案设计的分类

（1）按照图案形态分类，可以将童装图案形态总体分为具象型图案、抽象型图案。

①具象型图案指图案表现的是在现实生活中可见的具体而明确的题材及人们具有共同认知的形象。大致可分为仿生类图案（豹纹、孔雀羽毛）、实拍图片（动物、植物、人物、交通工具、生活用品）、约定符号（字母、文字、卡通形象）、写实绘画作品等。运用具象型图案进行设计，通常是以图案题材为设计的主体，明确表达设计的意图和内容。留给观者的想象空间较少，但容易引起共鸣和认同。这一类图案在中幼、小童装设计中占有主导性地位，且因考虑对儿童形象的审美认同和对儿童心理的教育意义需求，童装设计中的具象型图案往往具有活泼可爱、灵动乖巧等与儿童心理相符的风格趋向。

②抽象型图案是没有客观存在的参考，或者将客观存在的物象通过分解、打乱、重组、混合、再造等手法创造成的新图案。抽象型图案可以是与现实生活完全脱离开的形象表达，也可以是将现实物象通过写意表现手法进行变形和概括而形成的，注重其感觉的延续，只可意会不可言传。

这种图像自由、无序，注重感觉和情绪的表达，运用得当能让人感觉到某种强烈的震撼力。在童装设计中，主要表现为几何形态、随意肌理、形象再生（将形象进行颠覆性的再创作）等方式。

（2）按构成形式分类，图案主要有单独图案、适合图案、连续图案。

①单独图案：单独图案是指可以独立完整的构图形式，可以独立使用的图案。单独图案具有相对独立性和完整性，单独图案的结构比较自由，其大小、体积不受空间限制，形式活泼，表现比较丰富，常设计在童装款式正前胸和正背面的位置，比较有气势，视觉冲击力强。在设计应用时具有很强的灵活性、适应性。其设计重点在于图案本身的美感、题材的选择、展示的角度、表达的方法，以及色彩的运用都是单独图案要解决的问题，其形式主要有直立式、倒立式、倾斜式、环绕式、层叠式等。

②适合图案：适合图案是具有一定外形限制的纹样，我们把图案进行加工与变形，将其组织在一定的轮廓线以内，如方形、圆形、四边形等。无论何种图案，我们都需要先设计出单独的图案，在其基础上运用对称、重复的方法进行图案组织。适合图案的外轮廓一般都是规整的几何图形。适合图案可大可小，大到整个衣片、整个后肩部，小到一片领子、一个口袋等。

③连续图案：连续图案是指根据由一个或多个单独纹样组合，按一定的规律进行重复排列，可以无限循环或者连续对称的一种图案形式，其特点是重复性和连续性。一般被用作装饰图案边缘的纹样，具有统一均衡的视觉美感。连续图案具有很强的韵律感和节奏感，能带来有条理的美感和视觉冲击力，根据循环方向的不同，一般分为二方连续图案和四方连续图案两大类。

二方连续图案是指一个单独的纹样或一组纹样，从上下或者左右两个方向反复连续循环排列，并以带状形式无限延长而形成的图案（图2-14）。

图2-14　二方连续图案（琼台师范学院　2022级工艺美术班作品）

四方连续图案是指由一个纹样或一组纹样，从上下左右四个方向反复排列而形成的规律性图案（图2-15）。

（3）按空间层次分类，可以分为平面图案和立体图案两种。童装设计中的平面图案主要通过印染、织花、彩绘等手法实现，用触觉感受平整的图案。那么立体图案则是通过刺绣、贴缝、填充等手法，从视觉和触觉中营造出立体效果或者半立体效果的图案。

2.童装图案设计的原则

因儿童属于特殊的群体，故在童装中图案的运用必须考虑其自身的特点，除此之外，还需要结合服装款式风格、实用价值等方面的要素。童装图案的设计原则总结如下。

图2-15　四方连续图案（琼台师范学院　2022级工艺美术班作品）

（1）符合穿着主体的特点。服装设计应是以人为本的艺术，在服装设计中穿着主体是必须考量的重要因素，儿童因其不同成长阶段的身心变化较大，所以图案的设计表达也应该考虑到儿童的年龄、性别、喜好等方面的特点。婴幼儿阶段，童装的图案多以乖巧、可爱为主，简化的图形、可爱的形象及柔和的色彩符合婴幼儿的性格发展需要。

（2）符合服装款式的需要。图案以服装款式为载体，服装的款式就好比画作的画框，在款式的空间里，图案该如何排列才能取得最佳的效果，是设计师必须思考的问题。比如，平面空间较大的服装款式适合线条复杂、色彩丰富、面积较大的图案，而裁片较多的童装款式，因其款式复杂、块面相对较零碎，故图案一般色彩素净、线条简单，在裁片的边缘或拼接处进行小面积点缀即可。有经验的设计师可以将图案的位置、大小、色彩等因素设计得恰到好处，让整件单品在观感上丰富而不混乱。

（3）符合服装风格的调性。图案除了要与服装款式结构相得益彰之外，还必须考虑是否与服装的设计风格相符。比如，在自然田园风格的服装上加入植物图案装饰就更为妥当，如果加入机器人或未来感的图案，则很难达到感觉上的统一与调和。图案作为童装重要设计元素，与其他因素保持和谐统一，才能实现装饰意义，并以相应的风格面貌对服装整体风格起到渲染、辅助的装饰作用，除了部分跨越性别的形象之外，男女童装图案设计应符合创作主体的特点，童装设计以儿童为主，考虑到儿童的年龄、性别、喜好等方面的特点。

（4）遵循图案的自身特质。图案本身也有其独特的个性，根据其所表达的内容和题材，应该使用合适的技术和工艺进行表达。设计并不是简单的创作判断，而是在客观基础上，在诸多可能性中，做出最恰当的安排，工艺手法表现的特质与图案内容性格相吻合是非常必要的。以刺绣表现图案为例，传统刺绣能够强调精致的手工，贵气和优雅的效果，贴布绣则可展现出休闲、可爱、具有趣味的形象，珠绣则能反映出图案的优雅浪漫及精细繁复的工艺效果。

（5）增加服装的附加价值。从审美的角度来看，在童装设计中加入图案元素的目的是提升其自身的美感，强调童装单品中图案的内容和属性。从产品销售的角度来看，在童装单品中增加图案设计元素是为了增加服装销量和价值，获取消费者的青睐。因此，如果所选择的图案放在童装产品中反倒拉低了童装单品本身的价值，那么这无疑是失败的设计。在进行童装单品设计时，设计师在图案的选择和用法上需要反复斟酌，才能取得较好的设计效果，增加售出的机会。

（六）童装面料设计

面料是服装设计中质感的体现，它和穿着者最亲密地接触，面料的触感也最为直接地反映服装的舒适度和安全性，而这些感受是儿童着装感受的重点。儿童成长的周期变化、环境和季节的变化等都是影响童装面料选择的重要因素。总的来说，对于面料的安全和舒适度的要求在婴幼儿时期最高，随着年龄的增长逐渐趋于常规。秋冬童装面料既要保证其保暖性和柔软度，还要注意穿着时的重量感，过于厚重的面料会增加儿童活动的负担，甚至阻碍其健康成长。加之考虑到儿童皮肤敏感、活泼好动、生活场景越发多样化等现实因素，儿童面料的选择和设计对于设计师来说是一门要在长久工作中不断积累经验的学问。辅料在服装组成中扮演着辅助的角色，它使童装更加完善合理。

面料是服装设计中质感的体现，面料的触感也最为直接地反映服装的舒适度和安全性。儿童成长的周期变化、环境和季节变化等都是影响童装面料选择的重要因素。在童装设计中，常见的辅料有纽扣、按扣、拉链、绳带、花边、缝纫线等。童装对于辅料的要求高于成人服装，品牌童装对于辅料也同样进行严格的筛选和质检。

1.童装面料的分类

常见的面料纤维以天然纤维和化学纤维为主，不论是辅料还是面料，最基本的原则是安全和舒适。

（1）棉织物。棉织物又叫棉布，是以棉纤维为原料的天然织物，具有耐穿、保暖，但易皱、易褪色等特点。除了纯棉织物外，棉混纺面料也是市面上常见的种类，它易于打理，牢固柔软，且不粗糙，兼有纯棉材质的透气性和吸水性。

（2）麻织物。麻织物以麻纤维为原料，主要以亚麻、芦麻、黄麻等织制而成。麻织物吸水、凉爽耐穿、质地挺括、颜色比较淡雅。但麻织物也具有柔软性差、缺乏弹性的缺点。

（3）毛织物。毛织物原料为动物纤维，主要有羊毛、兔毛、牦牛绒等，具有良好的保暖性与吸湿性，穿着舒适美观，不易起皱、保型性好，但毛织物易缩水、易被虫蛀。

（4）丝织物。丝织物是以蚕丝为原料织成的面料，包括桑蚕丝织物与柞蚕丝织物两种。桑蚕丝织物细腻光滑，具有良好的手感与弹性、轻盈透气；柞蚕丝织物坚牢耐用、手感柔软，但外观比较粗糙，容易起皱，且价格昂贵。

（5）化学纤维织物。化学纤维织物又叫化纤，是经过化学处理和机械加工制成的，分为人造纤维与合成纤维两类，其织物包括人造棉锦纶织物、腈纶织物等。因其价格低廉，属于广泛利用的面料，但透气性较差、容易发黄。

（6）其他面料。动物皮革，主要以牛、羊、猪的生皮为原料制成，动物皮革具有质软、透气、保暖性强等特点。羊皮在三种皮革中最适合用于制作儿童服饰，手感柔软轻薄、光滑细腻，多用于制成羊皮夹克、手套等。人造皮革，主要分为PVC人造革、PU革、合成革，以PVC树脂、PU树脂与非织布为原料。人造皮革可塑性强，生产成本低廉，虽然没有动物皮革的特性，但皮面经加工后，能产生出真皮所不具备的艺术效果，可仿制鳄鱼皮、仿制蟒蛇皮等。

2.童装面料装饰工艺的分类

随着童装设计不断推陈出新，现成的面料往往无法满足消费者的需求和设计师的创意，于是童装面料的再造就应运而生。以下是常见的童装面料再造装饰工艺的整理和归纳：刺绣、钉缝、拼布与贴布、绗缝、手工染色、破坏。

（1）刺绣。刺绣是一种传统的装饰工艺，具有悠久的文化底蕴和历史渊源。将刺绣与儿童服装结合在历史上可以找到很多案例，古代儿童服饰上刺绣狮、虎等走兽图案，寓意孩子能够茁壮成长、虎虎生威；刺绣祥云如意，寓意吉祥如意。传统的儿童服装刺绣承载了长辈对着装者美好的期望和祝福，具有深远的象征意义。基于现代社会材料和工具的革新，现代童装刺绣除了具有美好的寓意和期望，还呈现出更加多元的样貌和特征，童装刺绣的种类更加丰富多彩，运用刺绣工艺的童装设计美不胜收。

（2）钉缝。钉缝是指将装饰性辅料或材料（珠片、贴片、铆钉等），通过缝纫或其他方式钉在服装表面的装饰手法，除了要考虑装饰效果外，也要注意其是否舒适安全。在童装中，大面积的钉缝较少，通常会按照某种图案的骨架或装饰线条进行钉缝或者局部使用。钉缝手法更多运用于童装礼服、表演服、外出服等。若运用得当，则可以增加童装产品的设计效果，提升产品的艺术和商业价值。

（3）拼布与贴布。从街坊邻居处讨要布块，将布块拼成童服，取其能得百家之福、少病少灾、易长成人之意。从功能性和实用角度出发，在物资匮乏的年代，将旧衣服破损处用补丁的方式加固，也是贴布的一种形态，而物资丰富的现今社会，这种出于实用角度的补丁已经大大减少，但拼布和贴布的装饰性却被心思巧妙的设计师们保留下来，成为童装设计中的亮点。在手肘部分选择颜色相撞的布块绀明线进行补丁设计，除了符合服装磨损的实际规律，更是为了装饰效果的设计意图。

（4）绗缝。绗缝是用针迹缝制有夹层的纺织物，使里面的棉絮等得以固定的手法，但运用线迹固定填充物是过去生活中出于功能性的需求，比如，羽绒服中线迹的使用。而现代童装设计中绗缝也有不夹入填充物，只在单层或双层面料上走线的设计，这种设计更多地是为了突出线迹的装饰效果。童装中的绗缝更多出现在冬季的棉袄、马甲和外套款式中，手工缝线和机器缝线的样式都比较常见。从设计的角度，可以将针迹从单一的线条交叉中解放出来，应该融入新的线条走向和形态，也可与其他设计元素相互融合。

（5）手工染色。手工染色工艺包括扎染、蜡染、挂染等多种后加工的染色方法。染色在童装中运用较为广泛，现代童装市场中比较推崇天然植物染色，因其取材自然，在染料中加入中药材料又可起到一定的保健作用，被一部分提倡生活品质、崇尚自然生活的家长所偏爱。这种天然染色的面料、色彩及图案，更加适合表现田园自然风格和富有传统禅意风格的童装设计。

（6）破坏。破坏是指运用抽纱、腐蚀、切割等手法，改变原有面料组织结构、获得新颖的视觉效果的装饰手法。比如，面料的激光烧花、牛仔抽纱做旧等。运用破坏手法的童装面料更多是受到成人装流行元素的影响从而延续而来的。

童装面料设计中还有很多其他再造装饰效果，而且童装面料的装饰手法也会随着产业的发展和科技的进步更加细分和完善。面料的设计直接关系着童装的舒适和安全，也极大地影响了产品的市场价值。所以童装设计师必须充分了解面料装饰的手法，才能将面料设计与童装产品设计相结合，从而达到相对完美的设计效果。

（七）儿童配饰设计

现代童装设计领域中童装配饰的设计不可或缺，这与现代人的生活方式及童装产品的发展趋势密不可分。儿童配饰与儿童服装相辅相成，有助于儿童整体形象的塑造。婴幼儿及低龄儿童期的服装配饰更加着重于功能性的发挥，而随着儿童年龄的增长，配饰的装饰作用也逐渐增加。

1.儿童配饰的分类

（1）童帽。童帽在儿童的生活中是必备饰品，尤其对于婴幼儿和小童来说，家长为其选择帽子的目的，除了装饰之外，更兼具夏季防晒、冬季防风的功能性作用。童帽的种类繁多，常见的有遮阳帽、渔夫帽、棒球帽、贝雷帽、毛线帽、礼帽等品类。帽子也分为有顶和无顶款式，从材质和季节的角度看，如针织、毛皮、丝缎材料制作的帽子具有较好的保暖效果，且质地柔软，适合保暖御寒，是冬季不可缺少的童装配饰；呢绒、草编、帆布、网布等材料制作的帽子比较挺括，一般这类材料多用于制作遮阳帽和礼帽。帽子装饰品是童帽设计中比较重要的部分，一般会在帽子顶部或者边缘处添加绒球、缎带、绢花等装饰品，女童帽中也可以添加装饰扣、发卡等，起固定作用，具有很强的实用性与装饰性。

（2）儿童围巾与手套。围巾与手套是冬季儿童必备配饰，主要是为了保暖和防寒，也有装饰、烘托整体搭配的效果。儿童围巾常见的形状有方形、长条形、三角形，以及不规则形状等。印花图案种类丰富，纹样的运用也十分广泛，常见的有波点、格子、条纹等。儿童围巾材质的选择除了要注意安全性之外，还要有较柔软舒服的触感，以偏轻的重量为宜，以棉、麻、丝、毛材料较为常见。手套具有保暖作用，材质多为针织、皮革等，不同的地区款式也不尽相同，儿童手套主要的款式有三种，分别是分指手套、半指手套和直型手套。冬季儿童围巾、手套和帽子时常会以系列组合的方式被设计和开发，这种配饰的统一能够增加配饰在整体造型中的统一感，突出搭配的呼应效果。

（3）儿童箱包。儿童箱包主要用于儿童外出的场合，依据其具体用途进行选择。比如，上学时背的书包，平时活动选用的小挎包、双肩包，参加派对或完善造型的手提包、手拿包，旅游时所用的儿童旅行箱等是最为主要的童装包袋设计单品，学龄前期儿童书包本身的重量要相对轻盈，应避免造成儿童的负担。随着儿童进入学龄阶段，书包就更加多样了。有的书包设计比较硬挺，是为了保护课本，便于儿童取用和拿放，书包的装饰主要是图案，以及包身位置的装饰品，而书包的背带则体现了设计的功能性，通常会选择较宽的背带，并加以厚夹棉，保证儿童使用的舒适感。主流的面料有帆布、牛津纺、牛仔布、卡其布、绒布等较耐磨的材质。

（4）儿童鞋袜。童装鞋袜按照季节分为冬季、春秋、夏季鞋袜等。可以根据不同的服装风格来搭配穿着。冬季鞋包括棉鞋、靴子、运动鞋等款式。材质大多以皮革、高密度织物、毛皮为主；皮靴可分为长靴、中长靴、短靴、踝靴；其中短靴搭配较丰富、多样且舒适，长靴局限性较大，一般搭配短裤、短裙。冬季鞋注重保暖，材质厚实，部分冬季鞋用羊羔绒、绒布作为夹里，保暖性效果好。夏季鞋为凉鞋和单鞋款式，材质一般有皮革、塑料及单层纺织品等，舒适透气。幼童夏季鞋一般不做露脚趾的设计。装饰手法多采用编结、流苏、贴花、镶嵌等工艺。春秋季鞋多以浅口单鞋、低帮休闲鞋为主，材质以软羊皮、牛皮和纺织物为主，穿着轻便舒适、行动方便。儿童袜子的分类，除了连裤袜的结构有所差异之外，其余袜子基本按照长度进行分类，可分为船袜、短袜、中袜、中长袜、长筒袜等。秋冬多以加厚针织的羊毛和兔毛材质为主，春夏则多以纯棉、棉纱、蕾丝等材质为主。

（5）儿童装饰类配饰。儿童装饰类配饰主要包括发饰、项链、胸花等，多适用于女童。女童饰品款式较新颖，种类比男童更多，饰品的造型、色彩、材质，都具有丰富的变化，从而满足了儿童不同的服装风格。比如女童的手链和项链等，佩戴方式有松紧式、封闭式、搭扣式等。所选用材料品类也很多，比如珍珠、绳带、皮革、绒布等，运用缝制、穿绳、编结等手法进行设计和制作。男童装饰类饰品则有领结、领带、徽章等，一般也依据服装风格进行搭配。领结与领带受到面料和印花趋势的影响，有不同的选择与呈现方式。

2. 儿童配饰的搭配方法

因为配饰并不是独立使用的，它必须与服装配合呈现出完整的造型，所以儿童配饰和服装之间的搭配方法就很值得研究。

儿童配饰与服装要整体统一。童装配饰与服装的统一性主要表现为造型、色彩、材质的统一协调，不同元素之间的有机结合，能使童服和配饰具有整体感，如运动休闲服饰与运动鞋、袜、双肩背包的搭配；泳衣与拖鞋、泳帽、泳镜等搭配。儿童在选择着装与配饰时，也要考虑与环境的统一。童装配饰的选择与服装一样需要遵TPO原则（即时间——Time、地点——Place、目的——Object），成人不能离开社会环境，儿童也同样。比如，参加派对或重要的礼仪场合，童装应该选择相对正式严谨且具有品质感的款式，配饰则要尽量精致、完整。

第二节　童装设计风格表现

随着设计的多元化发展，童装也逐渐形成了多种风格。服装的风格是由款式、色彩、面料、配饰等设计元素综合构成的，是服装外在形式所传递的格调，是一种精神意境的反映，能够表现出儿童的内在品质和个性。这些不同的元素风格吸引着不同的儿童，童装的风格影响着儿童的审美品位和个人风格，也在一定程度上影响着儿童的思想意识。

童装风格是以设计主题和设计要素来传达的，比如，廓型细节、色彩面料、配饰发型等，它们是综合表现服装风格的主要因素。设计师就是利用这些要素，并将其很好地融合到一件或系列服装中，去创造服饰风格的整体印象。童装风格与成人风格一样丰富，有相似性但也有区别，例如童装中趣味性风格的服装远远多于成人服装。

一、常见的童装风格

童装有九种常见的风格：运动风格、休闲风格、自然主义风格、复古经典风格、趣味夸张风格、都市摩登风格、浪漫甜美风格、传统民族风格、个性混搭风格。

（一）运动风格

运动是儿童的天性，运动风格是童装的常见风格。为了更好地适应儿童的生活方式和需求，运动风格的特点是便于运动。款式较宽松，面料较舒适，着装效果较轻松自由，设计元素较多地运用拉链、夸张的口袋、缉明线、嵌边等手法。运动风格童装大多源于儿童运动项目，对儿童身体活动没有限制，传达出活力、健康、阳光、无拘无束运动形象的童装风格。运动风格是童装中比较主流的风格。儿童较成人来说活动频率较高，加之童装对于舒适度具有相对较高的要求，所以在运动风格的童装中，针织面料的使用十分普遍。另外，考虑到孩童的性格特点和运动安全的需要，运动风格童装色彩相对比较鲜艳。

（二）休闲风格

休闲风格可以理解为一种轻松、随意、贴近日常生活的穿衣风格。这种风格的童装在廓型上相对随意、宽松，强调服装的基本功能，便装化特征明显，涵盖了家居、户外、街头等不同场合的着装。在休闲风格童装中，时装元素也时常出现，在符合儿童日常穿着的前提下，具有时尚感和街头潮流感。

（三）自然主义风格

自然主义风格是一种倡导对于自然的认同和崇拜，追求自然、舒适、简化的着装风格。自然舒适风格的童装在材料上多选择舒适的天然纤维，色调通常会与大自然的底色比较接近，以浅色调和灰色调为主，款式相对来说比较简单，偶有一些植物或动物的装饰图案加以点缀。随着城市生活速度的加快，这种倡导乐活、慢速、简单、舒适的生活理念被越来越多的消费者所接受和推崇。

（四）复古经典风格

复古经典风格是指由一些经过时代洗礼而保留下来的设计元素构成的服饰风格。复古经典风格一般受潮流趋势的影响较小，能被大多数消费者所接受。经典风格的童装也很常见，包括复古风、学院风、军旅风等。经典复古风格的代表单品有格纹衬衫、驼色大衣等。另外，还有许多具有代表性的童装配饰，如领结、领带、绅士帽、前进帽、复古皮鞋等。

（五）趣味夸张风格

趣味夸张风格是指将儿童的想象力放大，将趣味性或写实，或夸张地表现在童装上的一种风格。童装中的趣味多源自形象上的夸大和可爱化、顽皮化处理。题材更多是以动植物、卡通、人物表情变化等为主。可通过廓型上的夸大、色彩上的反差、图案上的巧思和材质上的对比等手法加以实现。这类童装的设计除了体现在日常的童趣风格服装中，也会偶尔出现在儿童表演服装和节日用童装上，有时是为了气氛的烘托和场合的需要。

（六）都市摩登风格

都市摩登风格是指反映出城市"快速时尚"特征设计元素的风格样式。此类风格强调潮流元素的变化和更新。产品更换的周期较短，兼顾生活、社交、娱乐等多种场合对童装的需要。因此，都市感的童装通常设计多种服装类型，符合都市的快节奏生活需要，都市风格的童装偶尔会和家长的着装有所连接，会以亲子装的形式出现。

（七）浪漫甜美风格

浪漫甜美风格是运用装饰效果较强，偏向女性化、甜美、繁复的设计元素组合而成的服装风格。浪漫甜美风格的童装主要体现在女童装设计上，层层叠叠的荷叶边，各式花边缎带等有少女情怀的装饰元素，都能够将浪漫甜美风格演绎得淋漓尽致。男童装的浪漫甜美风格主要通过色彩和简化的装饰来实现。浪漫甜美风格最具有代表性的单品就是女童的公主裙和蕾丝、亮片元素服饰。

（八）传统民族风格

传统民族风格是指在童装中运用民族文化元素符号进行设计的服装款式风格。此类风格往往地域性特征明显，由于各地区传统民族文化的差异，所以需要设计师对传统民族元素进行符号化处理和现代化处理。我国传统童装常见的品类有儿童汉服、儿童唐装、儿童马褂等，传统民族童装的装饰元素有盘扣、立领等细节。

（九）个性混搭风格

混搭风格是指将不相关的风格元素，通过设计和搭配的手法呈现在一套造型中的风格样式。此类风格设计元素比较多变，组合方式灵活多样、富有变化。荷叶边衬衫及白色纱裙都属于浪漫主义风格元素，配以头巾和牛仔材质单品，又赋予其休闲感和街头潮流时尚感，两种风格对比强烈的单品，通过服装搭配呈现在一套造型中是混搭风格的典型代表。

二、童装风格系列设计案例

从风格出发的设计，往往在设计之初就将一系列的风格基调定下，在设计过程中选择与之对应的元素，并合理应用于系列设计，最终通过风格的塑造展现出一系列的作品。以下是不同风格的案例分析展示，包括传统民族风格系列设计、休闲风格系列设计、趣味夸张风格系列设计等案例。

（一）案例一：作品《逐·黎》（图2-16）

设计说明：本次设计的灵感源自海南传统黎族文化，提取黎族纹样元素，通过简化设计转化为黎族图案，运用于款式设计当中，色调主要以暗紫红、赭石色彩进行搭配。在造型设计上，将传统黎族元素与现代工装相结合，追求简洁大气，但又不失精致细节。

（二）案例二：作品《黎·缀》（图2-17）

设计说明：本系列童装主要以海南黎族元素为表现形式，将黎族特有的民族文化充分表达出来，既体现黎族的传统文化又给服装注入鲜活的生命并展示出海南黎族服饰随着时代的发展而变化，将时尚与海南黎族元素相结合，突出海南黎族文化的独特文化魅力和个性特征。

在款式造型设计上运用休闲国潮的设计，将黎族元素图案运用在童装设计当中，整体色调主要以绿色调为主，以墨绿色和草木绿进行搭配设计，将海南黎族特色的民族元素与现代流行元素结合，并运用到服装中来，既是一种传承，也是一种展现，更是一种保护。

图2-16　《逐·黎》（作者：琼台师范学院
2017级艺术设计学　蔡杏）

图2-17　《黎·缀》（作者：琼台师范学院
2017级艺术设计学　代玲）

（三）案例三：作品《黎·幽》（图2-18）

设计说明：本系列童装设计整体以蓝灰色为主，以鱼纹为主图案，将黎锦元素注入其中，再以深海元素加以点缀。添加丰富的黎族纹样，设计简单又大方，体现出传统与现代的结合，把服装的韵味体现得淋漓尽致。

（四）案例四：《笔尖上的小涂鸦》（图2-19）

设计说明：本系列童装设计整体以白色打底，O廓型的宽松款式，配上欢快的红黄蓝三原色，图案是简单的点线面，再以涂鸦的形式呈现，童趣十足，把儿童服装感体现得淋漓尽致。

图2-18 《黎·幽》（作者：琼台师范学院
2017级艺术设计学 王珊珊）

图2-19 《笔尖上的小涂鸦》（作者：琼台师范学院
2021级艺术设计学 崔俊）

第三节 童装设计方法与案例分析

一、童装设计方法

（一）童装设计的思维模式

设计思维是设计理念形成的基础，其意向性和形象性是把表象重新组织和安排，构成新形象的创造活动，表象的获得来自知识积累、生活环境及经历等。在进行童装设计时，设计师应具备敏锐的观察力和时尚触感，有深入的思考能力和开阔的思维方式，并拥有掌握多门学术知识的涵养品质。设计思维的拓展与灵感的积累是一项长期而艰巨的任务，设计师在日常生活中，对信息、事物、知识积累并记录与总结，是培养设计思维模式的有效手段。童装的设计思维模式应从积极向上的角度去进行深层次的拓展，儿童是人类的希望，肩负着开创未来的重任，如何通过童装设计来启发儿童的思维模式、培养儿童的积极心态，是童装等儿童相关产品设计都应重点关注的本质问题。

（二）童装设计的表现手法

1. 图案装饰法

图案是童装中的点睛之笔，也是童装设计中最常用的装饰表现手法，能够突出童装的视觉效果，体现服装的整体风格。童装图案的设计题材来源广泛，通过元素的提炼和组合形态，注重形式美的原理运用。色彩在服装图案设计中占据重要的位置，消费者在购买服装时，色彩是考虑的因素之一。图案设计要考虑图案的造型特征、服装色彩的搭配、图案在服装中的装饰位置，将服装的图案与服装的风格相统一。在童装中，常以卡通风格的图案进行装饰，能够体现儿童天真活泼的性格，也符合儿童的审美喜好和心理需求。儿童服装的图案丰富多样，常见的有几何图案、文字图案、卡通图案等。

2.面料再造法

在童装设计中，面料再造法能够充分体现设计师的创意和想象，为设计师提供表现创意的无穷空间。在设计过程中，很多追求创新的设计师并不满足于运用普通面料进行设计，常常会采用面料再造手法，使面料和服装焕然一新，富有肌理感。面料再造常用的手法有剪切、打孔、揉搓、镂空、撕裂、折叠、编结、抽纱、贴附、嵌饰、绣花、堆纱、填充、绗缝、拼接、染色等。这些面料再造的手法能够激活设计师的灵感，使之深入挖掘童装的设计创新。童装也可采用面料再造的手法，改变面料原有的外观，加强整体造型效果，加强童装的趣味性和个性。

3.仿生造型法

童装的仿生设计是从儿童的角度出发，通过造型的趣味化和幽默性，能够表现出活泼、欢快。通常是在自然界中汲取动植物形态作为造型元素，其作用是可设计出体现美观的设计，可以满足儿童的好奇心，同时让儿童进一步认识和热爱自然，如现代的孔雀裙、花苞裙，以及各种动物造型的服饰。仿生设计的手法主要有具象仿生法、抽象仿生法和意象仿生法三种。不论是直接采用动植物的形态运用于童装中，还是提炼重组一些元素运用于服装中，各种形式的仿生造型都能给童装增添趣味、活泼、新奇的特色。仿生造型运用在童装中，会使整体视觉效果显著夸张，但是设计师在运用设计的同时，应把握好服装的实用性，以简洁、舒适的款式为主，烦琐的造型不利于儿童的成长发育。

4.趣味设计法

兴趣是孩子最好的老师，是儿童的快乐源泉，也是培养儿童健康成长和快乐心态的氧气，能够增添童装设计的趣味性，培养儿童的乐观心态，营造儿童生活的幸福感。在童装中，常见的趣味化设计手法有卡通动漫造型的应用、服装结构的趣味化变化、色彩的趣味化搭配，以及装饰工艺的趣味化处理。童装造型常采用O廓型的轮廓造型，以打造童趣天真的稚拙形象，一方面便于儿童的活动，另一方面增添服装的趣味性。童装的图案装饰和造型常采用卡通动漫，如儿童喜爱的喜羊羊、奥特曼、蜡笔小新、海绵宝宝等，体现童装的趣味性。童装的加工工艺常采用拼接、贴绣、绗缝等装饰手法，通过对服装细节进行细腻的艺术化处理，增添服装整体的趣味性和审美气质（图2-20）。

（三）童装设计的主题

1.主题与系列设计

童装主题设计是在对主题深入理解的基础上，运用系列设计手法，将所有元素构架组合后所传达出来的设计理念。主题

图2-20　童装设计作品（作者：琼台师范学院2016级服装与服饰设计　张玉珊）

是一种命题，它可以是一个字或词、一句话、一段文字，也可以通过一首诗、一首歌、一幅画来表达。主题是设计创作要表达的主要内容，是服装的核心，有主题的设计作品就如有了灵魂。

2.主题与童装企业

大多数服装企业在每一季的产品计划中，都会以主题来突出本季服装思想。通过主题的解读，能够明确童装设计的方向，厘清设计的思路，以便更好地进行主题设计。

3.主题与童装赛事

通常国内外举办的设计比赛都会有设计主题，选手们可以从大赛公布的主题中，解读赛事主题、发散思维，从各个角度积极思索，梳理主题与童装设计的关联性，找到符合主题的切入点，通过服装款式、材料、色彩、图案等语言的组织，选择不同的题材诠释主题，确定童装的设计元素与造型风格。

二、童装主题系列设计

（一）主题系列设计的步骤

系列童装主题设计的过程从理解主题，确定主题开始，设计者运用各种思维方式对设计元素进行创意组合，将设计思维通过绘画的形式表达出来，选择恰当的面料，通过合理的结构和工艺来支撑设计效果，最终完成从设计到成品的过程。

1.确立系列童装主题

童装主题设计的核心是对主题的把握，设计者要充分理解主题的含义，将与主题相关的内容在头脑中逐一排列出来，思考何种题材可以体现主题。主题是童装设计的关键，设计的各要素都围绕着主题开展，主题童装系列是指在某一主题指导下进行系列的童装设计。在进行设计中，要根据主题进行款式造型设计、选择材料、搭配色彩，并且要考虑到这三要素的协调统一。大赛给的主题往往不会过于具体，对于设计者来说只是一个参考方向，而设计者可以根据自己的灵感找适合的角度加以挖掘和提炼。案例中，作者拟定的题目和大赛的主题是基本贴合的，根据主题方向拟定自己的题目我们称之为正向选题，正向选题的好处是贴合主题，易于引发观者共鸣、不易跑题，缺点是略显平淡、无新意。其实，除了正向选题之外，也可以通过侧面或反向的角度进行选题。

2.思维联想及发散

任何设计都需要传情达意，需要将构思的结果表达出来。合格的服装设计师必须具备将设计理念和头脑中的所思所想表现在纸上的能力。它能生动准确地传达设计师的设计思想，给人直观的视觉和心理印象。

3.资料收集和调研

不管是对于初学者还是有经验的设计师，资料收集和调研都是不可忽略的，缺少了资料就相当于闭门造车。确定好文字的关键词元素后，利用互联网优势，大量地开展资料的收集和调研，对童装流行趋势、设计概念、灵感等能够激发设计的图像资料，进行整理和分类，为下一步的设计做好充分准备。文字资料可以从历史文化、时事资讯、艺术作品等多方面获得，或是来自一些生活中能够启发设计灵感的点滴，而图片资料就更加广泛了，首先从童装的层面可以翻阅一些针对儿童的专业杂志和儿童绘本，利用互联网进行一些童装趋势、设计概念、国内外童装品牌主页的浏览等都是不错的选择。不过通过杂志或是网站进行的浏览都是限制在平面的资料，只能够帮助我们了解趋势、色彩、图案等，但服装是三维立体的，面料的触感和服装的款式细节也同样重要，所以收集资料最好能够加入对于面料市场、童装品牌门店和童装市场的走访。这样会让设计师了解当下童装的工艺细节趋势，确保做出来的设计远看有效果、近看有细节。

4.构思绘制设计草图

服装设计草图是设计师记录设计想法的重要手段，为了便于修改，一般用铅笔以速写形式记录设计的款式和细节。草图是设计的开始，当设计师头脑中有初步的设计概念形成时，设计草图便是记录设计思维的内容，促使其快速生长为设计形象的手段。系列童装主题设计需要把握主题的鲜明性和系列感，设计草图的绘制正是完成设计构思成熟化的过程。系列童装的最佳组合状态应该是单品搭配层次丰富、系列感强、主次分明、核心元素突出并且连贯。这些标准都需要设计师不断地比较和筛选草图，并且不厌其烦地修改草图，才能达到最佳效果。

5.绘制设计效果图

在完成设计草图的基础上，要绘制设计正稿的效果图，在构思方案确定后，进行的下一步工作，它将从多方面对设计构思进行细化，并使其清晰、生动地展示出来。系列儿童主题设计的效果图是儿童着装后的效果，因此，绘制中需要对儿童的动态、童装细节、着装效果、绘制方法等进行斟酌，通过最为贴切和艺术化的绘画手段展示出设计者全面、准确的设计思想。

6.绘制款式图

款式图也称为平面图或工艺图。它一般不需要绘制人体，是对服装设计效果图的补充和说明。款式图按照人体的比例关系来表现，需要绘制出系列童装正背面的服装款式，细致准确地描绘服装的结构关系和工艺特征，确保制板师和工艺师能根据款式图开展工作。值得注意的是，款式图不能像效果图一样夸张或是随意，它必须很好地体现人体结构和服装款式特征。服装效果图是给观看者看设计效果的图纸，而服装平面款式图则是设计师与服装制板师、服装工艺师进行设计实物制作的重要参考和依据，它能够帮助服装制板师和工艺师将设计从图纸变成样衣，乃至产品。所以服装款式图必须清楚明白地交代服装的样式、结构和穿脱方式，面料及辅料的运用信息。因此，服装款式图至少应该是每件单品都进行正面和背面表现，如果侧边或细节十分重要，还应该配以局部细节图和说明文字加以补充。款式图务必要结构清楚、比例准确。如果是企业生产需要的款式图，除了正反面的图纸外，还应该填写对应的工艺板单，这样才能够确保规范化生产。

7.选择面料小样

选择面料小样是将用于设计中的各种类型且肌理纹样具有代表性的小块面料粘贴在设计

效果图上的环节，是系列主题童装设计中对面料的思考和运用，是进行必要的展示，以及权衡童装设计总体效果的参考样本。

8. 编写设计说明

系列主题童装设计应有相关的文字说明和主题名称，是将设计者围绕主题展开的设计思想和内容通过简明扼要的文字加以说明。它主要包括主题名称、中心思想、灵感来源、设计对象、设计特征、工艺要求、面辅料种类等内容。

9. 童装结构设计

结构设计是实现童装造型从平面到三维转化的技术条件。系列童装主题设计的对象为儿童，因而结构设计必须在以儿童的体型特点为结构的设计依据下，结合款式和面料特征进行考虑。科学合理的结构设计能较好地支撑和完成服装设计效果，也让服装在穿着后具备舒适的性能。

10. 纸样的制作

服装纸样是服装结构最具体的表现形式，是服装生产程序中最重要的环节。当服装设计师在设计出服装效果图后，就必须通过结构设计来分解它的造型。即先在打板纸上画出它的结构制图，再制作出服装结构的纸样，然后利用服装纸样对面料进行裁剪，通过必要的工艺制作出样衣。样衣是服装批量生产前对设计款式的检验，样衣达到要求后，这套服装纸样就被定型，作为这个款的标准纸样。

11. 童装工艺设计

童装工艺是系列童装主题设计实物化的加工手段。任何设计都不能只是纸上谈兵，它们终将以成品服装的形式展示出来。工艺制作是完成设计的重要环节，而且工艺的好坏直接影响到服装的效果，做工精良和细节完美的工艺能够提升童装的整体品质，合理耐用的工艺是童装实用性的基础。

12. 系列主题童装成品展示

童装系列设计从确定主题、设计构思、绘制设计效果图，到结构设计、工艺设计环环相扣，完成设计的整个流程，最终形成童装成品，实现设计的最终形式。童装成品无疑是对设计构思最好的诠释，是审视设计效果的依托体，它通过静态和动态的展示手段从不同角度演绎设计作品的主题、创意、造型，以及艺术魅力。

静态展示主要通过不同的陈列方式对设计作品进行展示，如橱窗、挂架、人台、器皿等物体，使设计作品在特定的环境和陪衬物下突出设计的特征、风格、造型，以及用途等与设计相关的内容。

动态展示是设计作品通过人体模特的表演来诠释设计内容。它以最贴近设计者内心感受的背景、音乐、灯光、人体妆容等多种造型语言和氛围，立体打造服装与儿童的造型关系，调动人体的各个器官体验直观、生动、形象的展示效果。

（二）童装主题系列设计的案例展示

童装系列设计训练可以培养设计师连贯的设计思维，更好地展现设计方案完整性的表达与呈现。所以结合案例分析，按照设计顺序将一系列完整的童装设计方案分析呈现。

1.案例一：作品《太空幻想》（图2-21）

设计理念：设计灵感来自《地球上的星星》男主人公伊森在课堂考试的幻想自己飞往太空的场景，借此片段提取出本次设计的色彩，以及少部分图案；款式的运用类似于太空服的设计，以及运用头盔呼吸管等设计，以达到与真实太空服类似的效果，与富有童趣风格的幻想片段结合，从而满足孩童对太空的幻想。

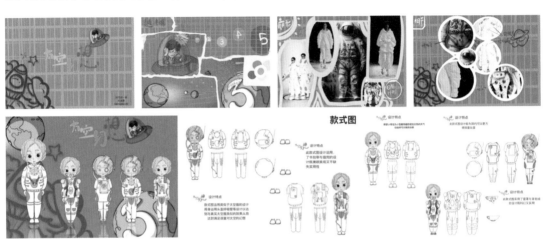

图2-21 《太空幻想》（作者：琼台师范学院　2020级艺术设计　符发愿）

2.案例二：《地球上的星星》（图2-22）

设计理念：灵感来源于《地球上的星星》这个电影，电影的主人公是一个充满奇思妙想的男孩，在他眼里，世界神秘可爱、充满色彩，但同时他是一个有着先天语言障碍的学生，在学校与家里受到许多打骂，但经过老师的帮助与自己的努力后，他发掘了自己犹如神童的绘画天赋。所以本系列的服装由许多星星的元素组成，代表着每个人都是一颗闪耀的星星，

图2-22

图2-22 《地球上的星星》（作者：琼台师范学院　2020级艺术设计学　王宏玉）

不要因为一时的失意就否定自己，要勇于发掘自身的闪光点。色彩灵感主要来源于主人公在电影里画的画作，并结合一些清新的颜色，廓型主要以宽松且轮廓感更圆润的款式为主，并且添加了许多搞怪童趣的图案，使其更受孩童喜爱。

3. 案例三：《星星的孩子》（图2-23）

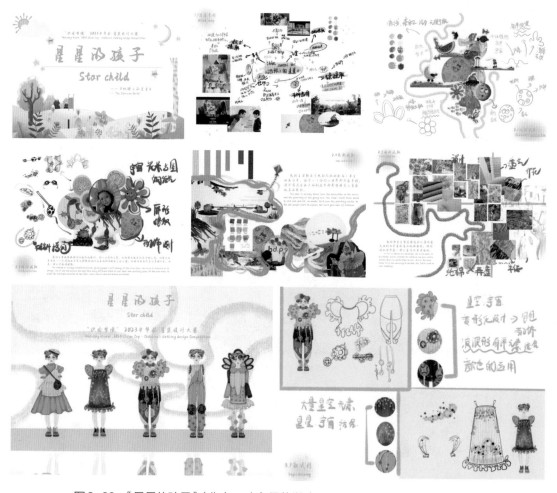

图2-23 《星星的孩子》（作者：琼台师范学院　2020级艺术设计学　屈克鑫）

4.案例四：《跳跃的童年》（图2-24）

设计理念：本系列灵感来源于失读症患者，以拼音字母与患者面对跳跃的文字为元素，孩子们就像这文字一般活泼跳跃，如同失读症患者的世界。每个孩子都有各自的不同，希望孩子们快乐成长，希望更多人了解失读症并关爱这些孩子。

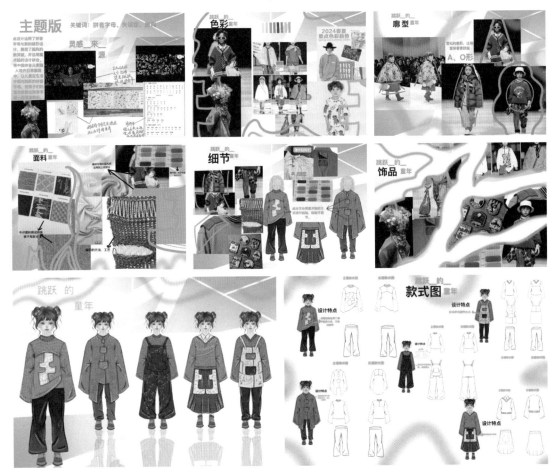

图2-24 《跳跃的童年》（作者：琼台师范学院 2020级艺术设计学 陈锦鸿）

5.案例五：《苗疆蝴蝶》（图2-25）

设计理念：灵感源于一位蜡染师傅的苗族历史作品中的蝴蝶妈妈元素。款式上选择儿童更喜爱的公主裙加上小坎肩进行设计；颜色上是蜡染中常见的蓝色与白色，同时加上红色点缀，是经典的"白雪公主"配色；面料上的图案则是用蜡染工艺进行绘制。此作品在图案、色彩、款式上都选择儿童较喜欢的，目的是使儿童更了解苗族元素，更喜爱苗族文化。

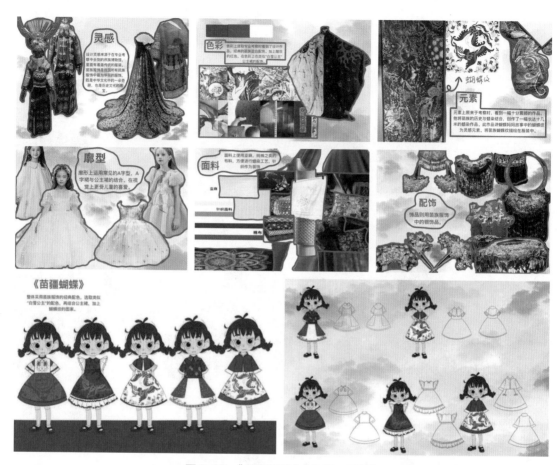

图2-25 《苗疆蝴蝶》(作者：岳芬)

6.案例六:《深海乐园》(图2-26)

设计理念:本系列灵感来源于海洋元素,提取海洋中的珊瑚礁与浪花作为元素。海洋发展和海洋环境一样重要,珊瑚礁是海洋的生态系统之一,就像森林是陆地的生态系统之一,它们同样起着重要作用,因此海洋发展应该寻求正确的道路。

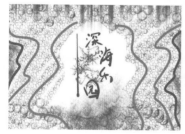  

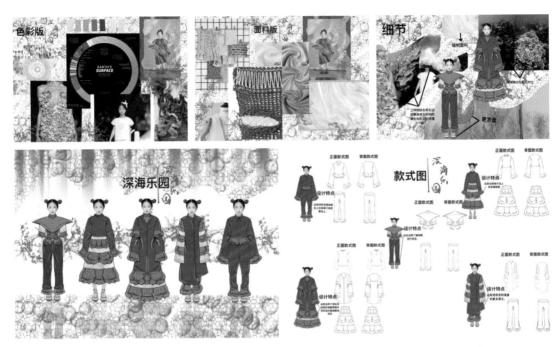

图2-26　《深海乐园》(作者：琼台师范学院　2020级艺术设计学　陈锦鸿)

第四节　童装品牌赏析

　　品牌文化是童装品牌构建的核心，也是消费者对品牌建立认识与理解的信息载体。消费者在选择产品的同时，应不仅考虑到产品的质量与服务，还要考虑到品牌为消费者带来愉悦感、满足感、荣誉感、成就感等价值。当消费者使用这些品牌时，他们不仅获得了品牌价值，更能从中得到一种文化与情感的渲染。

　　品牌文化是品牌的底蕴，能使品牌富有生命力和灵气。无论是奢侈品牌，还是国际特色童装品牌，各大品牌都更加注重品牌文化的建立，每一季的形象大片，不仅展示当下新品的潮流，也直接传达了品牌特色与文化。让我们来欣赏国内外优秀的童装品牌，了解它们的设计理念及童装风格。

一、国际优秀童装品牌

（一）迪奥（DIOR）童装品牌

　　迪奥（DIOR），是源自法国的跨国奢侈品品牌，是绚丽高级时装的代名词。由法国时装设计师克里斯汀·迪奥（Christian Dior）于1946年创立，总部位于巴黎。迪奥童装同样讲究产品品质,使产品在市场上绽放光芒,创造出有魅力、有灵魂的品质,构建"质量、环境、安全"一体化管理体系,永无止境的追求,是价值与尊严的起点。

(二)古驰(GUCCI)童装品牌

GUCCI是意大利时装奢侈品牌,由古驰奥·古驰(Guccio Gucci)于1921年在意大利佛罗伦萨创办。集精致奢华、舒适休闲于一体,拥有简洁的线条、丰富的色彩,古驰童装系列彰显着孩子们最纯真的童心。

(三)加尔(GALL)童装品牌

GALL是意大利设计师品牌,总部位于意大利罗马,是由美国设计师贾斯汀·加尔(Justin Gall)和意大利设计师基娅拉·纳迪利·加尔(Chiara Nardilli Gall)共同创立而来。2020春夏童装系列发布会在福建盛大启幕,GALL将黑暗神秘的高街风格与炫酷的街头文化相融合,可以说是对艺术、暗黑、先锋的最佳设计体现。同时,GALL还将功能、时尚、环保、高街等趋势潮流元素融会贯通,采用自然质朴的环保贴身轻薄材质,将形状动力学与国际研发的稀有面料或内部创造的面料相结合,耐洗耐磨,旨在创造"时尚服饰中的盔甲",提供始终呈现出一丝神秘色彩的外观,以及独特的变化和创造态度。

(四)SILANCE童装品牌

SILANCE源于浪漫的法国。本着浪漫、优雅的风格在童装界一直备受喜爱。SILANCE是充满爱与梦想的高定品牌。倡导用专业打造时尚,用爱陪伴成长。专为3~14岁儿童量身定制的轻奢礼服。2018年10月该品牌受邀参加北京时装周,并在秀场获得一致好评。设计师本着孩子童真梦幻又不失贵族气质的理念从各个层面体现出不同的高贵。

(五)nununu童装品牌

nununu童装是以色列NUNUNU BABY LTD.公司旗下品牌,该品牌于2009年在以色列特拉维夫创立,其产品专为0~14岁的儿童设计,经营范围涉及童装、童鞋、儿童周边等品类,是首个致力于消除时尚中的规范和性格偏见的潮牌童装。品牌创立之初,由黑白灰色系组成,从几何图形、建筑设计、工业设计等方面收获灵感,设计出简单、有趣的图案,以极纯粹的方式去激发孩子们的共鸣。

(六)迷你罗迪尼(mini rodini)童装品牌

迷你罗迪尼(mini rodini),是一个瑞典儿童服装品牌,由插画师卡珊德拉罗丁于2006年创立,旨在向所有的儿童致敬,他们的想象力和感觉让一切皆有可能。迷你罗迪尼认真对待孩子们的顽皮,这意味着孩子们也能拥有符合自己个性、情绪和创造力的衣服。同时品牌在产品生产的过程中尽量避免对社会及自然环境造成不良影响,在服装分类和展示中也不对性别进行分类,男女童皆可穿。

二、国内优秀童装品牌

（一）巴拉巴拉童装品牌

巴拉巴拉是中国森马集团于2002年创建的童装品牌，产品全面覆盖0～14岁儿童的服装、鞋品、生活家居、出行等品类，主打儿童时尚生活品牌。品牌主张"童年不同样"的理念，倡导用爱发现孩子的不同、尊重孩子成长的天性，支持每个孩子都拥有一颗爱的心灵和一个远大梦想，让孩子能享受自由自在不同样的童年。一站式提供全品类全年龄段的专业、时尚童装品牌，专业、时尚、愉悦是巴拉巴拉的品牌核心价值。

现代与色彩的碰撞，叠穿和鲜艳的颜色相结合，凸显少年的青春与活力，2020年8月14日，巴拉巴拉联合敦煌博物馆，以"型走丝路 撞出界"为主题，举办了全息云上秀、巴拉巴拉与敦煌博物馆联名系列新品发布会。此次合作，巴拉巴拉深入了解当地习俗文化与历史背景，希望能将敦煌文化中许多美好故事和优良品性传递给更多年轻人和小朋友。巴拉巴拉更以这种数字科技结合（全息影走秀）服饰时尚的创新尝试，以前瞻的视觉和表现形式解读中国传统文化，以更具文化内涵的视觉艺术展现品牌时尚。

（二）意树童装品牌

意树品牌倡导的就是一种和谐、平衡的力量，在传统与现代、在人文与自然、在时尚与经典之间达到平衡，找寻心灵的归宿。因此，品牌设计的不仅仅是服装，更是心灵的镜像，是生活的状态，导向正向的价值观，创造美好心灵。意树品牌希望每一个穿意树的人，都能从中感受到一份由内心而生的舒适与惬意。以中国古装为主题，结合现代的剪裁，体现古典之美，让孩子们从小爱上古装。让中国的古典风格从小种在孩子的心里。同样意树品牌一直采用高级灰的颜色搭配汉服的设计加入现代衣服的元素，二者相结合凸显中国风童装的古典之美。

（三）三寸盛京童装品牌

品牌成立于2015年，"三寸盛京"之名的"三寸"取自道家学说"一生二，二生三，三生万物"。三寸意味着创造的力量。品牌源于一种传承的力量，设计师须对传统面料、传统刺绣、传统工艺重视，若没有与现代生活接轨，即将面临失传。设计师用独特的设计把现代元素和中华传统元素结合，拜访多位中国顶级的手艺人。终于通过时间的累积，投入大量资金打造新中式华服。

（四）塔卡沙童装品牌

塔卡沙（TYAKASHA）童装将插画和设计结合，同时专注于探索舒适的面料和工艺的提升，为富有童心和追求生活品质的儿童打造充满想象力和童话色彩的服装系列，展现每一位小朋友的个性。

（五）巴巴小镇童装品牌

巴巴小镇是一个原创设计的童装品牌，非常注重系列上的搭配和着装的整体效果。在设计上结合了东方文化的沉稳意境和异域民族的热情活泼。大胆创新，融合了色彩与花朵，创造出优雅独特的带有欧美风格的童装产品。

（六）小猪班纳童装品牌

小猪班纳品牌成立于2004年，产品定位于0~15岁的儿童，"时尚、运动、休闲、健康、活力"是小猪班纳一贯坚持的品牌风格。小猪班纳童装在保持简洁、实用、自由风格的同时，注重面料的品质及服装的时尚感。产品裁剪精细、做工考究，注重童装"健康、舒适、自然"的特色，通过纯自然的元素，以颜色丰富、线条简洁、款式新颖、穿着舒适来引导童装潮流，勾画出时尚不张扬、简洁中见经典的个性。兼具东方深厚的文化底蕴，又有极强的西方现代感。

本章小结

儿童的成长经历五个阶段，分别为：婴儿期、幼儿期、学龄前期、学龄期和少年期。儿童每个时期都表现出不同的体型特征和心理活动，以及心智的发展状况。童装设计是在一定的空间和环境下，以儿童为审美对象，运用一定的形式、美学法则和设计程序，将设计构思以绘画形式表现出来，然后选择合适的材料和相应的制作工艺手段，使设计构思实物化，最终形成三维空间下的服装形态美，它兼具实用性和美观性。童装设计的三要素是款式、材料、色彩。与成人装相比，童装设计的三要素也表现出儿童服装设计的个性风格和特征。

课后习题

1. 根据当下的童装流行趋势，设计中童的系列童装设计。
2. 请从儿童五个年龄段中自选某一个年龄段，进行男、女童各一套服装设计，并结合其生理和心理特点书写设计说明。
3. 从童装设计的四大构成要素中，选择一个要素进行童装设计，并附上设计说明。
4. 选择一个自己喜欢的童装品牌进行调研，制作成PPT进行汇报。

第三章

职业装设计

教学目标：学习职业装设计相关理论知识，使学生初步理解职业装的定义、分类及其特点，并了解职业装设计的流程。通过职业装设计中企业识别系统的学习，使学生理解职业装设计与企业的形象识别系统的关系，为后面的实践任务做准备。进一步巩固前期所学的职业装设计理论，掌握职业装设计的流程，并熟练掌握流程中每个具体步骤的操作细节和设计要点。

　　　　　通过实践操作，使学生熟悉并掌握航空职业装、酒店职业装、校服等设计的要点和方法，使其能在今后的职业装设计中做到举一反三。设计中针对不同岗位职业装的面料、辅料进行选择与搭配，通过企业实际项目的实践训练及拓展练习，使学生进一步巩固职业装设计流程及设计要点。

教学要求：1. 职业装的定义、分类和特点。

　　　　　2. 职业装设计流程与要点分析。

　　　　　3. 掌握航空职业装、酒店职业装、校服的设计方法。

第一节　职业装设计基础

一、职业装的概念及起源发展

（一）职业装的概念

职业是个人在社会活动中从事的工作，职业装是与人们的职业特点密切相关的服装，是区别于生活、休闲用的服装，是从事各种劳动工作用的服装。职业装有别于展现个人特色的时装，其目的在于展现整齐统一的形式美，是社会团体或行业成员为展示形象、满足劳动动作及防护需要统一穿着的服装。

（二）职业装的起源

自古代至近代的各行业的平民服装，虽然在服饰形制上已具备现代职业服装的基本功能及形象特征，但多是从业者自发创造、自由选择的穿戴形式，没有行业规范或职业团体的管理体制。因此，国内外各行业约定俗成的服饰装扮，严格意义上只能算是现代意义上的职业装诞生的社会基础。

1. 国内职业装的起源

我国殷商时期服饰出现明显的等级差别，这种等级穿衣制度影响的社会着装的观念，是国内产生职业装的社会基础。社会发展过程中形成的冕服制度，是统治阶级用来划分等级、维护社会秩序的一种方法，到了封建社会，这一制度愈演愈烈。如明代用"补子"的样式区分官员品级，清代以鸟兽图案的样式区分文武官员品级。等级森严的冕服制度是封建社会等级制度的显著标志，也是我国职业装诞生的初始形态。

我国古代具有保护性功能的职业装，如军用服装对于功能的特殊要求，形成了极具特色的服饰体系。军用服装的演变与当时的手工业水平、冶铁制革业水平等经济因素相关联，同时也与当时的服饰文化水平相关联。战国七雄中的赵武灵王为顺应战势，主张废止上衣下裳制，推行胡服骑射，采用"胡服形制"的军用服装，提高了作战能力，也为中原人的生活方式注入了外族因素。因此，赵武灵王的"胡服骑射"军用服装改革是职业军用服装的雏形。

2. 国外职业装的起源

古埃及原始部落时已经形成等级穿衣制度，服装服饰成为人们身份地位的标志。古希腊时期出现了最早的具有实用性与标识性的职业装。在亚历山大时期，专门为打猎和护卫随从设计的一种被称为"克拉米斯"的短式斗篷，在旅行或骑马途中能够起到遮风挡雨的作用，这种服装是欧洲早期具有实用性与标识性的职业装。素有"职业装王国"之称的日本的职业装的诞生可以追溯到大和时代，受当时经济水平及生产条件的限制，军服主要以挂甲、短甲等简单、朴素的甲胄为主，用以保护身体的主要部位，体现出早期军服的实用性与标识性。

（三）职业装的发展

1.国内职业装的发展

国内职业装的发展经历了五个阶段。第一阶段，鸦片战争后，外商经营的企业要求员工穿工作服；第二阶段，民国时期，《民国服制条例》对男女职业装作了新的规定，国内服饰处于中西形制并行的时期；第三阶段，中华人民共和国成立后，各行业的规章制度逐步制定和完善，职业装的发展得到了进一步推行；第四阶段，改革开放后，广州等地区的酒店工作人员开始穿着职业装，促进了职业装的发展；第五阶段，进入21世纪后，医院、学校等行业的从业者开始穿着职业装，职业装进入了兴盛时期。

（1）第一阶段：西方职业装的引进。1840年鸦片战争后，西方资本主义国家占据中国多个港口和城市，开办实业并直接管理，并把西方管理企业的规章引入中国，职业装便是其中的一个内容。当时由英国人管理的银行、铁路、海关、矿山、邮政、医院、加工制造等行业都规定员工需穿着职业装。与此同时，清政府也开始规定一些官营企业的员工穿着职业装。

1900年八国联军侵华战争后，西方资本主义国家在中国各地建立了租界，在他们所开办的实业及所建的工厂中，要求员工穿着职业服装，社会上也有大量的西式服装出售，西方的服装工艺也随之传入中国。同时，受留学生们的着装影响，洋装逐渐被一部分人所接受。

（2）第二阶段：职业装在中国的推行。民国时期开放引入西装、引进职业服装、提倡中山装，中国服饰趋向于中西形制并行。民国时期政府所颁布的《民国服制条例》对男女职业装作了新的规定，规定男、女大礼服使用中式传统形制；职业装，即职业服装多以中山装的形制为蓝本。中山装将西装的基本样式与中华传统思想相融合，借鉴日本的职业装样式，充分体现出中国人办事时中庸、内向、庄重、严谨的气度，至今仍作为中国特有的男士礼服。

这一时期的校服既采用旗袍和中式形制的长袍马褂，也受西方服饰文化影响，男学生穿着西装、西裤，女学生穿着中式上衣配西式裙子。职业装在国内被推行，呈现中西形制并行的形态。

（3）第三阶段：职业装的进一步推行。中华人民共和国成立后，早期流行的一批职业装被淘汰，如男士的长袍马褂和西装，女士的旗袍。从苏联传入中国的列宁装、"布拉吉"作为职业装广泛流行。这一时期，中山装仍被作为政府官员的职业服装。同时，由中山装简化而来的军装便装和青年装深受新成立的企事业单位工作人员的喜爱。

自中华人民共和国成立至改革开放前，我国政府先后颁布了邮电、铁道、海关、海运、医务等行业的职业装，以及军装、警装、中小学校服。同时，工矿企业单位将职业装作为劳动保护用品发放给在职员工。职业装在各行业中的作用越来越重要，职业装在国内得到了进一步的推行。

（4）第四阶段：职业装的进一步发展。改革开放后，经济发展迅速，开放较早的广州、深圳、上海等地对外交流频繁，职业装的现代形态被引入，酒店行业开始普及穿着职业装，以体现酒店行业特有的吸引力和服务特色，并进一步在全国普及，职业装在国内得到了进一步的发展。此时的酒店职业装虽然能够在原职业装的基础上增加设计元素，在款式上追求创新，与酒店文化紧密相连。

（5）第五阶段：职业装的兴盛。20世纪90年代后，西方"职业女装"的概念迅速被白领女性所接纳，被认为是上班族的必备服装，甚至穿入社交场合，形成潮流时尚，至今仍是潮流。受职业女装的影响，职业男装也得到了进一步的发展。由于男性的职业、社交习惯，以及生理和心理特征的要求，男装的变化相对稳定，因而职业男装的发展更重视工艺细节、技术的改革。

1982年，建立了中国服装研究设计中心，该中心是中国服装工业最高科研设计机构。在20世纪90年代以来，特种防护功能职业服装的研究在我国全面展开，并取得丰硕的成果，这进一步推进了特种防护功能职业服装在我国的发展。

我国实行改革开放政策以来，企业实行的"以人为本"的管理理念认为服装是穿在人身上，能够影响人的健康、情绪与工作质量的可携带的环境，同时也是企业文化的重要标识，因而职业装越来越受到重视。职业装的设计与制作逐渐成为体现企业文化特色的方式之一，我国职业装的"个性化"市场日益壮大，职业装的领域也被不断扩大，可以说，现在农、工、商各行业都有被选定的职业装。

我国经济的快速发展，为我国职业装的发展提供了强大的物质需求和历史机遇，我国职业装的发展顺应市场需求，步入了兴盛时期。

2.国外职业装的发展

国外职业装的发展经历了五个阶段。第一阶段，17世纪后半叶，长外套"究斯特科尔"、短外套"贝斯特"，以及紧身合体的半截裤"克尤罗特"的出现，是现代职业装起源的标志；第二阶段，第一次工业革命爆发后，职业服装兴起并大规模进入产业领域为工业服务；第三阶段，两次世界大战后，受军用服装性能的影响，提升职业服装的实用性能普遍受到重视；第四阶段，20世纪70年代，"职业女装"问世；第五阶段，20世纪末期，职业服装具备的功能已基本上囊括了人类职业的最大范围。

（1）第一阶段：现代职业装的起源。职业装起源于17世纪的欧洲。17世纪后半叶的路易十四时代，长衣及膝的外衣"究斯特科尔"和较短的"贝斯特"，以及紧身合体的半截裤"克尤罗特"出现在人们的视野中。"究斯特科尔"的前门襟口的扣子一般不扣，或只扣腰围线上下的几粒扣子，这是现代的单排扣西装一般不扣扣子不为失礼、两粒扣子只扣上面一粒的穿着习惯的由来，也是现代职业装起源的标志。

（2）第二阶段：职业装的兴起。18世纪末到19世纪中叶第一次工业革命爆发后，职业服装兴起，并大规模进入产业领域为工业服务。欧美各国开始出现铁路服装、邮政服装和炼钢服装，不久后制造业也出现职业服装，此后，潜水服、登山服相继出现。

在以劳动保护为主的职业服装被工矿企业大量使用后，另一类以形象标识为主要使用目的，专为商店、酒店、企事业单位服务的职业服装也随之获得发展。与此同时，标识性为主的职业服装进入了课堂，学生服、教师服、学位服得到普遍采用。至此，职业装开始兴起。

（3）第三阶段：军服影响下的职业装。第一次世界大战爆发时，前线官兵需要穿整齐统一的军装，军装职业装的需求量非常大。当时欧洲所有的将军和士兵都穿着整齐正规的服装，根据军帽和衣服的细节就可以很容易辨别出士兵属于何种部队。军官们佩戴的肩章和臂章，也与今天非常相似。

第二次世界大战后，提升职业服装的性能问题普遍受到重视。随着科学技术日益进步，人们探索宇宙奥秘的热情不断升温，于是，航空航天服、极地服相继问世。职业服装的功能更加向贴近工种和作业要求发展。仿效野战军服性能的防风、防雨、隔热、绝缘的服装相继加入了职业服装的行列。

英国、美国、加拿大等国出现了女性军人职业装。这使女性军人的职业装成为军服设计的新内容，职业女装顺势登上历史舞台。法国设计师加布里埃·香奈儿（Gabrielle Chanel）设计出的两件套装，对于着装者而言不仅舒适而且实用，其样式为对襟无领镶边短上衣搭配长至膝下的短裙，这样的套装轻便、简洁、合体，不同年龄段的职业女性都可以穿，而且不会过时。

（4）第四阶段：职业女装的兴起。20世纪70年代，"职业女装"问世。职业女装是为职业女性提供的职业服装。随着社会的文化科学技术发展和女权运动的影响，20世纪70年代以后，越来越多受过较高文化教育、有一定专业技术能力的知识女性走向社会，参加非体力劳动性质的工作。由于她们所处的社会地位、工作环境、业务需要，以及自身文化素质、生活方式的影响，对衣着打扮比较重视，且具有较高的文化品位，从而形成"办公室一族"女性群体。因而应运而生的"职业女装"，其实是办公室女性的"工作服"，是集华贵与简约、时尚与实用为一体的新型办公室时装，只在上班、工作时穿用，既区别于休闲装、晚装、旅游装，又介于高级时装和基本服装之间，对社交场合的适应性很强。

（5）第五阶段：职业装的多元化发展。进入20世纪末期，国外各行业的职业装在不断改进中逐步完善，越来越多的职业装公司在设计、制作和管理上都有十分成熟的模式，随之而来的市场竞争也非常激烈。在这种多元化的环境下，职业装的个性化发展是这次市场结构调整和改革的必然。这一时期，特种防护职业服装大发展已形成了时代特色。防弹服、防毒服、抗菌服、阻燃服、防烧伤服、抗油拒水服、防水透湿服、射线防护服、防热辐射服等，乃至体育运动中至关重要的摩托车防摔服、高弹力紧身运动服都是在这一时期研制成功的。可以说，至此，职业服装具备的功能，已基本上囊括了人类职业的最大范围。

二、职业装的分类和属性

职业装是为了体现自身行业特点，并区别于其他行业而专门设计的服装。它具有很明显的功能性和识别性。它的识别性使人们更容易区别出不同职业，有效规范了职员的行为，并使之文明化。本章节从性别、季节、行业等角度对职业装系统地分类，并诠释职业装的基本属性。

（一）职业装的分类

1.按性别分类

（1）男性职业装。男性职业装是一个广泛的概念，涵盖了各种适用于职场的服装。具体来说，男性职业装的种类主要包括西装套装、夹克、燕尾服、大衣、T恤、衬衫、针织衫、棉衣和各种配饰等。这些服装不仅满足了男性在职场中的着装需求，同时也展现出男性独特的着装特征。

西装套装是男性职业装最为常见的一种，它通常包括西装外套、衬衫、领带和西裤。这种套装给人一种正式、专业的感觉，适用于商务谈判、会议等正式场合。

夹克和燕尾服则是男性职业装中的另一种选择，它们通常适用于较为正式的社交场合，如宴会、酒会等。夹克和燕尾服能够凸显男性的绅士风度和优雅气质。

大衣、T恤、衬衫、针织衫和棉衣等则是男性职业装的基础款式，它们可以根据不同场合和需求进行搭配，展现出不同的风格和气质。

此外，各种配饰也是男性职业装的重要组成部分，如领带、领结、袖扣等。这些配饰不仅能够为整体造型增添亮点，还能够体现出男性的品位和个性。

（2）女性职业装。女性职业装是职场女性所穿着的服装，其种类繁多，包括西装套装、连身裙、大衣、夹克、T恤、衬衫、针织衫、旗袍、棉衣和各种配饰等。这些职业装不仅需要符合行业需求，还要突出女性身型，展现女性独特的魅力。

一方面，女性职业装要符合行业需要。不同行业的女性职业装各有特点，例如，金融行业的女性职业装通常以西装套装为主，展现出专业、干练的形象；而时尚行业的女性职业装则更加多样化，可以包括连身裙、大衣、针织衫等，展现出时尚、个性的形象。

另一方面，女性职业装要突出女性身型。女性职业装需要根据女性的身材特点进行设计和剪裁，以展现出女性的曲线美。例如，西装套装可以采用收腰设计，展现出女性的腰线；连身裙可以采用高腰设计，展现出女性的身材比例；针织衫则可以采用贴身设计，展现出女性的身材曲线。

2.按季节分类

由于季节交替需将职业装分为夏季避暑职业装、春秋职业装、冬季防寒职业装以满足工作人员四季工作的需要。

（1）夏季避暑职业装。夏季职业装的种类繁多，主要涵盖短袖衬衫、裙子、夏裤、T恤，以及各种配饰等。这些服装在炎热的夏季为员工提供了舒适和时尚的选择。然而，夏季的季节特点为高温、炎热、潮湿，这对户外工作的员工来说可能是一个挑战。因此，在设计这些员工的夏季职业装时，需要特别注意款式和面料的选择。

第一，款式的选择应考虑到员工的工作环境和活动需求。例如，短袖衬衫和夏裤可以提供适当的覆盖和通风，同时，不会限制员工的活动。裙子和T恤则提供了更多的时尚选择，让员工可以根据自己的喜好进行搭配。

第二，面料的选择是保证服装舒适性和透气性的关键。在炎热的夏季，员工需要穿着透气、吸汗的面料，以保持身体的干爽和舒适。例如，棉质面料是一种理想的选择，因为它具有透气、吸汗的特性，同时穿着舒适。此外，还可以选择一些高科技面料，如聚酯纤维和尼龙，这些面料具有快干、轻便的特点，非常适合户外工作。

夏季职业装的设计和选择需要充分考虑季节特点和员工的工作环境。通过选择适当的款式和面料，保证服装的舒适性和透气性，从而提高员工的工作效率和满意度。

（2）春秋职业装。春秋职业装的具体种类主要包括长袖衬衫、西服、马甲、夹克、裙子，以及各种配饰等，这些款式在春秋季节都非常流行。

春秋季节的特点是凉爽舒适、气候宜人，因此在选择职业装面料时，可以有很多种选择，如棉、麻、羊毛等。女性春秋职业装基本为西服套裙，而男装基本为西服套装。此外，还有一些休闲的夹克款式，既适合职场环境穿着，又适合日常休闲穿着。

（3）冬季防寒职业装。冬季职业装是针对寒冷季节而设计的，旨在为员工提供保暖和舒适的穿着体验。具体种类包括长袖衬衫、大衣、棉衣、夹克、冬裤，以及各种配饰等。这些职业装的设计充分考虑了冬季的季节特点，如寒冷和干燥，因此具有较高的保暖性。

对于从事户外工作的员工来说，冬季职业装的保暖性尤为重要，因为他们需要在寒冷的环境中长时间工作。因此，冬季职业装不仅要具备基本的保暖功能，还要具备防风、防寒等特殊性能。

值得注意的是，南北地区对冬季职业装的要求也各不相同。相对而言，北方地区对职业装的保暖性要求更高，因为北方冬季的气温更低、降雪量更大，员工需要更保暖的服装来抵御严寒。而南方地区虽然气温相对较高，但仍需要一定的保暖性，以防止员工在低温环境中着凉。

因此，企业在为员工选择冬季职业装时，应充分考虑所在地区的气候特点，以及员工的实际工作需求，以提供最合适的职业装。同时，企业也可以根据实际情况，为员工提供多种款式和厚度的冬季职业装，以满足不同员工的需求。

3.按行业分类

根据行业特点，职业装具有行业特点和职业特征，能够体现团队精神和服饰文化，大致可以分为四大类：常规职业装、职业工装、职业时装和职业防护服四类。

（1）常规职业装。常规职业装，是一种根据职业特点和工作需求设计的企事业单位服装。它的主要特点在于将单位的共性与个性相互融合，平衡舒适性与实用性，强调功能性和标志性的统一。这种独特的职业服装在企事业单位中扮演着重要的角色，不仅体现了单位的形象和文化，也为员工提供了具有凝聚力和归属感的工作环境。

常规职业装的特征包括相对固定的服装造型和配饰，庄重大方的款式和统一的用色用料。这些特征使职业装在企事业单位中具有高度的识别性和统一性，同时也展现出一种庄重、典雅的美感。不同的行业对职业装有不同的细节需求，如颜色、款式、面料等，这些细节体现了行业的特点，使公众能够通过职业装感受行业独特的魅力。

在常规职业装设计中，既要体现统一性，又不能失其亲和力。设计师需要在保证职业装整体风格的前提下，融入一些时尚元素和个性化设计，使员工在穿着职业装时既感到舒适，又能展现自己的个性。这种亲和力有助于增强员工之间的凝聚力和团队合作精神，提高工作效率。

常规职业装主要应用于国家行政机关、公共事业与非营利组织、一般性企业。在这些领域，职业装不仅仅是一种工作服，更是一种文化的象征。它体现了不同行业和领域的价值观念，展示了企事业单位的精神风貌。

（2）职业工装。职业工装，又称为劳动保护服，是一种具有特殊功能的服装。它是工业化生产的产物，随着科技的进步、职业的发展和环境的改善而不断改进。职业工装主要针对一线生产工人和户外作业人员等需要防护的对象，广泛应用于医学、电子、机械制造、水下作业等行业。

职业工装是根据人体工学和人体防护学设计的，具有防电、防水、防静电、防尘、隔热、透气等功能，这些功能是普通服装无法代替的。它的设计旨在满足特定行业的需求，如防电功能可以保护电工等从业人员免受电击伤害；防水功能可以保护水下作业人员免受海水或雨水的侵害；防静电功能可以防止电子行业工人因工导致的事故。

职业工装的发展与科技的进步密切相关。随着新材料、新技术不断出现，职业工装的功能越来越完善，防护效果也越来越好。例如，采用新型纤维材料制成职业工装，不仅具有更高的强度和耐磨性，而且具有更好的透气性和舒适性。此外，一些职业工装还配备了先进的传感器和通信设备，可以实时监测劳动者的健康状况和工作环境，提高作业的安全性和效率。

职业工装的应用不仅关系到劳动者的身心健康，而且关系到企业的生产效率和社会的稳定发展。因此，各国政府和国际组织都非常重视职业工装的推广和使用。例如，欧盟制定了严格的职业安全卫生法规，要求企业为员工提供符合标准的职业工装。中国政府也出台了一系列政策措施，鼓励企业使用职业工装，提高安全生产水平。

职业工装对保护劳动者的安全、卫生和健康具有重要意义。随着科技的进步和经济的发展，职业工装将不断发展和完善，为劳动者提供更好的防护效果。各国政府和企业应共同努力，推广和使用职业工装，提高生产效率和安全水平，促进社会的稳定发展。

（3）职业时装。职业时装是介于职业装与时装之间的一种服装，主要趋向于时装化和个性化，是一种非统一的时装性职业套装。

职业时装的穿着对象以白领为主，例如，管理人员、秘书、会计等。职业时装一般对服装质地和制作工艺有较高的要求，注重造型简约流畅、修身大方，其用料十分考究，追求色彩的合理搭配与色调的协调统一。总体上，职业时装十分注重品位与潮流，时尚度高的同时也不失职业装的特性。职业时装适合一定的场合，它具备时尚与实用两个重要的特点。这些融入时尚创作灵感的设计，能够更加全面地展现职场人员的生活方式和独特的人格魅力。

（4）职业防护服。职业防护服是一种为特殊工作环境设计的安全防护服装，具有高功能性和特殊面料。主要特点包括防静电、抗紫外线、防化学腐蚀、防水等。例如，化工厂工人需要穿紧袖防腐防护服并佩戴橡胶手套和胶鞋，以保护他们免受化学物质和极端环境的伤害。

职业防护服在特殊工作环境中具有重要作用，可以保护工作人员免受各种危害。例如，在化工厂、建筑工地、实验室等高风险环境中，防护服可以保护工作人员免受化学物质、极端温度、噪声、辐射等的危害。

（二）职业装的属性

职业装是为了方便职业活动而设计的，兼顾美观和仪容性，具有标识性、时尚性、实用性、科学性和时代性。

1.标识性

职业装的标识性主要突出在两个方面：社会角色与特定身份的标志。职业装有利于树立职业角色的特定形象，体现企业理念和精神，有利于公众监督和内部人员管理，并能提高企业的竞争力。职业装的标识性是其重要特征，它能反映从业者在工作环境、文化素质和性别等方面的差异。如证券公司的"红马甲"、邮递员的绿色服装、商场导购人员的服装等。

因此，在设计和选择职业装时，应充分考虑标识性的因素，打造出具有完整标识识别系统的成功职业装。

2.时尚性

随着时代的发展，人们对职业装的要求也越来越高。除了实用性和舒适性之外，时尚性也成了职业装的重要考量因素。融入时尚元素，可以使职业装更加符合现代审美，提升员工的形象和气质。

职业装首先要满足工作的需求，穿着舒适，有利于相关工作的开展，同时也可以区分社会其他行业的工作人员。职业装的时尚性可以通过打破传统的设计思维，融入多种元素的方法实现。在融入时尚元素的同时也需体现着装者的审美需求。以目标群体追求的时尚元素作为出发点，考虑其所处的社会环境等，分析其年龄及形体特征，从而设计出能够体现他们职业特征的时尚职业装。

3.实用性

职业装的实用性强是区别于生活时装的最大特点。它是工作时穿的服装，从服装对人们精神方面的影响来说，穿上职业装，员工就要全身心投入工作，履行自己的职责，增强工作责任心和集体荣誉感。在材料的选择上，为了符合各行各业的工作性质，在设计中要考虑材料的物理化学性能、生物性能以及加工性能等；在款式的设计上，要以工作特征为依据，合理设计。

职业装具有实用性强、影响员工精神状态、材料选择合理、款式设计符合工作特征、经济耐用等特点。这些特点使职业装在各行各业中得到了广泛的应用，成为员工工作时不可或缺的一部分。

4.科学性

随着科技的不断发展，现代科学成果已广泛应用于职业装生产全过程，包括材料、设计、打板、制作、包装等环节，为职业装带来了性能和款式的升级。其中，产业用纺织品的科技含量最高，新型纺织材料为职业装提供了新面料，带来了巨大的变化。

5.时代性

服装的时代性是一个永恒的话题。由于政治、经济、环境、文化等因素的影响，每个时代的特征可通过服装的色彩、造型和配饰等折射出来。当今的职业装继承了传统服饰文化的精髓，而且迎合时代的发展需求，同时兼具外来服饰文化的特点，表现出百花齐放的繁荣景象。

职业装设计需要考虑工作人员的特殊性，包括岗位分类、性别特点、工作性质和所属环境等。设计师需要熟悉特定行业，确定职业装风格，并针对岗位的特殊性选择合适的造型、面料、色彩和制作工艺。

第二节　职业装设计分析

一、职业装设计的发展趋势

新时代的职业装不仅是企业、行业形象的标志，也是民族文化、地域文化、社会经济发展的象征。职业装的发展应从根本上改变过去停留在款式造型设计、工艺革新的层面上，应跟随时代的发展将科学技术、产业升级等作为职业装未来设计的创新点，以满足不同行业对职业装的需求。职业装的设计应向团体定制品牌化、地域特色化、民族特色化、时尚可持续方向发展。

（一）团体定制品牌化

1.团体定制品牌化需求的产生

职业装作为企业文化与企业形象的重要组成部分，对于增强企业凝聚力有着极为重要的作用，职业装的设计与质量是企业做选择时首先要考虑的因素，但市场上做团体职业装定制的服装品牌太多，企业在定制工艺设计精湛、能够展现企业文化的职业装时，很难在短时间内做出选择，职业装团体定制的品牌化需求由此产生。职业装的品牌化对于服装企业与定制职业装的企业来说都是必需的，职业装的品牌化使有团体定制需求的企业能够快速定制到符合企业要求的职业装。

2.团体定制品牌化的发展方向

目前，我国职业装品牌企业对于企业形象建设的关注度较低，缺乏品牌管理人才，有些企业简单地将品牌建设理解为品牌知名度，盲目投资广告，但短暂的广告效应并不能给企业带来长期发展的动力，职业装品牌化发展是服装企业实现持久发展的出路。

职业装品牌企业应该抓住国家大力倡导文化自信和大力发展文化创意产业的大好时机，迅速提升产品研发能力与综合设计水平。结合企业自身优势，找准企业定位，理性、科学地制定企业发展的道路。

目前职业装已经逐渐摆脱刻板化和保守主义，形成强调时尚、舒适、个性、环保的新格局。市场对职业装款式风格、工艺质量的个性化设计要求越来越高，注重职业装的文化特色、审美性与特殊性。因此，创新设计是引领职业装发展的核心，应结合团体定制企业的个性和特点，设计艺术性与实用性相结合的职业装。

（二）地域特色化

1.地域特色化的必要性

带有地域特色的服装具有标识性，如提到海南，人们首先能够想到的就是大海、椰子树、海产品及各种各样的热带水果。在职业装的设计中运用具有标识性的地域特色，使服装极具识别度，加深穿着者及观赏者对服装的印象，从而进一步了解当地地域文化。

2.地域特色化的发展方向

带有地域特色的职业装会引起人们的注意，在所处地区容易对服装产生共鸣，增加人们对服装的认可度。采用能够直观地展现地域特色的传统服装作为职业装，虽然极具辨识度，但华丽繁复的传统服装会给人一种表演的感觉，使到访的客人无法融入环境。同时，同一地区不同企业采用对传统服饰完全复制的职业装，会造成千篇一律的重复感，使到访的客人无法了解企业文化。

因此，企业可以选取几个特殊岗位采用具备传统服饰风格的职业装，以展现地域特色，使到访的客人能够"入乡随俗"。其他工作人员的职业装在保留地域特色的同时，对传统服饰元素做简化处理以满足工作需要。

（三）民族特色化

1.民族特色职业装的产生

依据民族特色对职业装的风格进行划分，可分为俄罗斯风格、印第安风格、非洲风格、吉卜赛风格等。但过于传统的服装不适用于职业装的穿着场合，不能大规模穿着，因此，将过于传统的服装作为职业装不利于民族特色文化的广泛传播。新中式职业装以国际化为基础，融入民族服装设计元素，兼具民族性与时尚性，打破职业装"千店一面"的僵局。

2.民族特色化的发展方向

新中式职业装是东方风格的再现，不仅能够代表中国形象，还能引起国际风潮，让新中式职业装在世界范围内成为时尚。民族文化在职业装中的融入应该是对传统民族元素系统的凝练，而不是元素的直接照搬和堆砌。

融入民族特色不仅是对文化传统的继承，更是对艺术设计的创新。民族化职业装的设计不应局限于传统服饰文化，可以将设计来源扩展到民族文化的其他方面，如中国传统的瓷器、壁画、建筑等，都可以成为职业装设计中民族特色化的方向。

（四）时尚可持续

1.时尚性需求

时尚对于现代而言，不仅仅是为了修饰，已经演化成一种追求真善美的意识。人们对于职业装的态度从"不得不穿的服装"向"希望职业装能兼具时尚美观性，变成日常生活中可以穿的服装"转变。因此，职业装设计的时尚性急需提升，在设计时可以较多考虑流行趋势、企业文化、员工审美诉求、个性化等条件。

2.可持续发展需求

可持续发展是设计领域不变的主题，不断出现的新面料、新技术、新概念逐渐被应用到职业装设计的全过程。就服装本身而言，要注重面料的可持续性。职业装每几年都会换一批，因此需要加强面料的回收利用概念，从而做到节能减排、绿色环保。就设计师而言，应时刻关注纺织材料的科技发展，及时将无污染、有利于生态保护、透气性好的面料应用到职业装的设计中。

随着国际社会对环境问题的日益重视，职业装绿色环保设计领域的市场需求逐渐增加，相关企业应该积极研发环保面料，以顺应国内、国际市场的需求。

二、职业装设计要素

（一）造型设计

职业装设计与一般服装设计方法相似，但存在区别。一般服装设计主要关注流行元素和消费者需求，强调个人时尚性；职业装设计根据企业、团体性质、精神理念和企业形象识别系统进行设计，旨在展现企业形象和团队精神。因此，职业装设计应关注企业或行业需求，而不仅是员工的个性化需求。

在职业装造型设计中，应注重三个关键要素：功能性、简约性和一衣多穿性。

1. 注重款式功能性

功能性在职业装设计中至关重要，因为它直接关系到穿着者的工作效率和舒适度。针对不同岗位的特殊需求，设计师需要采用各种细节来提高工作便捷性。例如，对于需要经常活动的岗位，可以采用绗缝加固工艺来增加服装的耐磨性；对于需要经常携带工具的岗位，可以设计更多的储物口袋来方便携带。

2. 注重设计简约性

除了少数昂贵的职业装，如特殊的礼仪服、特种服外，大多数职业装要求其具有合理的性价比。简约性是在保证美感和功能的前提下，尽量降低成本。例如，选择易于打理的材料可以降低维护成本，选择简约的款式可以降低设计成本，选择易于制作的结构可以降低生产成本。此外，在设计过程中，要考虑服装的均衡感。这是定制职业装美观原则的重要组成部分，对定制职业装的设计效果起到决定性作用，视觉上的平衡可以给人以美的享受，如果不能达到平衡，着装者和观赏者都会产生心理上的不适。

3. 注重一衣多穿性

一衣多穿指通过扭曲、拆卸、组合以及转换的设计手法使服装呈现不同的款式造型。可以是一套端庄的礼服适用于正式场合或者转换后成为常服适用于日常工作，也可以是一件薄款的夹克适合天气凉爽时穿或者组合成棉袄适合寒冷的冬季穿着。一衣多穿的设计使一件职业装适合不同岗位、不同场合和不同天气，从而有效降低职业装的生产成本。

4. 注重服装廓型

服装廓型是指服装外观的轮廓，分为紧身型、称身型和松身型。

（1）紧身型。紧身型服装依托人体自然形态，采用弹力面料包裹人体，能够突出人体的自然曲线美。这种廓型通常适用于追求时尚和曲线美的人群，以及需要突显身材的场合。紧身型服装的设计注重人体工学，能够最大限度地贴合人体曲线，展现出穿着者的自信和魅力。

（2）称身型。称身型服装通过设计手法修饰身材，适用于大部分体型。这种廓型既能够突显穿着者的身材优势，又能够掩饰身材的不足。称身型服装的设计注重线条和比例，能够打造出优雅的身段和优美的曲线。无论是日常穿着还是正式场合，称身型服装都是不错的选择。

（3）松身型。松身型职业装基于人体基本形态，以相对宽松的内部空间提升四肢舒张程度，放松量通常为8厘米以上，以适应工作时的肢体活动，方便着装者做大幅度的活动。该类职业装主要适用于特殊行业，如防菌服、手术服、消防服等，通常采用连体的衣服样式增强保护功能。松身型职业装的设计注重功能性和实用性，能够为穿着者提供足够的活动空间，同时保证穿着的舒适性和安全性。

（二）色彩搭配

色彩比图形和文字更能刺激人的感官，因此需要注重色彩的功能性。职业装色彩设计应遵循感官指标和基本配色原则，以满足员工的工作需求和顾客的审美需求。职业装色彩的设计和选择对企业形象具有重要影响。通过遵循色彩设计原则，以及注重色彩搭配的和谐性、与企业文化的契合度，可以更好地塑造企业的形象，提升员工的工作效率和顾客的满意度。

1. 色彩象征意义

色彩与人们的情绪有关，不同颜色会给顾客带来不同的心理感受，因此在选择职业装色彩时，需要考虑其对员工和顾客的影响。色彩与人们的情绪有密切的联系，色彩的冷暖能给顾客带来心理上的自然联想，如人们看到深蓝色的大海，会感到宁静与威严并伴随着湿润的感觉。力量型色彩有助于增强着装者的自信心，使人充满力量，这种颜色适合管理岗位人员，有利于其表现严谨、一丝不苟的工作态度。

暖色系的服装给人以热切温暖之感。负责接待工作的服务人员多采用暖色系，给顾客带来温暖之感。在特定的工作场合，暖色系会发挥不可估量的作用，这类颜色多用于接待类职业装。米白、象牙白、米黄、淡绿、淡蓝这类低饱和的色彩，使人置身于春暖花开的季节，给人一种清新舒畅的感觉，可降低人的防备心理，产生舒适的体验感。

2. 色彩搭配原则

（1）功能性：职业装的色彩应满足员工的工作需求，如提高员工的工作效率、减轻工作疲劳等。

（2）感官指标：职业装的色彩应符合员工的视觉和审美需求，如色彩搭配和谐、易于识别等。

（3）基本配色原则：职业装的色彩设计应遵循基本的配色原则，如色彩平衡、对比度适中等。

（4）情绪影响：不同颜色会给顾客带来不同的心理感受，因此在选择职业装色彩时，需要考虑其对员工和顾客的影响。

3. 色彩选择依据

在职业装色彩的选择依据中，职业装设计可以将标准色作为主色调，辅以邻近色，并点缀其他颜色，当然也可以以标准色的邻近色为主色，以标准色为辅色，并点缀其他颜色。标准色指的是企业为塑造独特的企业形象而确定的某一特定的色彩或一组色彩系统，如在红色系中可选择朱红、胭脂红、洋红、玫红等各类带有红色视觉的颜色；在黄色系中可采用藤黄、雌黄、雄黄等；在青色系中可采用花青、碧蓝、孔雀蓝等。

（三）材料运用

职业装面料和辅料的选择对于员工的工作效率、舒适度和形象塑造具有重要意义。在面料和辅料的选择上，需要充分考虑功能性、标识性、舒适度和创意设计四个方面。

1.面料的功能性

在功能性方面，对于职业装的设计需要针对不同岗位和部门的需求选择合适的面料。例如，对于经常在户外工作的员工，应该选择具有防紫外线、防风、防水等功能的面料。对于经常接触化学物质的员工，应该选择具有抗腐蚀、耐高温等功能的面料。这样可以有效降低特殊环境对人体的伤害，保障员工的健康和安全。

2.面料的标识性

职业装是为各行业统一定制的服装，它是为提高企业效率、传达企业文化、展现企业形象而设计的服装。因此，在面料的选择上，除了要考虑其不同的功能性要求外，还要注意到面料的标识性，注重面料的美观性，体现各行业的个性形象。

3.面料的舒适度

面料是服装的载体，选择职业装的面料还需要考虑质地、耐用性、美观性和舒适性。一般情况下，职业装面料应尽可能地采用高纱支、含毛量高的羊毛或棉织物等高档面料。这些面料具有较好的吸湿、透气、保暖等性能，穿着舒适，有利于提高员工的工作效率。同时，高档面料还可以体现出企业的形象和实力，增强员工的归属感和认同感。

4.面料的创意设计

服装面料的再造也称为服装面料的二次处理，它是现代职业装创新设计的有效方式之一，出于职业装整体的便捷性考虑需慎重选择，在职业装设计作品中可对面料进行开发和创造，可以使其呈现出多样化的特征，体现整体职业装或设计中的细节变化，极大地拓展了面料的使用范围。

三、职业装设计原则

职业装不仅代表了一个人的职业形象，也反映了企业的文化和精神。职业装的设计原则包括人本性、针对性、审美性和经济性。

（一）人本性

服装生产制作的最终目的是让人穿着，是服务和满足于人的需求。从人性出发，从人的需求出发，是研究开发职业装的宗旨。人本性要以人为本，考虑人和职业、人和环境的关系，即作业时，为满足作业要求的动作，减少动作阻力，最大限度降低疲劳感从而提高工作效率的性能。

穿着服装要满足特定时空下的动作规范是一切职业着装的基础要求，职业装设计应充分考虑人体的生理特点，如人体的活动范围、关节活动、肌肉力量等，以设计出舒适、方便、安全的服装。同时，职业装还应考虑人在工作中的心理需求，如安全感、舒适感、归属感等，以提高员工的工作积极性和工作效率。

（二）针对性

在职业装设计中，针对性也可以说是设计定位。职业装的针对性，是指针对特殊的职业、场合定位及特殊工艺等的设计，与其他服装类相比，具有很强的个性特点和限制性。职业装的设计应根据行业的特点、企业的文化、团体的精神和个人的喜好等因素进行设计。例如，在金融行业，职业装应体现严谨、稳重、专业的特点；在创意行业，职业装应体现个性、创新、时尚的特点。此外，职业装还应考虑员工的工作环境，如高温、低温、潮湿等，以设计出适合工作环境的服装。

（三）审美性

职业装的审美性是由服装的艺术性而决定的。适当地发挥服装的艺术性会使职业装具有很高的审美取向，职业装的审美性原则通过服装的造型、线条、色彩、质感、工艺等设计要素实现，同时与工作环境的色调、风格统一协调，反映企业或团体的精神和文化品位。职业装的审美性原则要求设计师在满足实用性和功能性的前提下，注重服装的美感和艺术性，使职业装成为企业文化和精神的象征。例如，在色彩方面，设计师可以选择与企业 Logo 或企业文化相关的色彩，以增强员工的认同感和归属感。

（四）经济性

无论是企业、集团还是个人要定制职业装，他们的要求一定是物美价廉。经济性制约着职业装的设计，服装材料、制作工艺、加工包装、运转销售，都是最后产品的成本。在设计制作中，除了在材料的采购上争取价格优势外，还要考虑设计元素对制作工艺的成本影响。经济性还体现在实用和耐用上，如为适应多个季节的穿着，以满足员工的工作需求。例如，在面料选择上，设计师可以选择耐磨、耐脏、易清洗的面料，以降低服装的维护成本。

四、职业装设计形式美法则

（一）概述

在信息化时代，国际化趋势对各国影响越来越大，人们的审美需求和生活方式也越来越国际化。企业形象设计是企业物质文明和精神文明高度发展的需要，也是由形象设计在商业领域中的重要作用所决定的。随着我国社会经济的快速发展，企业形象设计尤为重要，并与人们的生活、工作息息相关。近年来，企业形象设计越来越注重职业装这一环节，尤其是商务形象设计。企业形象设计属于现代艺术设计范畴，融合现代设计共性和自身特点，运用各种设计手段，影响人们的心理审美判断。企业整体形象包含的内容很多，其中企业员工的职业装团体定制设计越来越被重视。企业职业装的设计需要体现企业人员的统一性、识别性和职业性三大原则。

统一性是指企业员工着装的款式、颜色、面料等元素要保持一致，形成统一的视觉效果，有利于增强企业团队的凝聚力和向心力。识别性是指企业员工的着装要具有明显的企业标识，如企业 Logo、企业名称等，便于识别和记忆，提高企业的知名度和美誉度。职业性是指企业员工的着装要符合其职业特点，既要体现职业的规范性和专业性，又要展现企业的企业文化和价值观。

职业装设计形式美法则在企业形象设计中具有重要意义。通过遵循一定的设计原则，运用形式美法则进行职业装设计，不仅能够提升企业的整体形象，还能使员工保持愉快的心情，提高工作效率。因此，在职业装设计中，应充分考虑形式美法则的应用，为企业创造更加美好的形象。

形式美普遍存在于人类自身、自然界和人工产品中，它是一种客观存在的美学现象。在职业装设计中，应运用到点、线、面、色彩、材料质感、缝制工艺、服饰搭配等设计要素，通过合理的搭配和组合，产生统一与变化、对称与非对称、节奏与韵律等艺术风格上的美感。

（二）整体统一与局部变化法则

职业装受工作环境与工作性质的制约，在款式、色彩、面料上有诸多限制，其形制相对稳定，因此只能从局部入手，展现细节之美。局部创新可以通过强调、对比等视觉手法，使服装在整体上突出不同的重点。局部变化需与服装风格、比例、功能相统一，同时要注重功能性设计的取舍与演变。对比巧妙运用于职业装设计中，须平衡各自的特色，避免设计成四不像。

局部变化是职业装设计中非常重要的部分。例如，可以在领口、袖口、下摆等部位进行设计变化，以增加服装的层次感和立体感。

功能性设计是职业装的重要组成部分。在设计过程中，需要根据职业的特点和需求，对功能性设计进行取舍和演变。例如，对于需要经常活动的职业，如销售、服务等，应设计更加宽松、舒适的服装；而对于需要保持严谨、庄重的职业，如律师、银行职员等，则应设计更加正式、严肃的服装。

对比是职业装设计中常用的一种手法。通过对比，可以使服装在整体上更加生动、有趣。例如，可以在色彩、材质、款式等方面进行对比，但需要保持服装的整体风格和形象。

（三）均衡法则

均衡法则是服装美学原理的重要组成部分，包括对称平衡和不对称平衡两种形式。对称平衡的设计形式比较稳重，常用于职业装和工装设计中；不对称平衡是一种较为复杂的设计形式，为了打破对称平衡的僵化和庄重，以及对活泼、新颖的着装品位的追求，不对称的平衡设计在现代职业装定制设计中得到了越来越广泛的应用。

1. 对称平衡

对称平衡也称为轴对称，即两边造型、面料、工艺结构、色彩等服装的构成元素完全相同。对称平衡的设计形式比较稳重，是一种传统的设计形式，它强调服装的左右两侧在形状、颜色和图案上的一致。这种设计形式给人一种稳重、严谨的感觉，因此常用于职业装和工装设计中。对称平衡的设计可以营造出一种和谐、统一的美感，使着装者在正式场合中显得更加庄重和专业。

2. 不对称平衡

不对称平衡是一种较为复杂的设计形式，它强调服装的左右两侧在形状、颜色和图案上的差异。这种设计形式可以打破对称平衡的僵化和庄重，使服装更具个性和活力。不对称平衡的设计在现代职业装定制设计中得到了越来越广泛的应用。在现代职业装定制设计中，不对称平衡的设计形式主要有以下三种。

（1）局部不对称。这种设计形式主要体现在服装的局部细节上，如领口、袖口、下摆等部位。设计师可以通过改变这些部位的形状、颜色和图案，使服装更具个性和活力。

（2）色彩不对称。这种设计形式主要体现在服装的色彩搭配上，如上浅下深、上深下浅、左右色彩对比等。设计师可以通过改变服装的色彩搭配，使服装更具活力和时尚感。

（3）图案不对称。这种设计形式主要体现在服装的图案设计上，如左右图案不同、上下图案不同等。设计师可以通过改变服装的图案设计，使服装更具个性和创意。

（四）节奏与韵律法则

在职业装设计中，节奏与韵律的运用对整体效果的呈现至关重要。通过调整和把握线条、色彩等元素，设计师可以创造出具有形式美和趣味性的作品。线条和色彩在职业装设计中具有举足轻重的地位。线条可以塑造服装的轮廓，赋予服装以立体感和动感。而色彩则能够影响服装的整体氛围和视觉效果，使服装更具吸引力。因此，设计师在设计职业装时，需要充分考虑线条和色彩的搭配，以创造出具有形式美和趣味性的作品。

第三节　职业装设计过程分析

职业装设计有一套完整的工作程序和产品管理流程，包括对职业特点、性别、工作性质、工作环境等要素的调研。优秀的职业装设计师需要明确流程，并运用特有的设计思维进行设计。

一、需求沟通与市场调研

（一）需求沟通

在当今社会，随着职业装需求量的不断提高，职业装企业面临着越来越大的挑战。为了在激烈的市场竞争中脱颖而出，设计师需要不断提高综合实力，开发更多的销售渠道。在这个过程中，与客户的沟通交流显得尤为重要。

首先，在设计和生产过程中，设计人员应向顾客详细说明设计过程和步骤，并注意在不同阶段进行双向沟通。这样可以使顾客更好地了解设计师的设计理念和生产能力，增强对设计师的信任感。

其次，在样衣制作阶段，设计师可以利用实物与顾客进行更直观的交流。通过让顾客试穿样衣，设计师可以更直接地了解顾客的需求和感受，从而对职业装进行优化和改进，提高其舒适性。同时，这也有助于顾客了解企业的生产能力和产品质量，为今后的合作打下坚实的基础。

此外，企业还应该注重售后服务，及时解决顾客在使用职业装过程中遇到的问题。这有助于提高顾客的满意度和忠诚度，为企业积累良好的口碑。

总之，职业装设计和生产企业要想在激烈的市场竞争中脱颖而出，就必须加强与顾客的沟通交流，提高综合实力，开发更多的销售渠道。通过有效沟通，企业可以更好地了解顾客需求，提高职业装的舒适性，赢得顾客的信任和支持。同时，企业还应注重售后服务，为顾客提供满意的购物体验。只有这样，企业才能在职业装市场中占据一席之地，实现可持续发展。

（二）市场调研

市场调研是提高产品销量和解决销售问题的方法，包括收集、统计、研究数据。专业服装公司应在最初沟通中了解客户及其行业情况，对之前的研究内容进行论证和比较，包括横向调研和纵向调研。横向调研指对同类型优秀职业装的整理和比较，包括行业环境和目标市场分析。纵向调研则根据企业各岗位的工作性质进行分类调研，包括企业视觉形象要素调查、部门工种分类等。市场调研对于提高产品销量和解决销售问题至关重要，专业服装公司应在与客户沟通时充分了解客户及其行业情况，并进行横向和纵向调研，以确保产品的成功销售。

有关调研的内容，在最初的沟通中，专业服装公司应该了解客户及其所在行业的基本情况，并对之前的研究内容进行论证和比较，包括与同行业优秀职业装的横向比较和企业以前穿的职业装的纵向比较。一般横向调研是指对客户所处行业中同类型优秀职业装的整理和比较，横向调研是一个系统性很强的市场调研，包括对行业环境的了解，目标市场的选定和分析等。而纵向调研是根据企业各岗位的工作性质进行的分类调研，包括企业视觉形象要素的调查，企业部门的工种分类，包括岗位、性别、年龄、作业活动范围的大小及运动规律等。

二、实地考察与产品设计

（一）实地考察

实地考察要求设计人员亲临工作现场，了解工作性质以及工作环境，对员工造成的现实或潜在伤害，以及进行设计时满足客户的需要，特别是有防护作用的职业装等，为后期设计构思提供依据。

（二）产品设计

随着社会的进步，在基本需求逐步得到满足的情况下，企业对职业装有了更高层次的要求。现在的职业装已不仅仅是劳动保护服，在强调企业文化的今天，职业装展现的是一个企业的形象，所以职业装的风格就显得尤为重要，这体现了设计师的审美能力和设计能力。一是要具有设计的创新点，这是职业装设计师在设计的过程中力求打破传统设计手法、突显企业形象和特色的细节元素。职业装的创新性要求非常高，设计师可以运用不同的搭配技巧或者非规律性的设计手法进行创新和突破。二是确定面料和辅料，在设计职业装过程中，设计师在选择面料和辅料时，必须进行充分考虑，不同的工作环境对职业装的面料和辅料的要求不同，确定面料和辅料无疑是职业装从设计到生产的重要环节。

三、方案确定与合同签订

（一）方案确定

方案确定要求设计师明确服装的款式风格、色彩搭配、面料选择等。首先，设计师需要明确服装的款式风格、色彩搭配和面料选择。款式风格是职业装的灵魂，色彩搭配和面料选择是服装形象的重要组成部分。设计师需要根据客户的需求和企业文化来选择合适的款式风格，同时要注重色彩搭配的和谐和面料的质感。通过整体设计协调服装的造型、色彩搭配和面料选择，逐步使职业装的形象具体化。

整体设计包括结构特点、线条感、面料肌理、装饰手法和服装搭配，同时要遵循形式美法则。结构特点决定了服装的轮廓和形态，线条感则决定了服装的动态和韵律，面料肌理影响着服装的质感和触感，装饰手法可以丰富服装的视觉效果，服装搭配则要考虑整体造型的和谐和统一。

其次，可以从局部设计入手，结合服装的设计原理和整体职业装形象，考虑相关的要素（如风格、款式、色彩、面料、装饰等）。局部设计是整体设计的延伸和细化，设计师需要注重局部设计的细节和品质，使服装更加精致和完美。

最后，无论是设计初稿还是终稿，都以装订成册的形式展示给客户，以体现出设计的专业性和条理性。装订成册的设计稿可以让客户更直观地了解设计师的设计思路和理念，这也便于设计师和客户之间的沟通和交流。

（二）合同签订

合同是当事人之间建立、变更和终止民事关系的协议，依法成立的合同受法律保护，双方合作有必要签订相关的合同。在合同执行期间，甲乙双方均不得随意变更或终止合同。合同如有未尽事宜，由双方协商制定补充规定，且补充规定与合同具有同等效力。通过签订合同保护当事人的合法权益，明确双方的权利和义务，以便发生纠纷时可以通过法律途径保护自己的合法权益。合同的主要内容包含服务项目、付款金额，以及职业装设计公司与客户方的合同、与面料供应商的合同和与制作加工方的合同。

合同的签订和执行对于保护当事人的合法权益至关重要。在合作过程中，签订合同有助于明确双方的权利和义务，防止纠纷的发生。同时，合同的补充规定也具有同等效力，有助于在发生纠纷时通过法律途径保护自己的合法权益。因此，合同的重要性和作用不容忽视，它对于维护市场秩序和保障当事人的合法权益具有重要意义。

四、样衣阶段与批量生产

职业装生产过程中的样衣阶段是一个复杂而重要的环节。在此阶段，设计师需要与企业紧密合作，确保样衣的尺寸、款式、面料等符合企业的需求。样衣的制作过程通常包括以下几个步骤。

首先，企业需要与设计师进行深入沟通，明确职业装的设计要求，包括款式、颜色、面料等。设计师会根据企业的需求，设计出符合企业形象的职业装。在样衣得到企业认可后，需要对员工进行体型测量，以获得所需的数据，确保职业装合身、舒适。

其次，需要根据不同面料和款式制作样板。在制作过程中，需要记录各项数据，包括尺寸、面料特性等。这些数据将用于指导后续的批量生产。样衣的尺寸必须准确，如有改动，需要与设计师商量，并进行书面确认。

样衣制作完成后，企业需要与设计师进行最终的确认，双方签字封样。这个过程确保了样衣的准确性和一致性，为后续的批量生产提供了可靠的依据。

最后，配饰的设计和制作也是样衣阶段的重要部分。配饰包括领带、腰带、徽章等，需要根据职业装的整体风格进行改造和生产。配饰的设计和制作要与职业装的设计风格保持一致，以提升职业装的整体形象。

五、售后服务与保养维修

对产品的送货、发货及产品信息制定产品手册，若个别服装出现尺码偏差等问题，要进行返修，并且对职业装进行为期半年或者一年的保质期维修，尤其在洗涤方式中须说明干洗或者水洗，强调洗涤温度及洗涤剂的选择以及脱水和熨烫方法及温度的把控等。

第四节　职业装设计案例分析

一、航空职业装设计案例

航空职业装是航空工作人员的统一着装，在职业装的设计中有着重要地位。设计考究的航空职业装体现着航空工作人员的精神面貌，这不仅代表着公司企业的形象，更代表着航空工业的发展。现在航空公司对于航空职业装的设计与制作有了更高的要求，因此，对于已有的设计案例的分析是必不可少的，本节以海南航空职业装的设计为案例，分析航空职业装的设计方法。

（一）项目概况

海南航空到2017年已经沿用了四代职业装，从第一代职业装使用着20世纪90年代流行元素到第二代的民族风、第三代的旗袍风，以及在2010年，海南航空第四代职业装在贺岁影片《非诚勿扰》中由舒淇穿着初次亮相，"国际灰"的形象成功走进公众视线，也开启了海南航空品牌视觉设计的国际化之路。

海南航空（后称海航）在2017年6月15日的北京发布会上，公布了将携手劳伦斯·许为海航设计第五代职业装并在其巴黎高定时装秀上亮相，成为首家登上国际时装周的中国航空企业，这是海航跨界时尚圈的一次重大举措。经过设计师在全球范围的长时间调研和不断沟通，其间设计手稿超千幅，服装及装饰品、配件等打样超过百件，劳伦斯·许先生以中西合璧的设计风格以及作品中的深厚中国文化底蕴与海南航空"不期而遇"。

（二）设计理念

海南航空第五代职业装名为"海天祥云"，继承并升级了海航以往职业装如"民族服"版、"国际灰"版的图纹、色系等经典元素，使之一脉相承，向历代职业装致敬的同时，融入了当下的国际时尚元素，兼具现代美感。将古典东方的设计元素与西方的立体裁剪相结合，显得别具一格、更具创意，体现了新时代的东方美（图3-1）。

图3-1　第五代海南航空职业装设计

（三）设计方案

在款式和图案设计上，第五代职业装采用精致的西式立体剪裁，既紧跟时尚潮流，彰显国际化品质和品位，又营造出专业化的观感。整体设计以中国旗袍形状做底，领口为祥云漫天，下摆为海水江涯，以"彩云满天"为基，寓意海航大鹏鸟翱翔于云海之间，构成独具海南航空特色的东方之美；旗袍袖口采用七分袖，简洁大方的视觉增加了空乘的干练感；色彩上，以灰色为基底，搭配黄色海浪和红色蝙燕，突显了恢宏大气的宫廷设计观感，传递着东方的神圣魅力；工作围裙的设计如同一个连衣裙，裙型为郁金香型，兼具了美观和实用功能。

二、酒店职业装设计案例

酒店产业是一个长期的产业，在繁荣的背后存在很多不稳定的因素，只有紧跟市场变化，才能立足于不败之地。酒店职业装是酒店文化、审美水平等信息传递的载体。成功的酒店职业装设计对酒店整体档次的提升有很大作用，设计师要考虑酒店的市场定位、人员组织结构、文化风格定位等因素，突出酒店文化和特色。本节以海南某酒店职业装设计案例为例，分析酒店职业装的设计方法。

（一）项目背景

海南岛是中国南方的热带岛屿，位于中国南海西北部，岛上热带雨林茂密，海水清澈蔚蓝，一年中有旱季和雨季两个季节。素来有"天然大温室"的美称，这里长夏无冬，年平均气温22~27℃，最冷的1月温度仍达17～24℃。得天独厚的地理位置和丰富的资源，吸引着千千万万的游客慕名而来。目前，海南自由贸易港建设正在如火如荼地快速发展中，建设具有特色的海岛酒店更是一大亮点。

（二）项目概况

酒店职业装设计是职业装设计类别中的重要组成部分。下面以海南某养生度假酒店职业装为例来介绍酒店职业装设计。该酒店的交通便利、位置优越，位于海口市内，风景秀丽，面朝风光旖旎的海口湾和壮观的世纪大桥，将琼州海鲜与城市繁华尽收眼底。在喧嚣的城市中寻找一份宁静，有着世外桃源之称。餐厅、客房、会议室和游泳池错落有致，各项设施先进完善。高贵典雅的客房坐享秀丽风光，匠心独具的大厨为顾客精心制作美食。让宾客在度假生活与商旅中能全方位领略海南的魅力。

（三）设计要求

该酒店整体以中式风格为主，与小部分的西式以及海南独有的地域特色相结合。该酒店是度假休闲酒店，酒店装修整体典雅，流畅的线条凸显简约与别致。对于该酒店的职业装设计主要针对以下岗位的工作人员：大堂服务部包括迎宾员、大堂经理、前台服务员以及商务管理员，房务部包括客房服务员、餐厅服务员、养生馆服务员，行政部包括文员、销售和主管。

（四）设计方案

选择该酒店具有代表性的礼宾服装、迎宾服装，前台服务员、客房服务员、餐厅服务员、养生馆服务员的服装设计方案进行展示分析。

1.酒店礼宾服装设计

酒店的礼宾员也是行李员，负责在酒店正门口接待客人，辅助客人下车，帮助客人拿行李，是客人对酒店整体服务的第一印象，礼宾服装直接反映出酒店的文化和服务理念。因此，酒店礼宾服装的设计就显得尤为重要。

（1）设计理念。该养生度假酒店整体装潢倾向于中式风格，酒店氛围高贵典雅、沉静舒适，因此，此系列礼宾服装选用新中式设计风格，色彩选用较为理性和谐的黑色与金色，整体图案装饰较为简单、统一，营造出优雅、庄重的酒店文化和服务理念（图3-2）。

（2）造型设计。男款上装内搭为中式小立领、暗门襟衬衣，暗门襟的设计隐藏了纽扣，但又保留了穿脱方便的功能，奠定了新中式风格的职业装设计基调。外套采用中西结合的形式，在合体修身西装的基本廓型基础上，融入中式袖口、交领衣襟的设计，对传统交领衣襟进行改良设计，更符合现代人的审美，兼具传统性与时尚性。裤装在基础款西裤的基础上对裤口进行收窄设计并修短裤长，使穿着者呈现出干净利落、时尚大方的形象，符合酒店礼宾员的形象要求。

女款内搭为经典款连肩无袖旗袍，将旗袍收口裙摆设计为鱼尾款，使整体款式设计趋向于年轻时尚化，同时也与海浪图案相呼应。外套整体款式设计与男款相呼应，相比于男款，女款外套更修身，衣袖较合体，拉长下摆衣角，使整体呈现干练、时尚的形象。

图3-2　酒店礼宾服装设计（作者：琼台师范学院　胡启涛）

（3）色彩设计。选用黑色、金色作为主色彩。黑色给人沉稳、可靠的感觉，符合礼宾人员的职业特征，同时，作为无彩色、基础色的黑色能够很好地与酒店环境融合。

黑色作为基础色，在人们的日常服装中较常出现，为了区别于出入酒店的人们的服装，在设计中加入了金色作为主色彩，金色在此设计案例中主要用作图案大面积出现。同时，金色也是酒店中较多出现的颜色，金色的设计使服装风格与酒店更为协调，使服装显得更为高贵典雅。

（4）图案设计。海浪纹作为酒店礼宾服装的图案出现，酒店的客人看到时便能够联想到酒店与海的关系，增加服装在客人心中的辨识度与印象，感知到酒店员工着装中所体现的地域文化特色，从而进一步认同酒店所传达的文化性与服务理念。

2.酒店迎宾服装设计

酒店的迎宾员主要负责礼仪性接待服务，形象上要求典雅华贵，具有一定的标识性，能够体现酒店的文化性及服务理念。

（1）设计理念。此系列迎宾礼服融合了中西方的礼服款式，工艺细节精湛，与酒店整体所呈现的高贵典雅的氛围相融合。图案细节设计具有地域性文化特色，使出入酒店的客人能够从工作人员的服装中感受到地域特色及酒店文化（图3-3）。

（2）造型设计。男款内搭为中式连立领、连肩无袖款式上衣，做暗门襟设计。外套在H廓型西装的基础上做进一步的设计，衣领做双层西装领，增加工艺细节，使服装更显装饰性，袖口做贴边设计，与双层衣领的设计相呼应，门襟融入中国传统服装中交领衣襟的设计，做

图3-3　酒店迎宾服装设计（作者：琼台师范学院　高汀汀）

斜向交叉，整体营造出中西结合的迎宾服装设计效果。裤装为干净利落的西裤基础款式，腰头、口袋处做贴边拼色设计，与外套的设计相呼应。

女装内搭款式设计与男装相呼应，相比于男装，女装的立领更高一些，能够凸显女性脖颈修长、纤细的美感。外套选用收腰经典款女士西装的廓形，凸显女性的柔美，门襟做交领设计，衣领、袖口的设计与男装相呼应，整体营造中式氛围为主、中西结合的风格。下身的短裙融合了旗袍与鱼尾裙的款式，整体优雅大方，裙摆做斜向波浪边设计，与海洋元素相融合，使整体设计更具地域特色。

（3）色彩设计。作为迎宾服装，整体选用的沉稳的淡棕渐变色给人一种优雅大方、沉静柔和的感觉，增加了迎宾员的亲和力。

白色作为点缀色应用于服装的领口、袖口、裙摆位置，提亮了服装的整体视觉效果，服装的纽扣选择白色，增加了视觉焦点，同时提升了服装整体的设计感。

（4）图案设计。以海南具有代表性的三角梅作为服装中的图案，体现出地域文化特色。图案以暗纹的形式表现，展现出低调华丽的美感，符合酒店迎宾服装的设计需求。

3. 酒店前台服务员服装设计

酒店前台服务员需要为客人提供咨询、登记等服务，要求形象端庄大方。前台服务员职业装的设计倾向于行政风格的服装，同时整体设计风格要与酒店相契合。

（1）设计理念。此系列前台服务员服装设计了两组，一组秋冬装，另一组春夏装。整体设计风格与酒店环境相契合，以新中式风格为主，融入西方的服装款式，服装整体干练优雅，能使客人产生信赖感（图3-4）。

（2）造型设计。秋冬装的造型设计亮点在于内搭的衬衣在西式衬衣的基础上融入中式立领，并使用盘扣进一步强调新中式风格。马甲的设计强化了此系列服装的行政风格，拉长马甲的领口线，并将门襟设计为中式交领，整体营造出新中式设计风格。

春夏装的造型设计亮点是单侧拼色斜门襟的设计，强调服装中西融合的设计特色。领口的海浪纹盘扣，以及女装海浪形状的袖口设计使前台服务员的服装设计呈现出古典、优雅、大气的形态。

（3）色彩设计。秋冬装选用浅黄色作为内搭色，被马甲包裹后外露色彩比例较小，马甲选用沉稳的檀木棕色，裤装及裙装选用深檀木棕色，整体风格沉稳、大方，较符合秋冬季节人们着装的习惯。

春夏装选用浅黄色作为主色彩，在温度较高的春夏季节给人以清凉、沉静的感觉。领口、门襟、袖口搭配金色贴边，与酒店整体装潢相融合，可使客人产生舒心、信赖的感觉。

（4）图案设计。秋冬装在衣摆处设计的"回"字纹进一步强化了服装的新中式设计风格，纹样以浅色暗纹的形式展现，进一步营造酒店前台服务员干练、优雅的形象。春夏装在衣身处设计深色暗纹图案，增加整体设计感的同时也不影响服装的沉着、干练感。

图3-4　酒店前台服务员服装设计（作者：琼台师范学院　高汀汀）

4.酒店客房服务员服装设计

酒店客房服务员主要负责客房的清洁、打扫工作，形象上要求干净利落、朴素大方，对于服装要求简单、端庄、方便活动。

（1）设计理念。此系列客房服务员服装设计了两组，一组秋冬装，另一组春夏装。整体设计干练、简洁，服装色彩与酒店环境相融合，给人带来舒适、利落感的同时也不易引起客人的注意（图3-5）。

（2）造型设计。秋冬装的造型设计以新中式风格为主，融入西式服装的干练与优雅。设计亮点在于衣领的设计，立领做直线切角，进一步营造客房服务员干练、朴素、大方的形象特征。

春夏装的造型设计亮点也在衣领处，中式小立领的设计奠定了服装中式风格的基础，同时将立领与"V"领相结合，减少盘扣的数量，使穿脱更为方便。

（3）色彩设计。选用色调柔和的淡黄色作为上装的设计，不惹人注目的同时也与酒店整体色调相融合，以棕色作为衣领、袖口、口袋贴边设计，营造干练端庄风格的同时增加整体的设计感。裤装选用黑色，符合"上浅下深"的穿着原则，同时黑色也是此酒店装潢中的常用色，此系列客房服务员的服装色彩设计整体营造出端庄干练、低调的效果。

（4）图案设计。图案选用水墨中国画中常出现的山水与花卉元素，虽然大面积应用于客房服务员的服装中，但是并不会使服装显得过于跳脱，使整体设计风格与酒店装潢更为融合，增加了客房服务员辨识度的同时也不至于过于显眼。

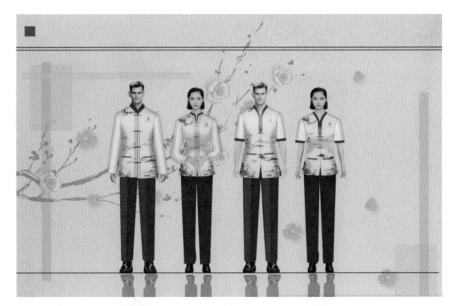

图3-5　酒店客房服务员服装设计（作者：琼台师范学院　胡启涛）

5.酒店餐厅服务员服装设计

酒店餐厅服务员负责点菜、上菜等服务，要求形象亲切宜人、悦目大方，服装的设计空间大，风格各异，最能体现酒店的文化特色。

（1）设计理念。此系列餐厅服务员服装设计了两组，一组秋冬装，另一组春夏装。整体设计和酒店环境风格相协调，服装色调给人以热情及亲切感，服装图案与海南地域特色相结合，能够使客人感受到酒店的服务理念与文化特色（图3-6）。

（2）造型设计。男款秋冬装马甲领口保留中式服装的交领贴边，女款秋冬装马甲交领领口做切角设计，创新新中式服装造型的同时与男款做区分。

春夏装的造型设计亮点在于不对称领口的设计，一侧为交领领口，另一侧为小立领领口，营造出具有创新设计性新中式风格的餐厅服务员服装。海浪纹形状的盘扣与女款海浪纹形状的袖口为服装增加了地域特色及服装的辨识度。

（3）色彩设计。秋冬装内搭选用色调柔和的淡黄色，外套与夏装选用色调沉静的暗红色与藏蓝色，整体给人沉静优雅、悦目大方的感觉。且这三种色彩也与酒店装潢相融合，较具标识性。

春夏装上装选用色调柔和的淡黄色，下装选用色调沉静的暗红色。上装色彩明亮的淡黄色所占比例较大，符合春夏穿着的习惯，给人带来清凉的感觉；同时上装用暗红色做贴边设计，使服装不至于太过跳脱，较符合餐厅服务员的身份特征。

（4）图案设计。此系列餐厅服务员服装图案的设计主要用于女款中，海浪纹应用于下装中，增加了服装的趣味性，使服装更具辨识度。

图3-6　酒店餐厅服务员服装设计（作者：琼台师范学院　杨可峥）

6.酒店养生馆服务员服装设计

酒店的养生馆服务员主要负责给顾客提供香薰SPA、按摩养生、减压放松等服务项目，形象上要求美观大方、亲切宜人，服装上要求舒适悦目且具有一定的美观性。

（1）设计理念。此系列养生馆服务员服装设计了两组，一组春夏装，另一组秋冬装。款式造型宽松舒适，能够满足养生馆服务员的工作需求，同时对女款服装进行收腰设计，增加服装的美观性（图3-7）。

（2）造型设计。春夏装的造型设计为新中式风格，领口及门襟做拼色贴边设计，整体呈现宽松、舒适感。女款腰部做腰带设计，增加服装的时尚性，使来到养生馆的顾客认同，使

图3-7　酒店养生馆服务员服装设计（作者：琼台师范学院　黄冬梅）

被服务者和服务者呈现舒适与美观并存的状态。

秋冬装的设计风格与春夏装一致，设计亮点一是门襟做撞色装饰扣设计，方便服务员穿脱。设计亮点二是贴袋长度至衣摆，减少横向分割，提升设计的整体度。

（3）色彩设计。上装选用色调沉稳的普蓝色，自上而下向白色渐变，衔接下装的藏蓝色，营造服装色彩的节奏感。

（4）图案设计。对海南黎锦的纹样做单色设计应用于服装中，体现地域文化特色的同时保留养生馆服务员服装的舒适、沉静感。

三、校服设计案例

校服作为学校规定的着装，能反映学校的办学理念和文化特色。校服是学生身份的标志，代表了学校的精神面貌，是学生素质具象化的载体，体现着一所学校的形象。校服的设计主要分为两个方向，一是制式校服，以西装为原型，根据学校的办学理念和文化特色设计适合学生统一穿着的校园服装。二是运动校服，以现代常见宽松款运动校服为基础，融入学校的办学理念。

（一）项目概况

校服应当作为学生美育的重要载体，不能过度同质化，应结合学校的办学理念与历史文化特色进行革新设计。此设计项目以海南不同年级阶段的校服设计为目标，根据海南的气候特征及学生穿着校服的场合需求，对不同年级的分制式校服和运动校服进行设计。

（二）设计要求

以打造国风校服为切入点，融入海南地域文化特色，以传统的款式为依据，在此基础上进行创新设计，设计出具有国风、地域文化特色的校服。

（三）设计方案

以年级为划分依据，对小学、初中、高中、大学四个年级阶段的制式校服、运动校服设计案例进行展示分析。

1.小学制式校服设计

小学生具有活泼好动的性格特征，对于小学制式校服的设计应做到穿脱方便、安全耐磨，应具有一定的规范性。

（1）设计理念。以海南琼中地区某小学的制式校服设计为例，琼中地区为黎族人民的聚居地，因此，制式校服的设计更倾向于传统黎族服装的款式风格图案（图3-8）。

（2）造型设计。此系列小学制式校服设计了三组，依据气候温度的不同设计了夏装、春秋装及冬装。夏装上装做无袖设计，下装为短裙和短裤，整体呈现利落、清爽感。春秋装上装设计为外套，衣身、衣袖较为宽松，学生可自由穿内搭，气温高时可解开对襟设计的扣子。冬装采用较为保暖的面料，并设计了腰省，使服装较为贴身，冬季在教室外可搭配外套穿着。

相比于传统黎族服装的款式造型，女款裙摆做褶量设计，便于学生活动。男款的设计亮点体现在夏装与冬装的领口部位的设计，领口处通过黎族图案形成弧形结构线设计，与女款传统黎族服装中的交领门襟设计相呼应。

（3）色彩设计。选用黎族传统色彩中的红色与黑色作为主色彩。上装选用红色，凸显小学生的活泼可爱，下装选用黑色，更耐脏污。选用较为明亮的黄色、白色作为校服的图案、贴边设计，使校服整体呈现出以传统黎族服饰文化为基础、以明亮活泼的创意点为点缀的设计效果。

（4）图案设计。以黎族传统图案中的蛙纹、牛纹、大力神纹等纹样做创新设计，仿照传统黎族服装作为贴边装饰，使学生通过服装了解黎族传统文化。同时，创新应用黎族图案，如男款夏装中上装做贴条的设计，将黎族图案用在贴条的底端，增加服装的趣味性，使校服的设计更符合小学生的穿着心理，从而增加小学生对于校服的认同感。

图3-8　小学制式校服设计（作者：琼台师范学院　徐雅婷）

2.小学运动校服设计

对于小学运动校服的设计也应注意到小学生活泼好动的性格特征，在设计时应使服装穿脱方便。

（1）设计理念。此系列设计保留21世纪初期我国小学运动校服的造型特征，在此基础上缩短衣长，并使服装更合体（图3-9）。

（2）造型设计。此系列小学运动校服依据气候温度的不同也设计了三组。整体造型维持传统小学运动校服的造型特征，缩短整体衣长、消瘦衣身，使服装更加合体，增添校服的时尚性，使穿着者更具有朝气。校服衣身做撞色分割设计，与传统黎族服装中的贴边设计相呼应，奠定了服装整体的黎族传统服饰风格。

（3）色彩设计。选用黎族传统色彩中的白色与蓝色，在衣领、衣袖处做拼色分割设计，与传统黎族服装的设计理念相呼应。

（4）图案设计。将黎族传统纹样应用于裤装与裙装的侧缝位置、进一步营造整体的传统服饰风格。

图3-9　小学运动校服设计（作者：琼台师范学院　蔡杏）

3. 初中制式校服设计

初中生具有强调个性化、融入集体化的两种主要的心理特征，认为穿校服会压抑自身的审美需求，同时也认为穿校服能增强群体互动与社会交往的能力。

（1）设计理念。以海南某中学的校服设计为例，将黎族传统服饰元素融入初中制式校服的设计中（图3-10）。

（2）造型设计。此系列初中制式校服设计了三组，依据气候温度的不同设计了春秋装、夏装及冬装。春秋装中男款以传统制式校服的西装款式为基础造型，融入黎族传统男装中的对襟设计，女款以传统制式校服的西装、短裙为基础造型，拉长西装衣身长度，衣领、门襟的撞色拼布设计与黎族传统服饰的撞色贴边设计相融合。

春秋装中男款在传统制式校服的基础造型上，融入黎族传统服装的立领设计，通过衣领处的黎族图案增加服装的横向分割线，体现校服的黎族传统服饰文化，较为符合本项目校服的设计要求。女款的设计亮点在于裙装的设计，以黎族传统服饰中的裙装为基础造型，在一侧做开衩设计，拼接传统制式校服中的百褶裙造型。

冬装的造型设计方法与夏装相似，女款裙身处增加侧缝贴边的设计，进一步强调黎族传统服饰的造型特征。

（3）色彩设计。依据中学生的审美心理，降低黎族传统服饰中的黑色和黄色的明度，把浅黄色与深灰色作为中学制式校服的主色调。金黄色作为服装的贴边设计，黑色作为服装的图案设计，增加了校服整体的沉稳感。

（4）图案设计。选用黎族传统图案中的大力神纹作为校服设计的主图案，将黎族大力神纹寓意中的有力量、有智慧、有学识与对学生的期望相结合。

图3-10　初中制式校服设计（作者：琼台师范学院　郭星雨）

4.初中运动校服设计

运动校服是初中生在体育课、部分课外活动中必不可少的服装，能够增强学生的群体认同感及互动性。

（1）设计理念。以海南某中学的运动校服设计为对象，提升运动校服的设计美感，同时融入黎族传统服饰元素（图3-11）。

（2）造型设计。此系列初中运动校服以21世纪初期流行的运动校服的造型为设计基础，在校服的肩部、衣身位置融入黎族传统服饰中的拼布设计，奠定校服整体的传统服饰风格。

（3）色彩设计。以黎族服饰中常见的靛蓝色作为校服的主色调，将白色、浅灰色作为校服的点缀色。通过横向拼布的形式与黎族传统服饰的特征相融合，使校服呈现出运动、活力、朝气蓬勃的形象。

（4）图案设计。将黎族传统图案中的大力神纹进行创新作为校服设计的主图案，并将黎族服饰中常见的回形纹作为校服的横向装饰，与制式校服的设计理念相呼应。

图3-11　初中运动校服设计（作者：琼台师范学院　郭星雨）

5.高中制式校服设计

高中生的年龄和思想已经成长到了一定的水平，视野和知识涉及面比较广，对事物有自己独特的认知。因此，对于制式校服的设计不仅要融合学校的办学理念，同时也要尊重学生的想法和审美习惯。

（1）设计理念。以海南某高中制式校服设计为例，将中国传统服饰的风格造型融入传统制式校服的设计中。依据高中生以学习为主要任务，以及高中阶段的学生更倾向于沉稳、大方的校服，确立高中制式校服的造型、色彩、图案设计以沉稳大方，同时也能够体现学校的办学理念及文化性（图3-12）。

图3-12　高中制式校服设计（作者：琼台师范学院　代玲）

（2）造型设计。此系列高中制式校服设计了夏装、春秋装、冬装，不同季节的服装可以搭配穿着。将传统制式校服中衬衫、西装、百褶裙的造型与中国传统服饰的造型相融合，营造出热爱传统文化、典雅大方、自信利落的高中生形象。

（3）色彩设计。选用黎族传统色彩中的藏蓝色作为校服的主色调，营造校服的国风风格。选用传统制式校服衬衣中的白色作为校服上装的主色调，使校服时尚与古典并存。

（4）图案设计。此系列高中制式校服图案以素雅、大方为主，选用具有海南地域特色的海浪纹作为校服的主图案，用于服装的衣领、门襟、袖口等位置。

6.高中运动校服设计

高中生的学习压力相对较重，穿着运动校服的场合一般在体育课、体育类比赛、跑操等场合。

（1）设计理念。以海南某高中运动校服设计为例，对于运动校服的设计不应该强调学习氛围、校园文化等理念，应体现学生的全面发展，以简洁大方、青春明媚为主，使学生穿着运动校服时能够被校服展现的轻松明媚的氛围所感染（图3-13）。

（2）造型设计。此系列高中运动校服整体造型以便于运动、展现青少年的青春活泼的形象为主要设计目标，在校服的领口、衣袖位置做拼布设计，融入黎族传统服饰的设计理念。相比于传统运动校服，此系列校服的设计较为合体，能够展现学生的青春、时尚气息。

（3）色彩设计。选用黎族传统色彩中的藏蓝色、红色、白色作为校服的主色调，整体配色展现出活泼、明媚的形象，使此系列运动校服呈现出延续传统、展现青少年活泼明媚的设计理念。

（4）图案设计。此系列高中运动校服通过拼布的设计体现服装的传统性，整体展现素雅、活泼的效果，无图案的设计更符合整体简洁、素雅的形象。

图3-13 高中运动校服设计（作者：琼台师范学院 曹吉）

7.大学制式校服设计

大学生多为18岁或以上学生。相比于中学生，大学生在知识能力、自我管理、社会阅历等方面有极大的提升。因此，大学校服对监督、管理、保护、引导等诉求功能有所降低，更注重对时尚度、美感度的要求。

（1）设计理念。以海南某大学制式校服设计为例，校服的设计应与学校环境相谐调，能够作为精神象征符号传递大学文化；另外，也应考虑服装流行趋势（图3-14）。

（2）造型设计。此系列校服造型设计在传统制式校服的款式基础上，融入了当下的流行趋势，打破传统制式校服对称的设计，在衣身处增加不对称的设计。同时提供服装配饰搭配方案，如女生可以搭配长裤、时装包，男生可以搭配短靴穿着，以提升制式校服的时尚性，使大学生更喜欢穿着校服，从而达到校服作为精神符号传递大学文化的目的。

（3）色彩设计。色彩选用中国传统色中低饱和度的黛蓝色、玄青色、紫扇贝三种颜色作为校服的主色调，与常见的制式校服区分，使大学制式校服具备特殊性与流行性。

（4）图案设计。一方面，此系列大学制式校服展现的图案为海南凤仙花，是海南特有的花卉，应用于海南大学制式校服的设计中，使校服的设计既具有地域特色，更具有标识性。

另一方面，对于大学制式校服的设计应更具时尚性、独特性，因此，此设计方案提出可以让大学生依据学院的划分，选取一种海南当地所特有的动物、植物图案作为本学院校服的图案。

图3-14　大学制式校服设计（作者：琼台师范学院　王珊珊）

8.大学运动校服设计

大学运动校服适合体育课、学校或班级活动时穿着。同时，大学对于服装多样性的包容度较高，使大学运动校服也能够满足日常穿着的需求。因此，对于大学运动校服的设计应该考虑时尚性。

（1）设计理念。以海南某大学的校服设计为例，满足大学生对于校服穿着场合的需求，结合当下流行趋势，整体设计以宽松舒适、时尚个性化为主（图3-15）。

（2）造型设计。此系列大学运动校服依据气候温度的不同设计了三组。冬装的设计结合当下秋冬流行趋势，设计为较宽松的款式造型。春秋季的校服结合当下流行的"运动套装"风格，整体造型设计倾向于更适合运动的合体装扮。夏季的校服造型设计以简单、青春阳光的形象为主。

（3）色彩设计。冬装选用黎族传统服装中常见的普蓝色、红色、白色，适用于冬季穿着。春秋装下装选用中国传统色中低饱和度的黛蓝色，搭配白色上装及浅蓝色海水图案，营造整体的时尚、轻快感。夏装选用常见的黑色、白色作为主色调，用黎族传统服饰中常见的红色、蓝色做点缀，营造时尚感。

（4）图案设计。对具有地域特征的海水纹样进行简化、变形设计后，应用于运动校服的设计中，用对比明显的颜色展现出海水的动感，与运动装的穿着场合需求不谋而合。

图3-15　大学运动校服设计（作者：琼台师范学院　王珊珊）

本章小结

本章介绍了职业装的定义、分类和特点。职业装是各种工作服职业的总称，是从事某一职业穿着的一种能表明其职业特征的专业服装，为标识和提升职业形象、提高工作效率或为安全防护为目的而穿着的特定制式服装。职业装可分为常规职业装和职业时装。常规职业装的特点为统一性、实用性、标识性；职业时装的特点为时尚性、个性化、艺术性。掌握职业装设计的理论知识，才能完成各个职业的职业装设计。

课后习题

1.收集职业装相关资料制作成PPT。

2.设计一套酒店制服。

3.设计一套大学校服。

4.设计一套航天航空职业服装服饰。

第四章

礼服设计

教学目标：本章节以介绍礼服的含义、设计原则及分类为主线，了解礼服发展的演变史和部分礼仪服饰。使学生感受服装给生活带来的精彩，体验礼服的个性美。在理解服装设计要素基础上，既可传授重要的专业基础知识，同时又是学习后续专业课必需的基础理论课程。通过学习可以为服装设计打下良好的理论基础，为以后的服装设计专业课的学习奠定必要的专业知识。

教学要求：在这门课程中，我们将以礼服为主，讲授礼服的概念和礼服文化发展概况、礼服的特定性原则和价值性原则、礼服的分类，通过这些内容的学习使学生对于礼服的设计有比较清楚的认识，并掌握基本的设计技巧。

第一节　礼服设计基础

礼服在人们的精神生活和物质生活中扮演着重要角色，在人类从古代文明向现代文明的演进过程中，礼服一直起着关键的作用。随着我国经济的发展，礼服及其文化也逐渐融入人们的日常生活。礼服设计的含义是丰富多样的，并有多种分类方式。礼服设计需要遵循特定性原则，以展现着装者的身份、体态和风度。此外，良好的装饰和精湛的技艺也是礼服设计必不可少的要素。礼服设计不仅要具备鲜明的时代风格，还要能够表达着装者的个性。

一、礼服的概念

礼服作为正式社交场合穿着的服装，不仅代表着一个人的身份地位、品位和修养，而且承载着丰富的无形语言，这是服饰文化历史发展的结果。礼服也被称作社交服，根据不同的社交场合可分为正式礼服、晚礼服、表演用礼服、婚丧礼服、舞会礼服和日常社交礼服等。早在16世纪的欧洲，古代礼服的雏形就开始出现，但主要是贵族在宫廷中穿着的正式服饰。近现代礼服的形式于19世纪后半叶逐渐形成。礼服的形式和穿着方式一般由贵族阶层传承下来，部分形式至今仍有保留，部分形式则随着现代社会生活的变化获得了新的意义。

礼仪文化有许多含义，也是礼服文化的核心内容。礼仪通常表示敬意，多指一个人的举止、外表、仪容和态度。礼仪是世界性的文化现象，不仅反映了国家的文明道德风尚和生活习惯，也反映了社会人际关系的和谐与融洽。在现代科技发展、信息普及、世界一体化的时代背景下，服装正以前所未有的速度朝着多元化发展。新的工艺、材料和思维层出不穷地在服装领域展现出来（如打印技术在创意礼服上的应用）。对于礼服的定义不仅仅停留在其功能和穿着形式等方面，而更加强调表达新时代艺术性、技术性、实用性和创意性的特色和文化。礼服正在成为时尚艺术品，体现了逐渐多元化的服装文化。

礼服在款式造型、色彩和面料方面都具有独特性。在款式和造型设计方面，礼服注重体现礼仪特性，同时展现个性美，融合了古典与现代的元素。色彩也是礼服设计中的关键元素，从素雅的单色到丰富多样的多色，以及充满现代感的流行色彩，都可以巧妙地运用在礼服的设计中。礼服通常采用光泽的丝绸丝绒、上等毛织物或高级化纤与毛织物混合而成的织物作为面料，同时还不断融入现代高科技和创新的面料。在工艺制作过程中，做工精致考究，运用刺绣、镶嵌、钉珠、镂花等多种技术，打造出高档华丽的效果。此外，礼服的服饰配件也是不可或缺的，例如头饰、耳饰、腕饰、项链、胸针、裙带、戒指，以及与礼服相搭配的帽子、手袋、手套、鞋子，都能为整套礼服增添亮点。

礼服的细节设计是视觉焦点之一，对现代人来说，参加各种宴会已成为常态，无论是商务晚宴、文化交流，还是朋友的派对等礼仪活动，都需要展现出一种尊重和被尊重的礼仪态度。礼仪的分类也越来越精细，不同礼仪环境下的礼服不仅要让穿着者展示不同的礼仪风范，还要体现时代的个性特点。礼服的设计内涵在不断丰富和变化，概念也在随着时代的发展而更新。礼服已逐渐成为现代人衣橱中必备的服装。特别是对于现代女性而言，拥有一件合适合体、时尚个性、令人惊艳的礼服，可以带来巨大的自信和魅力。礼服已经渐渐演变成为个人自我表达的一种手段，越来越自由和多样化，也变得更加全面。礼服可以分为红毯礼服、晚会主持礼服、颁奖典礼礼服、鸡尾酒会礼服、社交晚宴礼服、车展礼服等不同类型。

二、礼服设计的原则

设计是人们进行创造性活动的一种方式，旨在实现特定的目标。它涉及对于物品的组成过程中的要素和原则进行排列和组合，以达到特定的目的。设计在礼服中的体现主要包括特定的原则和价值观，也包括对现代设计的各种观点的表达。设计原则是指导和评判设计方案优劣的标准。在服装分类中，礼服的设计需要遵循一些比较严格的限定性要求。成功创作出令人满意的设计作品的第一步是对设计要点和原则的深入了解。礼服设计是一种结合技术和艺术手法的服装设计方式，旨在创造出独特而迷人的作品。

（一）特定性原则

在当今多元化的时尚环境中，礼服设计呈现出多样性和个性化的趋势。然而，在遵循服装设计的一般原则的基础上，特定性也被强化，在设计礼服时尤为重要的是遵循"TPO原则"，即时间（Time）、场合（Place）、主体（Object）。

时间是非常重要的因素，它会影响礼服的造型、面料选择以及艺术氛围等诸多方面。因此，在不同时刻的礼仪活动中，设计会采取不同的方式和风格。对于不同时间的礼仪活动，设计师会根据要求采取不同的设计方式和风格，特别是在色彩和造型的设计上有一定的要求。白天的礼服通常采用自然雅致的设计风格，而晚间的礼服则更加夸张、装饰感更强烈。

除了符合时间要求外，礼服设计的时间原则还应具有超前的时间意识、把握流行趋势和引导消费倾向等。礼服设计可以通过传达时间信息来展示时尚。例如，在设计中融入元素，这是与某一特定年代风格相关的，可以创造出复古的感觉。同时，设计师还可以通过色彩、剪裁和图案等元素来反映时代特点和个人风格。

总之，礼服设计中的时间原则意味着要根据不同的时间要求和场合特点，选择合适的设计元素和风格，并且要有超前的时间意识来把握时尚趋势。理解和运用这一原则，有助于设计师打造出符合时代需求、个性突出的礼服作品。

场合是礼服设计中的重要因素之一。出色的服装设计必须与环境相融合，在环境的衬托下展现出礼服更加迷人的魅力。礼服设计需要考虑社交场合的礼仪重要性，以及所处位置、环境和气氛等方面的因素。在礼服分类中，主要有半正式礼服、正式礼服和便装礼服三个级别。晚礼服适合正式的社交场合，而小礼服则适用于半正式的场合或娱乐活动。当设计宴会礼服时，设计师需要避免过于普遍或过于突出的设计。在私人宴会上，氛围通常较为活跃，设计师可以采用更加自然活泼的设计元素。

以北京2008年奥运会的颁奖礼仪服装为例，分为五个系列。第一个系列名为"青花瓷"，灵感源于中国的青花瓷器。它主要在北京顺义水上公园、国家游泳中心"水立方"和青岛市等水上项目的颁奖仪式地点使用，其色彩和风格与环境完美协调。第二个系列是"宝蓝"，采用温和优雅的宝蓝色作为主色调，主要出现在室内球类、体操比赛和击剑项目的颁奖现场。第三个系列是"国槐绿"，采用丝缎礼服，在射击、自行车等项目的颁奖仪式上使用。第四个系列是"玉脂白"，呼应奥运奖牌的金镶玉理念，主要出现在国家体育场、户外球类比赛和香港马术比赛中。最后一个系列是"粉色"，主要出现在举重、拳击、摔跤等力量型比赛中，用柔和的粉色缓解过于强势的阳刚气息。因此，在这些礼服的设计中，服装与环境在形式上需要协调一致，并且设计风格和气质需要与所处场所相对应。

在现代礼服设计中，以人为本的理念占据着重要地位。在进行设计之前，需要对各种因素进行分类和分析，以确保设计具有针对性和定位性。礼服设计应该根据不同的层次、性别和年龄对人的独特需求进行分析，深入了解不同人对礼服的期望和需求，以创造出科学、个性、优美的服装。个人的个性、修养、文化背景、艺术品位、教育程度以及经济能力等因素在设计中会对其对礼服的态度产生影响。设计师应该针对个人的特点来确定和制订设计方案。只有深入了解着装者的特点，才能创作出真正符合其需求和期待的礼服设计。只有对民族服饰进行全面的分析、整理、提炼，找到民族服饰与社会需求的结合点，才能得到消费者的认可。

（二）价值性原则

价值是衡量物品有益程度的尺度，是功能和成本的综合体现。在服装设计中，我们的目标是以最小的成本实现最高的效用，满足服务对象的需求。作为人体的第二层皮肤，服装应该更适合人体，具备美感，既实用又美观，缺一不可。礼服的价值不仅体现在使用上，还体现在文化价值和艺术价值上。艺术性和实用性的结合是设计者思维能力、逻辑能力、动手能力和创造力的体现。礼服的设计既要满足特定用途和构思的要求，又要有良好的实用性价值。同时，礼服也具有历史和人文的象征意义，具备欣赏价值。从某种程度上说，礼服不仅满足了衣物穿着功能的前提，还有一定的引导价值和艺术价值。例如，北京2022年冬奥会的颁奖礼仪服装设计，共有三个方案。其中，"瑞雪祥云"设计以中国传统符号为主，运用了天霁蓝和霞光红两种色彩，并将中国传统对襟旋袄和现代服饰相结合，提取冬奥会的核心图形元素，将传统山水画中的"金碧山水"转化为刺绣的形式，以现代简约风格展现中国韵味。比赛时，这个设计出现在所有的雪上项目的颁奖仪式上。第二个设计是"鸿运山水"，灵感源于中国名画《千里江山图》，运用国画中的山水表现技法，将中国传统山水与冬奥相融合，实现了现代与古典的结合。这个设计在所有冰上项目的颁奖仪式上出现，展现清新流畅、古朴典雅的礼服外观。第三个设计是"唐花飞雪"，灵感来自传统唐代纺织品，在宝相花纹和雪花纹理中融合了北京冬奥会图案中的光线元素，既承载着汉唐文化的传承，又象征着开放的胸怀和与世界各国同庆的盛会，这个设计体现了时代的传承和文化的精神。服饰文化是走向世界、彰显我国优良传统文化的窗口，因此在进行现代服装设计时，为了传承与发展民族传统精神文化，应将民族服饰元素有效融入面料、工艺、图案、造型与色彩等现代服装设计各个环节中，让我国服装设计在世界服装领域中标新立异，且具有明显的中国服饰文化特色。

总之，礼服设计的价值在于实用性、文化价值和艺术价值的统一。设计师通过将着装者需求的了解与创作灵感相结合，能够创作出卓越的礼服设计，既满足功能需求，又传递文化信息和艺术感受。礼服作为一种特殊的服装形式，既具有实用性，又承载着历史和文化的象征意义，是设计师智慧和创造力的结晶。中国传统服饰中蕴含的审美思想和文化价值仍在潜移默化中影响着国人的审美、爱好和品位，将优秀传统服饰元素广泛应用于现代服饰设计，能够推动中国传统服饰文化走向世界舞台，促进中国服饰产业的可持续发展。

三、礼服的分类

礼服是人参与社交礼仪活动的形象代表，能够直观地展现一个人的风格和特色。不同分类的礼服具有不同的范畴和用途。当我们充分了解礼服的分类后，就能更好地运用礼服传递礼仪信息，展示个人独特的特色。通过选择适当的礼服，我们能够在社交场合中树立自信和独特的形象，同时也能向他人传达我们对礼仪的重视和对自我的关注。无论是正式场合还是休闲聚会，礼服都能帮助我们在外部形象上表达个性、增强自身的魅力和自信。因此，了解不同礼服的分类和范畴对于我们选择适合场合的着装、传达礼仪信息，以及展示个人特点都起到非常重要的作用。

首先，是白天外出或进行访问时穿的下午礼服。这类礼服设计注重保守和得体，不会过于暴露肌肤。下午礼服的风格追求高雅、沉着和稳重。

其次，是准礼服，也就是傍晚时分穿着的礼服，比如鸡尾酒会和晚间活动中的服装。准礼服介于日间礼服和晚间礼服之间，注重营造特定的气氛。它的裙长一般在膝盖上下五厘米左右，根据时尚趋势的变化而调整，适合年轻女性穿着。准礼服通常更注重时尚感和年轻活力，展现个人的时尚品位和魅力。

最后，是晚礼服，也称为夜礼服、晚宴服或舞会服，它是在晚会上穿着的一种正式礼服。

晚礼服是最具特色和个性的礼服类型，注重华丽、光彩和耀眼，具有与众不同的特点。它可以通过简约的设计展现出独特的魅力，也可以通过复杂的结构来展现仪态。无论采取何种形态，晚礼服都带有一种独特的基调。晚礼服承载着更高水平的盛装礼仪，它的精致和独特为晚会增添了视觉享受，让穿着者在这些场合中成为焦点。选择适合的晚礼服可以展示个人的品位，并在晚会上散发出自信和优雅的气质。

（一）风格的分类

礼服的风格反映了社会现实、民族传统和时代特色，同时也是表现材料和工艺最新进展的一种方式。礼服既具有艺术性，又兼顾实用性。现如今，礼服具有各种各样的特点，涵盖了不同地域、文化渊源和穿着方式，适用于不同的群体，展现了每个人独特的个性和魅力。礼服主要可以分为民族风格的礼服、浪漫的礼服、复古礼服、简约礼服和另类礼服等，每一种礼服都有其独特的特点和风格。

（二）场合分类

在不同的场合中，礼服也能反映穿着者的内涵、个性气质、修养和身份地位。根据场合的性质，礼服可分为半正式、休闲和正式场合穿着。半正式场合主要包括小型婚庆活动、社交活动、节目表演等；休闲场合则是一些较为随意和轻松的场合；在正式场合，如葬仪仪式等，选择适当的礼服显得尤为重要。在不同的场合中，我们必须掌握适当的礼仪和着装"尺度"，以展示得体的形象，根据场合的要求来决定穿着风格。正确的着装不仅体现了我们的礼仪修养，还能凸显我们对场合的重视和对他人的尊重。因此，在选择礼服时，需要根据场合的特点和要求进行慎重权衡，以确保我们在任何场合都能保持得体、大方和合适的形象。

礼服作为服装中的一个特殊分类，具有独特的特质。它的基本形态、礼仪文化、使用场合、制作方法和原材料的不同，都赋予了礼服不同的风格和特色，呈现出丰富多样的变化。根据不同的分类方法，人们对礼服的称谓也会有所不同。例如，礼服的形态可以按照其外形和造型进行分类，如长方形、圆形、梯形等，还有一些字母的形状，比如 H 形、O 形、T 形等。而礼服的整体形式也有统一的款式、上下分离的设计、组合套装等。组合套装的形式通常风格一致，具有独特的特点，附加一些如披肩外套等。此外，礼服还有抹胸礼服、吊带礼服、拖尾短款礼服、鱼尾裙装、不对称披肩礼服等各种造型。这些礼服形态不仅有夸张形态，也有基础的经典造型。通过这种多样化的造型设计，礼服得以展现出独特的魅力和风格。

第二节　礼服设计构思

在数千年的服装存在与发展历程中，正式设计的服装出现的时间只有上百年。因此，服装的设计构思变得尤为重要，它是一种具有独创性的思维过程。而礼服则是对生活和文化的理解与梦想的追求，强调实用性和礼仪文化。它将技术性与艺术性融合在一起，创造出独特的艺术空间。礼服拥有自己独特的设计语言和文化表现，而构思是实现好的设计的关键。没有良好的构思，就无法达到出色的设计水平。同时，良好的设计师也是设计成功的前提条件。因此，服装的方向、构思和切入点都非常重要。我们需要不断分析和学习时代的潮流，探究社会和科学文明的发展进步，结合新技术、新思想和新理念，为礼服的艺术构思提供广阔的应用空间。时尚的礼服设计需要与时俱进，不断分析和研究社会的发展趋势，将科技、文化、艺术等多个领域的创新融入其中。通过结合高科技的材料和工艺，以及新颖的设计理念和表现形式，创作出符合时代精神和审美潮流的礼服作品。而这种艺术构思不仅可以满足人们对美的追求，也可以体现社会和科学文明的进步和发展。同时，通过对礼服设计的深入研究和探索，我们可以为人们提供更加独特、精致和个性化的礼服选择，让每个人在特殊场合都能展现出自己独特的魅力和个性。因此，良好的构思对于礼服的艺术构思及其创作具有重要的意义。

一、礼服的设计构思

人的思维活动是礼服构思的起点，而设计过程则离不开构思的引导。在礼服设计构思中，构思不仅仅指结构，更指整体概念。设计者通过体验和观察，选择服装中富有意义的主题，并以最佳的方式表现出来。设计过程基于实践和创造性思维的指导，通过独立思考，将个体生命与整体服装进行综合考虑，这是设计者的主要思维方式。

在创作设计礼服过程中，并不存在固定的程序和方法，也没有统一的构思设计与创作模式。更多的是从模糊到清晰，由不成熟的想法逐渐演化为成熟的构思。关键在于如何去表现，以及要表现什么内容。这两个问题是设计者在构思过程中需要深入考虑的。

设计者需要思考如何通过礼服的形式、剪裁、面料、颜色和细节等方面去表达设计主题，以及如何通过礼服的设计来传达特定的情感、意义或者文化内涵。他们需要充分发挥创意，在构思中融合艺术性和商业性，同时要考虑服装的实用性和穿着舒适度。只有通过深入的构思和不断探索，设计者才能创造出与时代、个性和审美潮流相契合的精美礼服。

（一）构思准备

准备构思是构思表现核心的重要范畴之一。在设计礼服时，如何找到设计的切入点、重点表现目标以及突破口是关键。礼服的重点表现包括设计对象、环境、个性特征、设计功效和情感风格等方面。为了确定设计的性质和范围，需要有明确的设定突破口。

通过收集多样化的资料，设计者可以不断拓展思路、汲取新的灵感。这些资料可以是关于材料、面料、形状、色彩、纹理等方面的信息，也可以是有关文化、历史、艺术等方面的知识。通过深入了解和研究这些资料，设计者能够更好地把握设计的切入点和重点，找到合适的表现方式和突破口。

在构思过程中，设计者还需要注意核心目标的明确性和具体性。他们需要明确要表达的情感、理念、风格等，并根据设计对象的特点和环境的要求来确定具体的设计方向。例如，如果设计的是婚礼礼服，设计者可以通过调查了解结婚仪式的传统和文化，以及新婚夫妇的个性特点，从而将这些元素融入礼服设计中。通过这种方式，设计者能够突破传统的设计思维，创造出与众不同的、个性化的婚礼礼服。

此外，设计者还可以借鉴其他领域的灵感，如艺术、文学、音乐等。通过将不同领域的元素融入礼服设计中，设计者能够为作品赋予更丰富的内涵和独特的艺术感。另外，纵观我国56个民族服饰，款式与形制丰富多样，名列榜首者，当推苗族服饰，因其支系多，款式与形制不下百种，可供设计师们借鉴。

总之，准备构思是礼服设计过程中至关重要的一步。通过收集资料、明确核心目标、寻找突破口和借鉴其他领域的灵感，设计者能够创造出与众不同、富有个性和独特性的礼服作品。当然，还可以从传统的古代文化、民间艺术等方面获得灵感，无论是中国的古文化还是外国的文化特征，都可以成为设计的启示和参考。历史、文学、音乐等都是可以被设计师借鉴和运用的领域。这些灵感来源可以是同质异构，也可以是异质同构，它们并非偶然出现的，而是经过精心挑选和运用的自然特种工艺，利用各种综合材料，使得设计作品在看似相似却又与众不同之间达到独特的效果。还要结合市场经济的力量，运用现代设计的智慧，将传统与时尚相结合，为民族文化的发展寻找一条现代设计开发的道路，只有将民族与传统文化精髓进行现代设计开发，让其走向市场，才是对其最好的保护。

在构思过程中要进行资料的筛选和整理。对收集到的信息进行初步整理，采用分析、归纳等方法对资料进行分类组合。通过这种方式，设计师能够从多个角度获得独特且有生命力的含义和设计意向。例如，卡尔·拉格菲尔德（Karl Lagerfeld）的香奈儿高级定制晚礼服系列的灵感之一就是贝壳，在晚礼服上巧妙地运用贝壳的复杂细节，演绎了女性的精致美感。通过对贝壳的研究和设计，设计师成功地将自然元素融入礼服设计中，赋予了作品独特的魅力。

因此，在设计礼服时，设计师可以从多方面寻找灵感和创意，包括传统文化、艺术、音乐等领域。通过对各种资料信息的深入研究和创新运用，设计师能够创作出富有个性和独特魅力的作品，为服装行业带来新的变革和表达。

（二）构思活动过程

构思过程中的核心表现包括诞生、萌发和联系三个阶段。在萌发阶段，设计者将已有的信息、资料和需要构思的重点设计进行联系。通过系统的思考、分析和比较，设计主题开始呈现出一定的新鲜创意和独特的意味。然而，这些想法往往还不够成熟、不够全面，可能只是一些简单的构思。此外，设计的主题和想法也可以基于人脑中的信息和智力知识，通过类比借鉴、综合和推理等逻辑思维的过程得出。在这个逻辑思维中，有时一些设计主题和想法会突然涌现，灵感的突然产生并不一定被人的意识所捕捉到，但对于设计师和制作者来说，能否捕捉到这突然出现的灵感非常重要。这种灵感是一种独特的心理状态和思维方式，它具有突然性、偶然性和短暂性，只有在非常专注和集中精神时才可能触发。

许多成功的构思者认为，正是因为这种突然的想法和一瞬间的灵感，构思才能找到整体方向，并达到最高的境界。灵感也为构思指明了方向，经过多次创意的反复思考，初步形成了以形象、文字、语言、图形等方式来明确记录和表达。下面我们来看一个礼服作品的设计构思案例（图4-1）。

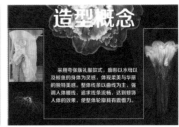

图4-1　礼服作品的设计构思（作者：海南大学　肖梦琪）

这个案例展示了设计构思的过程，即从诞生到萌发再到联系的不断推进。设计者可能会从各种渠道获取灵感和信息，将它们与自身的想法和概念相结合，在思考和分析的过程中逐渐形成了初步的构思。然后，设计者通过细化和深化这个构思，可以将其通过适当的方式表达出来，如绘画、模型制作等。最终，这个构思会演化成一个完整的设计方案，呈现在我们面前。

此案例向我们展示了构思过程中的步骤和思维方式，揭示了设计者在创作过程中的努力和灵感的重要性。通过不断追求和集中精神，设计者能够创造出独特而有价值的作品，为礼服设计领域带来新的思路和创意。作者将设计主题设定为鲸鱼、珍珠和水母，它们在海洋中生长、繁衍，最终归于海洋，正如人类与地球之间的紧密联系。通过这些主题可以传递海洋文化并倡导环保理念。在设计中，可以运用珍珠、亮片、刺绣等细节来完善整体造型，利用大量辅料来提升礼服的质感，从而增加其精致感（图4-2）。

将鲸鱼、珍珠和水母作为设计主题，不仅展现了海洋与生物之间的特殊关系，也呼应了人类与地球的亲密联系。这样的设计概念不仅可以在礼服上呈现出独特的美感和视觉效果，还有助于宣传海洋文化

图4-2　主题展示（作者：海南大学　肖梦琪）

并提倡环保理念。

在设计的细节方面，可以运用珍珠的光泽、亮片的闪耀以及刺绣的精细工艺，来完善整体造型。通过巧妙运用这些辅料和工艺，可以提升礼服的整体质感和精致度。例如，可以在礼服上细致地刺绣出鲸鱼、珍珠和水母的图案，或者使用亮片和珠饰创造出海洋的浪漫氛围。这样的设计细节将为礼服增添独特的魅力，使其更加引人注目和精致高雅。

综上所述，将鲸鱼、珍珠和水母作为设计主题，并在礼服设计中运用珍珠、亮片、刺绣等细节，能够突出海洋文化的特色，倡导环保理念。通过这种设计手法，礼服能够呈现出精致的质感和独特的美感，同时也能激发人们对海洋保护的关注和思考。

设计师选择夸张的礼服款式，灵感源于水母和鲸鱼的身体，体现出柔美与华丽的独特感。整体服装线条以曲线为主，强调人体腰线，追求线条的流畅感，达到修饰体型的目的。礼服作为一种综合性的服装艺术，它的设计需要体现艺术与技术的结合。在礼服设计中，造型形态的设计手段、色彩设计、礼服面料的运用以及工艺技术的表达都是至关重要的设计元素。礼服设计师要善于运用科学的设计理论知识和规律，准确把握礼服的设计要素和表现方法。

首先，造型形态的设计手段是礼服设计中必不可少的一部分。设计师需要通过线条、曲面、比例和结构等方式来创造独特的礼服形态，使其在服装艺术的视觉表现上具有吸引力和美感。

其次，色彩设计在礼服设计中起着至关重要的作用。设计师需要精确地选择适合的色彩方案，以突出礼服的主题和情感表达。色彩的运用可以通过对比、渐变、明度和饱和度等手法来丰富礼服的表现力。

再次，礼服面料的表现也是设计的关键因素之一。设计师需要根据设计的需求，选择适合的面料类型和纹理，以实现与设计理念相符的效果。不同的面料可以赋予礼服不同的手感、质感和光泽度，从而增加其艺术性和视觉效果。

最后，工艺技术的表达是确保礼服设计成功不可或缺的因素。设计师需要掌握不同的工艺技术，并将其巧妙地融入礼服的设计中，以使其呈现出高度的工艺美感。

综上所述，礼服设计离不开对造型形态、色彩设计、面料表现和工艺技术的准确把握和灵活运用。只有掌握科学的设计理论知识和规律，并能将其与个人创意相结合，设计师才能创作出令人惊艳的礼服作品。

（三）构思表达

构思的表达是设计过程中非常重要的一环，它涵盖了表现手法和表现形式。选择和组合最巧妙的表现手法，能够更好地传达设计主题的内涵。对于礼服设计的构思表达，可以运用具象或抽象形态的对比手法来直接表现，如夸张、归纳、重构、特异等手法，通过放大或简化细节来突出某些元素，以达到出其不意的效果。同时，也可以运用比喻、联想、象征、装饰等间接的手法，通过借助其他事物来间接传达设计的意境。这种表现手法在设计中起到了引人深思和激发联想的作用。

而表现形式是构思的外在呈现，是设计的具体语言和视觉传达方式。形式应该始终服务于设计的内涵。高明而巧妙的形式是构思的主要内容，通常是在灵感触发下产生的。在礼服设计中，构思的表达主要通过外在轮廓的传递来实现，这包括结构形式、色彩运用以及细节设计等服装工艺表现。此外，搭配的组织方式、装饰图案、纹路符号的传播等也是视觉传达的重要形式表现。

总的来说，构思是一个富有创造性的活动，没有固定的模式或现成的方法可循。构思的表达涉及设计的各个要素和整体轮廓的设想与初步定义。通过选择合适的表现手法和形式，设计师能够更好地传达设计的内涵和意境，使其视觉传达更加生动、有力。

1. 自然表达

设计素材的原始性和写实性关注于突出自然表达，某些素材的外在形象可以直观地呈现在服装上。通过拉近人与素材的距离，设计能够表达自然情感，并烘托出整体设计的氛围。自然表达要集中体现素材的自然美感，摒弃多余的装饰和过度的加工，使作品自上而下流露出本质的自然形象。例如，在礼服设计中，采用披挂式的设计，原质面料应当保持完整，或者原样再现图案和工艺，这些都是设计中关注自然本质、传达淳朴意蕴的构思表达手法。

在设计过程中，注重使用原始的素材，并通过写实的手法表达自然之美。这意味着要尽量避免过度修饰和加工，以展现素材的真实本质。

2. 夸张表达

夸张的表达表现手法是通过利用独特的素材，并借助形态的变化，以艺术的形式将夸张手法展现出来，以突出设计的定位和主题。这种夸张表达方式创造出了奇异的审美和表达技巧，形成了独特而特殊的效果。在视觉上，夸张手法具有强化和弱化的表现效果。然而，必须注意夸张的尺度，具体的选择取决于设计的目的。在从一种设计形态逐渐过渡到极端的过程中，有无穷多的形态可供选择，我们需要挑选最适合的形态应用于设计中。

夸张手法不仅可以应用于局部造型，也可以应用于整体服装。除此之外，我们还可以通过对面料和细节的夸张变化，以及变换、移动、分解、重叠和组合的方式，来运用夸张手法。这些手法可以通过位置的长短、粗细、轻重、高低、薄厚、软硬等多个方面，将设计元素进行极端化的处理。尽管自然的形态本身具有与生俱来的美感，但在艺术创作中，我们也常依靠创造和再现以及夸张的表现手法，这些手法在礼服设计中也非常常见。

3. 意境的表达

借助构成形象的方式以最简洁、精练的表达语言，就能引发联想和情感上的共鸣，使人沉浸其中，共同感受其中的情感。通过融合思想、感情和自然、生活景象，艺术境界得以展现，形成一种和谐统一的美感。意境是在情感、理念、形式和灵感相互渗透的过程中形成的，是一种韵味、想象和相互交融的艺术之美。我们通过直觉来接受外界信息，借此驱动设计直觉，从而形成内心的情境（图4-3）。举例来说，像设计大师乔治·阿玛尼（Giorgio Armani）的"星月"系列定制礼服，他将神秘的夜空和空灵的意境表现得如梦似幻。

图4-3　意境的表达（Lan-Yu 2014年秋冬高定）

通过构成形象的方式，用简洁而精练的表达语言，能够唤起联想和情感上的共鸣，使人们深入其中，与作品共同体验其中的情感。在设计中融合思想感情与自然景象，展现出一种思想感情和自然景象相融汇的艺术境界，形成一种和谐统一的美感。我们需要从传承的文化遗产和传统审美中汲取精华，并理解服装构造、性能、面料、裁剪工艺以及方法和原理。通过提升观察能力和信息直觉，我们能够获得艺术的灵感启发，并在设计中运用象征、比喻和类比等手法来表现一些精神层面的事物，从而产生不同的效果。

4. 加减的表达

在礼服设计中，我们常常运用加减的表达手法。在流行奢华的时代，加法的手法通常会使用得比较多，而在简约时尚的追求中，减法往往更为常见。加法手法包括造型、面料、色彩以及丰富的细节装饰，还有各种丰富的工艺手段。艺术创作是一种奋勇向上、充满激情的表达。当我们受到创作欲望的激发时，灵感往往会激烈地迸发和涌动，我们会在作品中堆砌各种审美因素，使作品显得过于丰富、过于烦复。因此，我们需要学会减法的手法，需要学会适时地减少，适时地冷静下来，为激情降温，学会冷静处理，排除一些不适当的元素，毫不吝啬地去掉构思中一些多余的灵感和多余的部分。我们需要用简洁的造型展现自己的构思。

无论是加法还是减法，适当和恰当的程度都非常重要。在利用素材的基础上，加法要适度，减法要巧妙。不能过度变化形态，应该运用一些要素和不同素材的形式，以不同的大小组合方式进行设计。在设计过程中，我们要注意增减的讲究，追求形式美感上的整体表现。在这个过程中，我们可以看到原有素材的清晰存在。用于服装上的元素要经典、简约、大方，

"做减法"往往是最难的，元素要"少而精"，还要充分体现设计感与品质感。

5.特异的表达

在设计中，特异的表现是运用相关的素材，在适当的范围和关系内有意地违反它，从而突出少数的要素并打破规律性。这种方法往往会引起人们内心的刺激和心理的变化，比如突变、逆变、特大特小等。这些异常的现象能够刺激人们的视觉效果，打破原本规整的结构。在设计中运用万绿丛中一点红的形式来表达色彩的特异性，然后在大面积的结构中创建出一个大的立体形式，形成一种与众不同、引人注目的效果，给人带来视觉冲击。此外，它也可以通过视觉美感表达设计理念、风格等。在礼服设计中，这种异常的表现是非常关键的。如果构思不够巧妙，手法不够精练，很容易弄巧成拙。因此，在运用特异的表达时，需要深思熟虑，确保能够恰到好处地达到设计的意图。

6.逆向的表达

色彩具有象征性，例如翠绿色、嫩绿色、灰褐色和金黄色分别可以象征夏季、春季、冬季和秋季。在礼服的造型设计中，通常呈现整体感，材质独特且高档。而色彩设计则根据个人气质、礼仪形式和特定场合等因素，相对采用单一或简洁的色彩表达方式。根据设计构思的需要来确定主色调，这是一种简洁的色彩设计方法。对各种个性色彩的特性和对色调情感的判断，在设计中显得尤为重要。

第三节　礼服设计方法

在日常社交场合中，礼服是人们长期以来建立起的服装规范，代表着社会公众认可的仪表标准和礼仪。礼服在各种情境下都是约定俗成的、成熟的，它象征着社会成员之间默契的相互认可。在社交场合中，人们展现出的教养、志向、爱好、兴趣和目的的趋同性是交往的基本前提。在多元化的服装文化发展的今天，我们开始从多个视角去解读和观察现代礼服的发展和变化。礼服正在逐渐成为服装分类中非常重要的一部分。然而，礼服的发展方向正产生着新的变化。在各个历史时期，人们一直不断追求新的风格和新的观念，尝试创造新的形象和不同的生活方式。无论是多元化还是新理念的产生，都让人们形成了一种共同的心理和文化共识，那就是追求简约纯粹，回归传统，追求真正的自然，以人为本，勇于创新和开拓。我们要传承和弘扬传统文化，让礼服设计更具有文化底蕴；同时也要借鉴世界先进文化，让礼服设计更具有先进性和时代性；还要开拓创新，给礼服设计带来更广阔的发展空间。这是当代艺术设计和专业发展的方向，礼服设计也不例外。

一、创意礼服的设计方法

（一）把握创意设计方向

创意的发挥并非一味地凭直觉，而是需要正确的设计方向、设计理念、设计风格、设计对象、设计功效等元素的加持。这些关键因素的把握对于整体设计是否合情合理至关重要。创意的表达需要具备奇特大胆的品质，但并不意味着迎合众人或者追求荒诞离奇的效果。恰当把握设计方向才能使创意得以充分展现和发挥。

（二）收集整理设计素材

创意素材的产生必须建立在对生活的观察和对事物本身特质的分析基础上。作为设计师，我们需要多观察生活中的各种现象，并对周围的生活具有敏锐的洞察力，才能获得丰富的设计素材和依据。生活中的自然生态、历史文化、艺术文化、科学技术、生活习惯等，都可以成为设计师寻找创意素材的来源；就连一个看似微小的事物或物件，也可能成为某种设计对象的代表或象征。因此，我们要时刻保持对周围世界的敏感性，从中汲取创意灵感，并将其转化为富有意义和独特魅力的设计作品。

（三）研究流行趋势

发展动态创意设计的意义在于将收集整理的设计素材赋予新的意义和时尚性。掌握最新的流行趋势预测资讯是非常重要的，它可以为设计师提供大量的创作灵感。对大众的审美意识、消费意识、文化倾向和时尚潮流等方面的了解，能够帮助设计师更好地挖掘目标消费群体的时尚需求和诉求点。只有充分了解并把握流行趋势的发展动态，才能有效地确定设计的创意方向。通过灵活运用与融合现代潮流元素，设计师可以创造出与时俱进的作品，与当下社会的需求和心理共鸣，并让作品在市场中与众不同，赢得更多关注和认可。

（四）寻找切入点，明确创意构思

设计师在明确设计对象的同时，需要提取出对象的本质、目的、功能和用途等方面的要素，并找寻最有趣、新奇、引人入胜，具有衍生性等特点的元素，以此作为构思的切入点。在构思过程中，需要明确和形象化思路和主题。例如，可以从自然生长生态中提取出"芽"的设计构思，从科技概念中衍生出"数码""异形"等元素，或从历史文化素材中挖掘出"彩陶"的设计特点，并发掘其中的"大气""张力""单纯""动感"等设计风格。

与此同时，在设计过程中，设计师必须超越自我限制，打破常规思维，按照逻辑规律去寻找事物中所蕴含的深层意义，将这些意义深刻挖掘并展现在自己的设计作品中。这种创造性的超越和思维的跳跃能够使作品更具独特性和深度，拉近设计师与受众之间的距离，让作品产生更为深刻的共鸣。通过这样的努力，设计师能够创造出富有表现力和触动人心的设计作品，为观众带来独特而意义深远的体验。

（五）超越生活定式、开拓创意

在明确了众多想法之后，必须加强构思的表达，以完成整体创意的构思。实际上，构思的表达也是具有创意空间的，可以被利用和拓展。通过采用对比的方式进行换位思考，我们可以发现常规想法和生活定式的另一面，从而可能得出截然不同的观点和理念，进一步产生独特的创意效果。例如，我们可以从中国旗袍的高开衩入手，利用开放的结构表达出若隐若现的含蓄美感；在礼服设计中，可以运用薄纱这种柔软的材质来表达强势的形态，通过加工手法将粗犷的面料转化为精致的质感。礼服设计领域中的创意可以从多个角度去探索，创意无处不在，关键在于设计者要具备敏锐的艺术嗅觉和高超的艺术素养（图4-4）。

图4-4 "数码"元素创意小礼服设计［深海里的花蝴蝶艾里斯·范·荷本（Iris Van Herpen）2019春夏高定系列］

二、学生作品赏析（图4-5～图4-8）

图4-5 学生作品赏析1（作者：琼台师范学院 陈嘉）

图4-6 学生作品赏析2（作者：海南大学 郭映邑）

图4-7 学生作品赏析3
（作者：海南大学 许彬彬）

图4-8 学生作品赏析4
（作者：海南大学 伍宇昕）

第四节 礼服设计要素

一、礼服造型形态

服装造型的形态是在特定条件下对外在视觉的呈现方式。在服装造型的形态中，人和面料是主要元素。随着元素的增加，服装的造型形态变得越来越丰富多样。服装造型形态本质上是人类创造出来的一种物质形态，它融合了服装的外形和内在的神态。在礼服设计中，"形"指的是服装外观的形状，而"态"则是指内敛在礼服内部的精神状态。因此，礼服造型形态的设计包括两个方面的内容：一是构思出我们所需且满意的外形，二是实现具有特定意义和礼仪内涵的形态。礼服造型形态的变化是无限且丰富多彩的，提供了极大的创作空间和想象力。从符号学的角度来看，民族服饰是以造型、图案、色彩、材质等符号为物质基础，彰显出各民族的发展迁徙、思想信仰、审美习惯和故事背景等的寓意。

（一）具象形态

具象的形态是指那些能够直接通过我们的感知器官获得的形态类型，它们既包括自然形态，也包括人为形态。自然形态具有朴素、浪漫和感性的特点。自然是自然形态的创造者，在繁复多变的自然形态中，我们能够欣赏到许多美丽的形态，包括山川、河流、动物、植物等。这些自然形态成为人们表达情感和创作的基础。人们对自然的态度在各种礼服设计中得到了充分的体现。人为形态则是指那些不是天然形成的，而是经过人工加工处理后形成的形态，例如人造山体、人工景观树、人工花卉等。

具象形态中的仿生和模仿设计是礼服造型形态设计中常用的手法之一。它指的是在服装的外观形态上接近真实的自然对象，并对自然形态进行归纳和夸张表现。通过设计的手法和技巧，使服装的外形更加逼真地再现自然物的形态，呈现出较强的直观性和自然性。人作为具有文化属性的动物，既要实现全面发展的新高度，又要和环境的发展有机地统一起来，以人和环境实现两者和谐发展的目的。

在具体的设计中，仿生设计主要通过将自然物的特征和元素引入服装中，如将动物纹理、花卉图案或植物的形态融入服装设计中，以达到模仿和再现自然物形态的目的。同时，设计师可以通过夸张的手法，放大或改变自然物的特征，使服装的形态更加引人注目并充满艺术感。

这种仿生和模仿设计带来了一种与自然世界紧密联系的视觉体验，让人们能够感受到自然的美妙和丰富多彩。同时，这种设计手法也为设计师提供了无限的创作空间，可以在形态上进行巧妙的变化和创新，打破常规的限制，创造出独特的艺术形象。

服装的创造技法有模仿和仿生两种形式。这两者之间的共同点在于模仿，但其实际含义有所不同。前者主要是通过模仿某种形象或物体的外观，其中隐含着一些情感和思想；而后者更注重模仿自然存在的原理，在服装结构中运用性能改进来塑造丰富多样的服装形象和造型设计手法。通过仿生的状态，可以实现对服装结构的关注，确保使用的工艺以及面料科学、合理，实现形式、功能、结构和面料的统一，以及工艺和设计的统一，使得所有服装造型设计所模仿的内容都可以转化为投入市场使用的产品，确保设计的成功。

通过这种技法的运用，产生了许多优美的礼服设计作品。仿生是造型的基本原则之一，将其合理地应用于人为的创造形态上，并从自然中受到启发，在研究原理的基础上进行改进，将自然形态的要素运用到设计中。有三种最基本的方法：第一种是直接模仿，即将自然形态直接运用于人为的形象设计中；第二种是间接模仿，即通过形态学的方法对一些自然形态进行整理和加工，并将其中的细节应用于设计中；第三种是自然形态的提炼与加工，对自然形态进行归纳与总结，提取其中具有特质和代表性的元素，并经过整理和加工或扩展延伸，以获得艺术形态。

通过这些方法的运用，可以将自然的美妙元素融入服装设计中，创造出独特而富有艺术感的形态。同时，通过对自然的模仿和提炼，还可以使服装设计更符合人体的形态特点和舒适性需求。因此，借助模仿和仿生的技法，使得服装造型设计能够深入而成功地表达设计师的创意和观念。

（二）抽象形态

抽象形态是一种不能被人们直接感知的形态类型，它只能通过言语或者以某种概念的形式存在，例如用语言来表达，用数学公式来限定其状态等。几何学形态是最基本的抽象形态，通过运动的点、线、面、块可以形成各种各样的几何形态。除了几何学形态外，自然界中的一些有机抽象形态和偶然的抽象形态在大多数情况下缺少具体的内容，但在形态学上具有几何形态的特征，通常也被归入抽象形态的范畴。有机抽象形态指的是有机体所呈现出的抽象形状，例如细胞、生物组织和人体的体态等。这些形态通常具有曲线、弧面造型，圆润而生动，富有活力。

抽象形态的偶然性是指物体遇到偶然事件后呈现出的形态，例如玻璃破碎或树木断裂后的形态。这些偶然形态通常是无序的，充满了意外感和刺激性，能够给予人灵感和启示，引发联想和创作的激情，因而具有魅力。

总之，抽象形态是一种以非直接知觉的方式存在的形态类型，包括几何学形态、有机抽象形态和偶然抽象形态。它们以不同的方式展现出不同的特点和魅力，为服装造型设计师提供了丰富多样的创作素材和思路。解构服装设计属于抽象风格一类，实质不仅仅是追求表面方法与形式的变化，也不是在极端混乱的效果中哗众取宠，而是通过解构后适当的选择与取舍，才能发挥解构服装设计方法的积极作用。

二、礼服细节结构设计

设计是一种反映生活方式和生活态度的表达形式。不论是奢华还是节俭，前卫还是复古，每一个精心设计的结构细节都能准确传达人们独特的生活态度和审美品位。设计源于细节，它就在我们身边。在礼服设计中，细节也是深化主题构思、拓展内涵和提升服装品位的关键所在。细节是创新的起点，也是实现服装外在价值的重要部分。准确而生动的细节可以打造出完美的礼服设计作品。注重细节的设计不仅能体现出人文关怀，还能使礼服整体设计更加生动和富有表现力。正如《礼记·中庸》所载"致广大而尽精微"，细节处理得精确和细腻正是体现这一道理的关键。功能化和人性化的细节处理不仅彰显设计品位，还传达着时代的信息。

在礼服设计中，细节的处理扮演着重要的角色。它们可以是精美的刺绣、精致的纽扣、独特的贴花或华丽的装饰细节，它们能够通过细小而精致的形式，将设计的理念和风格展现得淋漓尽致。细节的合理运用可以塑造出不同的面料层次和纹理效果，让礼服设计更加立体和丰富。通过精心设计的细节，可以让礼服与众不同，展现出个性和独特的魅力。

此外，细节的处理还能够提升礼服的舒适度和实用性。合理的剪裁和拼接技巧，精心设计的细节处理，能够确保礼服与人体的贴合度和舒适度，让穿着者感受到高品质和细致呵护。

总之，注重细节的设计能够更好地表达人们的生活态度和品位，使得礼服设计更加生动和富有表现力。通过精心处理细节，展现出设计的独特魅力，并为穿着者带来舒适和实用的穿着体验。无论是刺绣、纽扣、贴花还是装饰细节，每一个细节都承载着设计师对精益求精的品质追求。

礼服是融合了丰富智慧、情感和想象力的作品，而细节设计则是将这些表达呈现出来的重要组成部分。与一般功能性服装相比，礼服的细节结构设计变化更多，给了设计师更广阔的创作空间。从结构的角度来看，它可以包括服装轮廓的内部连接、内部结构以及边缘形状等。服装的领口、袖口、口袋、门襟、褶皱、图案和扣结等零部件，都是礼服细节设计的一部分。此外，还包括装饰手法、工艺表现和面料处理等细节处理。

在注重实现服装功能的同时，细节设计也要注重塑造形态各异的细节，体现细节设计的趣味性。它不仅强调整体风格，还注重每个细节的渲染，使得整个礼服作品既能从远处欣赏时呈现出独特的形态美感，又能近距离观察时展现出精致而引人入胜的细节。正是通过千变万化的细节设计，使礼服呈现出更加丰富和饱满的形式美感。

在礼服设计中，细节的处理起到了至关重要的作用。细节不仅能够展示设计师的创造力和独特的设计理念，还能赋予礼服以独特的个性和视觉吸引力。通过精心的细节设计，礼服能够更好地展现出设计师的艺术品位和驾驭材料的能力，使得每一件礼服都成为令人惊艳的艺术品。

三、礼服色彩与面料设计

（一）礼服色彩的运用与设计

礼服作为一种特殊的服装类型，拥有自己独特的设计语言，因此其色彩特征不仅与其他服装类型的色彩特征存在共同之处，还展现出相当独特的个性特征。礼服的色彩不仅仅是一种视觉语言，更是一种情感语言和工具符号。设计师所运用的每一种色彩都具备两种特性，即色彩的表达目的和色彩的情感调性。

色彩在礼服设计中具有多重作用。首先，色彩能够帮助设计师完成整体构思，通过选择适合的色彩来表达设计理念、风格和个性。其次，色彩能够使整体礼服的气氛更加协调，起到统一和整理整体设计的作用。不同的色彩组合和运用可以传递出各种不同的情趣，展示出不同的品质风格和装饰魅力。设计师需要考虑不同色彩的特性和各自的象征意义，以及在特定场合中所需的氛围和表达。色彩的饱和度、明暗度和色调的运用都可以影响整体视觉效果和情感表达。

此外，礼服的色彩也要考虑到个体差异和穿着者的肤色、发色等因素。不同的人群对于色彩的接受度和效果也有所差异，设计师需要考虑到这些因素来选择最适合的色彩方案。总之，礼服的色彩设计既要考虑整体构思和表达，又要注重细微差别和个体需求。通过精心选择和搭配色彩，设计师可以为礼服注入生动的情感和丰富的表达，使其在视觉上更加吸引人，并展现出独特的品质和装饰魅力。

在礼服的色彩设计中，设计师可以运用不同色彩的特点来营造整体服装的氛围和表达情感。色彩在设计中具有丰富的表现感，但也需要设计师充分理解每种色彩所代表的意义。不同的颜色与特定环境之间存在着密切关系，它们可以影响温度、空间、知觉甚至人们的情绪。色彩的有效运用可以强烈而有力地表达人们的情感。

在自然界中，物种的不同也呈现出不同的色彩。然而，每种色彩都具有独特的特性和特征。色彩本身对人的刺激只是一种物理现象，人们对于色彩的情感、认知和感受主要来自长期的生活和经验的积累。当外界的色彩刺激与内心的积累相呼应时，就会在心理上产生共鸣，引发情绪上的波动。人们对色彩的感受非常敏感，色彩有重量感、体积感和深度感，色彩的华丽或深沉都能引起人们的共鸣。

在礼服设计中，厚重、稳定和庄重的颜色非常适合严肃的社交礼服，可以让穿着者表现得从容自信。然而，在局部细节上进行巧妙的浓淡配合，才能展现出充满活力的韵味，而不会让人感觉压抑或者过于兴奋。暖色是让人感到兴奋的重要因素之一（例如，红色可以显得非常热烈和兴奋），结合不同的材质和装饰，就能散发出热情和大胆的个性特质。而对于宁静感的礼服设计，人们会感受到优雅和大方，此时应选择偏冷的中性色或者低饱和度的暖色。同时，设计师还需要考虑到服装的材质和装饰，以确保整体的感觉与设计理念相一致。

礼服设计中色彩的运用必须与服装的造型、材质、装饰和图案等因素完美结合，以满足不同的生理和心理需求，让人感受到美并享受其中。色彩在礼服设计中还具有独特的民族性。不同民族的文化、传统环境等因素会影响和塑造其对色彩的喜好，因此，各个民族对色彩的喜好有着显著差异。

通过运用色彩的特性，可以让设计和艺术内涵更加深刻，并提升服装文化品位。色彩的运用与设计创新密切相关，设计师可以通过在礼服中融入新颖的色彩组合和搭配方式，创造出独特的视觉效果和情感表达。色彩的运用不仅仅是简单地将色彩应用于服装上，还需要考虑色彩之间的相互作用和表现力，以达到最佳的设计效果。

此外，还可以结合不同色彩与不同材质的搭配，创造出多样化的质感和层次感。通过色彩在礼服设计中的创新应用，可以使服装更加富有个性和艺术性，彰显出设计师的独特创造力和品位。同时，色彩的运用也可以帮助塑造并传达设计师所要表达的主题和情感，使礼服更加富有故事性和互动性。总之，色彩在礼服设计中具有重要意义。透过科学的色彩设计，能够引发人们的美感体验和享受，并使服装文化在不同民族间展现出丰富多彩的特质。通过创新的色彩运用，设计师可以打造独具个性和艺术性的礼服，提升设计的品位，丰富视觉感受，传递情感和故事。礼服色彩设计千变万化、精彩纷呈，色彩的运用有以下四个主要规则。

1.设计构思

在礼服设计中，需要充分分析主题，并合理利用设计素材，确定每个部位应该使用哪种颜色。在进行设计构思之前，可以清晰地了解整体礼服色彩的设计思路。这个过程需要考虑空间、环境和功能等方面的问题，同时还要考虑设计对象的年龄、性别、文化和传统等要求，以确保礼服色彩具备意蕴和美感。

分析主题是确定色彩设计的关键。设计师需要充分理解礼服所要表达的主题和情感，并将其与所选用的设计素材相结合。在确定哪些部位应该使用哪种颜色时，设计师需要考虑整体的协调性和平衡感。不同颜色之间的搭配要符合主题，并能够传达出所期望的情感和意义。此外，设计师还需要考虑空间、环境和功能等因素。人们通常会在不同的场合中穿着礼服，因此色彩设计应适应相应的空间和环境，以展现出最佳效果。另外，还要考虑礼服的功能，例如，是否需要突出某些部位或者强调某种特性。

设计对象的特征也是决定色彩设计的重要因素。每个人的年龄、性别、文化背景和传统习惯都不同，因此对色彩的接受度和理解也会有所差异。设计师需要注意这些特征，并根据实际需求调整色彩的选择和搭配，以确保设计的合理性和适应性。

总之，色彩设计在礼服设计中具有重要作用。在确定哪些部位应该使用哪种颜色之前，设计师需要充分分析主题，并结合空间、环境、功能和设计对象的特征来进行思考。通过合理的色彩选择和搭配，可以创造出充满意蕴和美感的礼服色彩设计。

2. 确定主色

色彩具有象征性，例如，嫩绿色、翠绿色、金黄色和灰褐色分别象征着春天、夏天、秋天和冬天。在礼服的设计中，通常采用整体的造型设计和高档材质，而色彩设计则根据个人气质、礼仪形式和特定场合等因素选择色彩表达方式。基于设计构思的需要，在色彩设计中确定主色调是一种简洁的方法。对各种个性色彩特征的了解以及对色调情感的判断在设计中至关重要。例如，黑色象征着静寂和沉默，被认为是一种消极的个性色彩。

3. 强调的部位

我们可以通过强调色彩关系，将人们的注意力和视线集中到服装的特殊结构上。例如服装的镶边、领口、装饰点等。在选择强调色彩时，最好使用有强烈对比的色彩来配合突出的造型变化和特殊材料，以获得整体服装的视觉吸引力。同时，要选择特定部位来进行突出和强调。礼服中可以强调的部位包括肩部、胸部、腰部、背部和臀部等。

4. 个性化的色彩设计

礼服色彩设计的主要目的是营造一种氛围，展现一种风格，创造一种感觉。无论是古典的还是现代的，庄重的还是活泼的，华丽的还是朴素的，温馨的还是高雅的，服装的风格都需要与其个性化的色彩相配合。例如，采用仿生色彩、多色拼接、渐变色彩等方式设计的礼服，能够展现出服装独特的美感，增强其时代感和个性魅力。礼服的色彩可以呈现多样性的变化，特别是在表达后现代设计感的时候，各种色彩表达方法都具有独特的个性价值。同时，色彩与高科技手段的结合也能够产生更多的个性化效果。没有创造性，就没有鲜明的个性，也就无法实现服装的多样性。当然，设计用色的技巧在于尽可能使用较少的色彩来实现最佳的效果。

（二）礼服面料的运用与设计

在美学的装饰效果中，面料不仅具有装饰价值，还具有很多艺术性。一件服装的美感在面料选择上非常重要，但服装的面料款式的选择范围是有限制的。设计师应该抓住面料的魅力，善于想象面料所带来的质感和外观上的魅力。这是风格设计的重要体现，也是服装整体效果的重要元素之一。在礼服设计中，需要围绕礼服的风格进行构思并确定主题，以实现面料设计与内在品质的协调统一。同时，在选择面料时，还要考虑性能、功能、造型、结构以及加工能力和生产成本等因素。

礼服的面料应用范围较广，可以结合造型和色彩进行组合和变化，包括透视的、轻薄的、立体的和厚重的等。研究和运用材料本身所具有的材料美也非常重要。不同的材料具有独特的表面特性，如粗糙程度、色彩纹理和光泽等，这些特性也会带给人们不同的感官体验。天然材料如棉、麻、丝和毛等，具有优美的纹理、淡雅的色彩和舒适的触感，使得它们显得亲切、温和、平易近人。此外，观察实践和灵感的运用也是设计师所需要的。设计师需要具备良好的艺术表达能力和专业实践基础。面料的形态设计作为一种视觉艺术形式，可以借鉴和融合现代绘画、建筑、摄影、音乐、戏剧和电影等其他艺术形式，从中获取灵感并应用到材料的设计中。

缎子是制作礼服最常用的面料之一。它的质地较厚，悬垂性好，有一定的重量感。缎子的光泽是它最突出的特点，因此在设计礼服时，通常会减少过多的造型细节，而更多地采用折褶的方式来增加可塑性。此外，使用鱼骨胸垫和里衬等辅料，可以掩盖一些身材上的缺陷，打造更完美的曲线。因此，缎子是制作礼服时最常见和广泛使用的面料之一。使用缎子制作的礼服能够很好地展现女性的成熟和优雅，更能凸显女性身体线条的美感。

纱是一种常见的礼服面料，包括双色纱、雪纱、珍珠纱、冰纱、玻璃纱、欧根纱、乔其纱、水晶纱、网格纱等。纱面料用途广泛，既可作为礼服的主要面料，也可以作为辅料用于局部装饰。纱面料的质感轻柔飘逸，能够展现出浪漫朦胧的美感，适合各种季节穿着。在礼服设计中，纱面料可以用于营造层叠款式或宫廷式的公主风格，也可以单独大面积用于婚纱的长拖尾上，或作为简单罩纱覆盖在主面料上，创造出不同的效果。纱面料的运用可以增加礼服的轻盈感和飘逸感，让穿着者在穿着中展现出优雅的魅力。

棉布是一种常用的礼服面料，是最理想的染色材料之一。棉布的纤维特性使其容易接受颜色，并且能染出平整均匀的效果。淡色棉布甚至可以进行多次染色，增加了设计上的灵活性。此外，巧妙地将棉布与其他质地的面料组合在一起，可以为礼服设计带来全新的风格变化。棉布所营造出的感觉是一种低调的奢华，既有舒适的质感，又能传递出不失典雅的高端氛围。通过合理运用棉布，可以为礼服增添自然和亲切的魅力。

提花是一种应用于面料的纹理装饰技术，通过将不同的织物纱线在质感材质上进行提起，形成立体的花纹图案。提花面料具有丰富多彩的花色图案，产生一种浮雕的艺术效果。它能够赋予面料活泼、灵动、透明以及多样化的层次感。提花面料在婚礼服装以及其他礼服设计中常被运用于小面积装饰和局部点缀。通过使用提花面料，可以使礼服在细节上更加独特和精致，增添艺术性和时尚感。同时，提花面料还能够赋予礼服纹理与立体感。

莱卡是一种广泛应用于面料中的弹性纤维，它的特点是可以完全展现着装者身体的曲线，并且有着出色的伸展性，可以让穿着者感受到零压迫的舒适感。在礼服设计中，莱卡面料的应用也非常常见。莱卡面料独特的修身效果成为礼服设计师们创造时尚不可或缺的利器。它能够紧贴身体，塑造出完美的线条，并且相比其他弹性材料更具有优雅和高贵的感觉。通过使用莱卡面料，礼服能够追求更贴合身体的剪裁，展现穿着者的曼妙身姿，产生让人无法抗拒的美感。

真丝是一种优质的礼服面料，具有柔软顺滑的手感，质地轻薄，还有着丰富多彩的花色选择。穿着真丝面料的礼服能够享受到凉爽舒适的感觉。真丝面料具有与众不同的光泽感，这使它成为众多礼服设计的理想选择。对于款式简洁时尚的直身或鱼尾款礼服，或是希腊式直身款婚纱，以及装饰简单的宫廷式礼服，真丝面料都是非常适合的选择。其轻盈的质地让礼服更加舒适自在，同时真丝面料能有效地展现礼服的精致与优雅。无论是日常的社交场合还是重要的庆典活动，穿着真丝面料的礼服都能给人一种高贵典雅的感觉，让人倍感自信，倍加迷人。

第五节　礼服创意立裁

一、创意立裁

立体裁剪是礼服设计中一种重要的造型手法。它注重服装造型的立体感和创新性，具有较大的设计自由度，强调的是立体裁剪的艺术性。立体裁剪的方法是将面料直接披挂在人体模型上进行裁剪和设计，通过各种立体裁剪的方法和工艺手段，可以创造出富有表现力的服装结构。在礼服的设计制作过程中，立体裁剪可以实现复杂的不对称效果、多层褶皱和不同面料的组合，而平面裁剪难以实现这些效果。立体裁剪时设计师在设计过程中边设计、边裁剪、边改进，随时观察效果并进行调整，展现了其灵活性。如今，许多礼服设计师将立体裁剪视为一种新的造型设计方式，它甚至已经成为礼服设计中不可或缺的核心技术。立体裁剪不仅可以给礼服增添独特的形态和纹理，还能打破传统的设计限制，创造出更具张力和美感的服装作品。

创意礼服的构思中具有较高的艺术性功能设计，相较于实用性功能设计更为重要，因此在礼服造型设计中有着广阔的创意空间。构思的角度和方法不同，会得到不同的设计结果，但在设计过程中必须对设计对象的体形和气质进行深入的分析和研究，以合理利用造型、材质、工艺和图案等元素，强调优点、避免缺陷，从而打造完美的礼仪形态。

在创意礼服的构思中，设计师需要具备敏锐的观察力和创造力，能够从不同的角度和灵感中获取设计创意。设计师需要深入了解和理解穿着者的身体特征和气质，以确保礼服的设计与穿着者相得益彰。同时，必须合理利用造型、材质、工艺和图案等元素，在设计中突出穿着者的优点，避免凸显其缺陷，达到对体形和气质的最佳塑造。

创意礼服的设计追求的是与众不同的艺术性和独特性。设计师通过创新的构思和实践，可以将传统与现代相结合，运用不同的材质、工艺和图案等元素来展现个性和品位，有效地运用色彩、线条和比例等设计原理创造出独特的礼服造型。在构思过程中，设计师需要深入研究并了解穿着者的个性和品位，以确保设计与其完美契合。

创意礼服的构思还要考虑到场合和目标受众。不同场合和目标受众对礼服的要求和风格偏好可能会有所不同。因此，在构思礼服时，设计师需要综合考虑这些因素，使设计既符合场合的要求，又能迎合目标受众的喜好和期待。

最后，创意礼服的构思不仅要有想象力和艺术性，还需要与实际的制作工艺相结合。设计师需要考虑实际可行性和可制作性，以确保设计能够在实际制作中得以实现。因此，在构思礼服的过程中，设计师需要有一定的制作工艺知识和经验，并与制作团队密切合作，共同将创意转化为现实。

同时，结合穿着者的特征和要求，以及场合和目标受众的需求和偏好，合理运用造型、材质、工艺和图案等元素，并考虑制作工艺的可行性，可帮助设计师创造出独特而完美的礼服设计。

立体裁剪与平面裁剪不同，它的构思过程更加灵活，可操作性更强。在立体裁剪的构思中，设计师可以先绘制出效果图，或者在抽象的基础上进行构思，然后直接进行设计。立体裁剪技术使设计师在调整原始设计时和操作过程中更加灵活。

在立体裁剪的构思过程中，将面料披挂在人体或人台上能起到重要的设计作用。根据面料在人体上自然展现的形态，设计师可以获得构思和灵感。其中，有两种主要的构思方法。一种是目的性操作设计，即根据服装的设计主题进行构思设计，以符合主题内涵和意境。设计师会确定款式的造型和风格，并按照设计好的结构示意图进行操作，包括大结构、局部结构和细节结构等，以确保所设计的效果符合预期。这种方法的特点是具备目的性和计划性，误差小，并且完成性较高。

立体裁剪的构思过程中，设计师也可以采用另一种方法——自由性构思设计。这种方法更加灵活自由，设计师可以根据直觉和感性的创作灵感进行操作，从而在不受限制的情况下追求更具创意的设计。设计师可以通过试穿和调整来不断完善和改进设计，在操作过程中逐渐找到最佳的结构和效果。

总的来说，立体裁剪的构思过程具有灵活性和可操作性强的特点。设计师可以根据面料在人体上的展现效果，以目的性操作设计或自由性构思设计的方式实现立体裁剪。但无论采用哪种方法，都需要设计师具备良好的计划性和创造力，以确保最终的设计符合预期并具备高度的完整性。

二、礼服的工艺手段

为了让礼服设计更加个性化和突出创意性，可以运用各种立体裁剪手法来表现面料的立体造型。除了常见的褶饰、缝饰、编饰、缀饰、缠绕等手法，还可以借助其他支撑物来实现礼服的立体效果。对于不同的礼服设计造型和视觉效果，合理安排不同的面料加工方法非常重要。礼服注重礼仪和个性化，要求在礼服的外观造型和制作工艺上做到与众不同、避免重复。因此，在礼服的设计和制作过程中灵活运用立体造型手法是非常重要的，它可以帮助设计师不断创新设计思路。礼服的立体裁剪造型加工手法有多种，以下是主要的五种。

（一）褶皱法

在礼服的结构造型中，设计师通过人为地改变或制造非生产加工的肌理效果，可以获得意想不到的立体和光影效果。这些立体效果往往通过挤压聚集或牵扯悬垂来展现，给人一种自然的美感。褶皱的设计常用于装饰性的礼服结构中。除了注重面料的选择，褶皱的表达也是考验设计师设计功力的重要环节。

不同类型的礼服对褶皱的处理手法也有所差异，有的礼服褶皱处理隐约而微妙，有的凸显小立体效果，有的则大胆运用立体褶皱进行表达。褶皱的表现形式和手法丰富多样，而把握节奏感是成功表现褶皱的关键。抽褶是褶皱表现的主要手法，也是礼服设计中常见的设计语言之一。通过抽褶，服装变得丰富多彩、生动活泼，特别是在小礼服的设计中，抽褶是常用的表现形式。此外，在婚纱礼服设计中，抽褶也占据重要地位。通过对婚纱的下裙摆用花朵般的褶皱进行修饰，可以营造出浪漫多姿的效果，使新娘穿着上宛如一朵光彩照人的花朵。

褶皱可以分为规律褶和自由褶两种基本形式。规律褶的特点是褶与褶之间呈现一种规律性，如褶的大小、间隔、长短相同或相似，表现出一种成熟、端庄的风格，既活泼又不失稳重。自由褶则与规律褶形成鲜明对比，褶的大小、间隔等方面展现出一种随意的感觉，体现出活泼大方、自在自得、毫不拘束的服装风格。通过巧妙地运用褶皱表现技巧，设计师可以在礼服上创造出丰富的立体效果，使其更加独特而充满魅力。无论是规律褶还是自由褶，都能为礼服增添一种特殊的质感和艺术性。褶皱是礼服设计中的重要元素之一，能够赋予礼服动感和立体美，为穿着者带来与众不同的视觉享受。

（二）折叠法

折叠法是一种与褶皱法原理相同的技法，通过叠痕的折叠，使面料形成折光效果。与褶皱法不同的是，折叠法叠出的褶是相似造型的重叠叠加形式，而褶皱由波浪形状或不重叠的平面形式组成。折叠法制作出的面料褶皱造型形状相似，呈现均匀分布的效果。折叠法可以通过不同大小的叠痕，以及折叠方式、工艺处理、位置和方向的差异来实现不同的效果。

折叠法也是礼服立体裁剪中常用的造型方法之一。设计师在运用折叠法时，需要把握节奏美感和韵律美感，可以通过改变面料的折叠角度和大小创造出丰富多样的造型效果。折叠法所产生的立体效果不仅可以增加礼服的视觉层次感，还能使面料在运动中呈现动感和变化，为礼服增添独特的艺术魅力。

通过巧妙地运用折叠法，设计师可以在礼服上创造出精致而富有质感的立体造型。折叠法给礼服带来的效果各异，可以根据设计需求选择合适的折叠方式和工艺处理，实现独特的设计效果。在礼服制作过程中，折叠法是一种重要的手法，能够帮助设计师在平面材料上创造出立体感，为礼服赋予更多的美感和艺术性。

（三）包裹、堆积法

包裹和堆积是两种常用的服装设计手法，它们通过近乎原始的加工方式，将面料直接包裹或堆积在服装对象上，创造出独特的服装造型。这种方式尽量避免了对面料的裁剪或加工，保持了面料的整体性。

包裹的设计要准确把握大小、方向和位置感。通过将面料包裹缠绕在对象身上，创造出紧密贴合的效果，可以突出身体的曲线和轮廓，营造出流畅而典雅的视觉效果。设计师可以对不同面料进行包裹组合，通过不同的包裹方式，打造出个性化的服装造型。

堆积则是将面料有规律地堆积在局部区域，主要通过肌理设计来获得视觉效果。堆积可以是规律的堆叠或任意的堆缀，它们在大型物体上营造出令人震撼的视觉效果。设计师可以根据需求选择适合的堆积方式，将面料层叠起来，创造出丰富多样的纹理和肌理效果。通过堆积，服装可以呈现出独特的质感和立体感，给人一种视觉上的冲击。

这两种手法都可以帮助设计师实现与众不同的服装造型，突出服装的独特性和创意性。通过包裹和堆积，面料被巧妙地运用，赋予了服装特殊的立体效果和质感。设计师可以在设计过程中灵活运用这两种手法，并根据设计的需要做出适当的调整和组合，为服装带来更多的艺术性和个性。

（四）捆扎、撑型法

捆扎是一种常用的服装设计手法，它通过将面料扎插成立体的造型并安装在服装的特定部位，起到突出造型重点的作用。通过不同的扎插方式和位置，可以呈现出多样的服装造型。这种手法常常以自然界中的生态形态为设计灵感，可创造出独特而富有艺术性的服装形象。

在捆扎的设计中，不同的扎插方式和位置可以产生不同的造型效果。设计师可以灵活运用细带、绳索等材料进行扎插，通过巧妙的绑扎手法创造出丰富多样的立体造型。捆扎可以突出服装的特定部位，强调身体的线条和曲线，使造型更加生动和有趣。设计师可以根据设计的主题和风格选择适合的捆扎方式，营造出独特的服装形象。

撑型则是一种在面料内部添加材质较硬、重量较轻的填充物，将面料撑起来形成所需轮廓造型的加工技法，常用于礼服的O廓型裙和泡泡袖等部位的造型设计。通过撑型，服装可以呈现出单层面料无法实现的膨胀效果，使设计更加立体和丰富。

（五）披挂法

披挂法是礼服设计中常用的立体裁剪手法之一，通过将面料直接披挂于身体上的支撑点，创造出自然简洁、舒展优美的服装造型。这种方法具有独特的特点，可以赋予服装轻盈和飘逸的感觉。在礼服设计中，可以单独运用披挂法，也可以结合其他造型技法，以增加服装的层次感、体积感，并丰富服装的效果。然而，设计师在运用披挂法时需要注意，不应生硬地追求造型效果，而要与人体的协调度和面料的特性相配合，并符合人们的审美心理。成功的披挂造型必须符合身体的曲线和动作，营造出与人体协调一致的服装形状。设计师可以借助披挂法的特点，利用面料的质感和流动感创造出独特的服装造型，使礼服更加优雅迷人。在设计中，披挂法可以根据需要与其他造型技法相结合，通过层叠、包裹或捆扎等手法，使设计更加立体生动。然而，设计师在运用披挂法进行造型加工时需要谨慎，要确保造型自然流畅，与身体的比例和曲线相吻合，以展现最佳的效果。通过巧妙地设计和运用披挂法，设计师可以赋予礼服独特的空灵感和韵律美，让人们在穿着时感受到雅致与自由的魅力。

以上这些立体裁剪造型加工手法可以单独使用，也可以结合使用，以实现与众不同的礼服设计。设计师可以根据礼服的风格和需求选择适当的方法来表现立体造型，将创意和个性融入礼服设计中，打造出独一无二的设计作品。

本章小结

通过理论学习和欣赏、分析优秀礼服作品让学生学习了解优秀设计案例，培养学生对于服装敏锐正确的审美能力，在欣赏过程中提高了其审美的品位。同时通过讲授引导学生探究礼服中蕴含的深层次的文化和社会内涵，让学生对于礼服文化的发展演变以及文化精髓有了更全面的认识。在礼服场合设计原则的讲授过程中，运用创新教学方法，通过展演结合的形式让学生亲自试礼服并展现个人风采，在选择尝试的过程中掌握知识要点，这样的设计收到了较好的教学效果。最后通过经典设计要素的创意表现，让学生实践操作，体会设计的乐趣，从而进一步培养学生的创新意识和创造能力。讲授—欣赏—尝试—实践相结合的形式，学生更容易接受，同时将知识直接落实于设计实践、完成设计作品，很好地还原了艺术设计课的初衷。

课后习题

1. 收集资料分析礼服设计作品的构思来源。

2. 通过市场调研，总结并简述两种当今流行的礼服设计风格，分析其风格特色。

3. 结合本章节内容，举例分析三种礼服设计构思的表达方式。

4. 收集相关材料并归纳整理，构思一份完整的、有设计主题和情节内容的礼服设计预想图（包括来源图片、意境图、设计构思文字、局部结构草图、设计效果图、配饰草图等）。

第五章
民族风格服装设计

教学目标：通过本章的学习，使学生掌握民族风格服装设计的基础知识和要素，学会运用这些知识和要素进行设计构思和创新；了解国内外民族传统元素，并学会将这些元素运用到服装设计中。

教学要求：本章要求学生掌握民族风格服装的设计要素，并学会将民族传统素材运用到服装设计中，运用合理、恰当的设计语言进行创作。学生将通过分析著名设计师的代表作品，深入了解其作品的特点，从而开阔设计视野。

第一节　民族风格服装设计基础

民族风格服装设计是指将中西方民族元素与具有复古气息的服装风格相结合。它通过借鉴我国及世界各民族服装的款式、色彩、图案、材质、装饰等元素，并结合时代精神和理念，吸收和借用新材料及流行元素，将民族化设计和时代感完美结合起来。近年来，流行的中国风格、波西米亚风格、吉卜赛风格等都是民族风格的体现。

在民族风格服装设计中，借鉴各民族服装的款式是非常重要的，可以通过研究不同民族服装的剪裁和结构特点并将其融入设计中，营造出独特的民族风格。同时，色彩也是体现民族风格的重要元素，可以选择具有民族特色的鲜艳色彩或传统色系来丰富设计。图案则可以以传统的纹饰或图案元素为灵感，注入新的时尚元素，进行现代化的重新演绎。

此外，材质也是民族风格服装设计的重要考虑因素。传统的丝绸、棉麻、毛织物等可以与现代的合成纤维或先进的织物技术相结合，创造出新颖独特的材质效果。装饰也是民族风格的重要表现方式，可以运用具有民族特色的刺绣、珠饰、流苏等装饰元素，提升设计的民族特色（图5-1）。

民族风格服装设计不仅是对传统民族元素的致敬，更是传统与时尚的结合，体现了时代的独特精神和审美观念。这种设计风格迎合了当代人对个性化、多元化和独特性的追求，展示了穿着者个性、自由和创意的一面。通过巧妙地运用中西民族元素和现代流行元素，民族化服装设计在时尚界不断创造着新的风潮和趋势。

民族服装风格的设计不仅以民族服饰为蓝本，还从地域文化和民俗活动中汲取相关元素作为灵感来源。中国有56个民族，每个民族都有独特的服饰风格，苗族的绣花、藏族的刺绣、满族的锦缎、蒙古族的皮草、傣族的彩色纱布、壮族的红色上衣、黎族的织锦等。少数民族的服饰样式

图5-1　密扇（mukzin）2017春夏上海时装周

独具特色，常常成为现代服装设计师们的灵感源泉。

国外的民族风格服装，如印度纱丽、日本和服、韩国韩服等也是设计师们常常借鉴的民族元素。这些传统的民族服饰丰富了世界的服饰体系，为现代的服装设计提供了丰富的素材。如印度华丽的色彩和细致的刺绣、日本的简约和式美学、非洲的图腾与原始风格、韩国韩服的优雅风范，都为设计师们探索民族风格提供了丰富的设计灵感。

这些民族元素不仅丰富了服装设计的内容和形式，更重要的是它们带有浓厚的历史和文化内涵，能够传递民族身份、彰显文化自信。通过将这些元素巧妙地应用于现代服装设计中，设计师们不仅能够展现自己的创意和艺术才华，还能够向世界传递民族文化的独特魅力。因此，民族服装风格的设计不仅受到国内民族服饰的影响，还汲取了国外民族服饰的元素，从多个角度丰富了服装设计的创作，更具多样性和国际化的视野。

通过研究和借鉴民族服饰的样式、图案、色彩和材质，设计师们能够打造独特而富有文化内涵的服装作品。民族服饰通常以其鲜明的色彩和独特的图案设计而闻名，这些元素为现代设计注入了新鲜的活力和个性。了解地域文化和民俗活动也对民族风格设计有着重要的影响，传统的节日、习俗、宗教仪式等都是民族服装设计中的重要参考。通过深入了解这些文化元素，设计师们能够更好地理解其传统意义，并将其转化为创意的灵感。

综上所述，民族风格服装设计通过借鉴国内外民族服饰元素，以及融合地域文化和民俗活动，打造具有丰富文化内涵和独特个性的服装作品。这种设计风格不仅能够展示设计师对传统文化的理解和尊重，同时也为现代服装设计注入了新的活力和创意。通过这种设计方式，我们可以创造出更加多元化和富有故事性的服装作品，展现个性和文化的融合之美。

中国的传统民族服饰一直以其丰富多彩吸引着全世界的服装设计师。早在20世纪80年代初，一些著名的国际服装设计师就来到中国，受中国传统民族文化元素的启发，创作了许多以中国风格为灵感的服装作品。一位世界知名服装设计师曾经说过："中国一直吸引着我，中国的文化、艺术、服装和传奇故事都令我向往。"意大利时装设计大师劳拉·比娇蒂（Laura Biagiotti）也曾表示："拥有悠久传统的中国历史和民族文化一直让我神往，许多时装作品也受到中国文化的启发而设计。"她还赞美了中国的民族服饰："对于一个时装设计师来说，简直是天堂般的体验。"

这些国际知名设计师对中国传统民族服饰的青睐，体现了中国文化艺术对全球时尚界的影响力。中国传统服饰深厚的历史积淀为设计师们提供了无尽的创作灵感和丰富的设计元素，也促进了不同文化之间的交流和融合，为时尚界带来了更加多元化和全球化的服装设计。

对于中国的服装设计师来说，这种国际认可和赞赏无疑是一种鼓舞和动力。通过民族服饰元素与现代时尚的结合，能够展现中国文化的独特魅力，并为世界带来焕然新生的时尚潮流，同时也为国内的服装设计行业带来了更多的机遇和发展空间。

总而言之，中国的民族服饰不仅是国内的传统文化瑰宝，也被全球时尚界所倾慕，它丰富多彩的设计风格和独特的文化内涵吸引着世界各地的设计师和时尚爱好者。通过民族服饰元素与现代时尚的结合，设计师们创造出了具有全球影响力的服装作品，进一步提升了中国服装设计在国际舞台上的地位和形象。

在国内，有许多本土服装设计师被中国的民族服饰所吸引。梁子是"天意"品牌的设计总监，擅长将东方元素与国际时尚完美结合。他注重从民族服饰中汲取灵感，并追求"天人合一"的和谐之美。梁子专注于研究传统面料莨绸，发掘和保护几乎绝迹的莨绸制作古法，并将这种传统环保面料与现代时尚相结合，因此被誉为中国最具环保理念的设计师和中国时尚界的"环保大师"。

我国著名的服装设计师吴海燕也表示："我们的服装设计只有传递出中华文化的精髓，才能在世界舞台上散发迷人的魅力。"吴海燕的设计作品经常采用中国本土的丝和麻等传统面料，并善于运用中国元素进行纹样设计。她的作品充满着浓厚的"民族情结"，获得了国际时装界的认可，并成为向世界展示中华服饰文化精髓的窗口。自1986年至今，吴海燕的作品多次参加了法国、美国、德国、日本和马来西亚等国家的活动，借助时装表演的形式宣传中国文化、弘扬民族艺术，促进了国与国之间的文化交流。

郭培是第一代高级定制服装设计师，也是中国最早的一位高级定制服装设计师。她曾为各种重要场合的人士定制礼服，其中春节晚会90%以上的具有中国传统民族气息又颇具时尚感的礼服和表演服都来自她的工作室。郭培通过这些作品向全国乃至全世界的人们展示了具有中国本民族文化特色的现代服饰。她连续三届荣获"中国国际服装服饰博览会"服装金奖。

这些本土的服装设计师通过独特的设计风格和对民族服饰的细致研究，成功地将中国的文化元素融入现代时尚中。他们的作品不仅传达了中国传统文化，也展示了中国设计师的创造力和才华。通过他们的作品在国际舞台上的展示，中国的服装设计在全球范围内得到了广泛的认可和赞赏。

第二节　民族风格服装设计要素

一、民族风格服装的款式设计

民族风格服装的款式设计具有一定的灵活性。一方面，设计师可以直接借鉴传统民族服装的款式，并将其运用到现代服装中，如可以直接采用东方典型的"H"廓型或西方典型的"X"廓型。另一方面，设计师可以以民俗和民风作为灵感，通过服装款式间接展现内在的精神特质。现代许多设计师都利用东方人的审美观念和穿衣哲学，通过无结构的平面式款式造型诠释东方民族服饰的特点。

　　每个民族都有其独特的喜好和特定的服装款式，在设计过程中，可以参考不同民族的服装款式特点，选取适合的造型元素。相较于西方民族的服装款式，东方民族的服装款式更为宽松，较少使用分割线，强调古朴和含蓄的风格。

　　通过灵活运用民族服装的款式设计，设计师们能够创造出独特且富有民族特色的现代服装。设计师们通过传统与现代的结合，传达出东方文化的美感和审美观念。他们在设计过程中更注重细节，不仅关注服装的外观，还注重内在的精神表达。

　　东方民族服装的特点在于宽松的衣身和简洁的线条。相对于西方民族服装的紧身剪裁和明显的分割线，东方民族服装更加注重舒适与自由，这种宽松风格的款式设计展现了东方文化的典雅和谦逊之美。无论是袖口的宽大设计，还是衣袂的飘逸感，都体现了东方民族服装的独特风格。同时，通过巧妙的面料选择和使用，设计师们给予了服装丰富的质感和层次感，进一步突出了东方民族服饰的特色（图5-2）。

图5-2　盖娅传说 2020 春夏系列

　　民族服装款式的灵活运用不仅体现了设计师的创新能力和审美眼光，还有助于推广和弘扬中华文化。通过以民族服装为灵感的现代设计，设计师们得以传承和发展祖先留下的优秀传统文化，同时将其注入具有时尚感的现代服饰中。这种创新和融合，使得中国的民族风格服装设计在国际时尚舞台上独树一帜，为全世界展示了中国服饰的独特魅力和文化底蕴。

二、民族风格服装的面料设计

　　民族风格的服装面料给人淳朴、装饰浓郁、富有异域情调和复古气息的感觉。这种面料的装饰效果强烈，色彩纯净而鲜艳，材质朴素，常使用流苏、缎带、刺绣、珠片、盘扣、牵条等工艺进行装饰。这些面料多为民族传统的印染、印花布等，常用的材质有棉、毛、麻、丝及刺绣品，如印尼蜡染布、中国蓝印花布、新疆丝绸等。

中国的传统民族面料通常以绣花、流苏、镶边、珠饰等多种工艺手法打造，其风格朴素而自然。这种古朴浑厚、清新秀丽的特点符合当今科技时代人们对原始、古朴的追求。对于中国传统民族面料来说，借鉴已成为现代服装设计的一个重要创作源泉。

这些民族面料在服装设计中扮演着重要角色，通过传统元素与现代时尚的结合，设计师们能够创造出独特而富有魅力的服装。这种融合不仅展示了中国民族文化的魅力，还呈现了独特的时尚风格，吸引着国内外人民的关注和喜爱。

三、民族风格服装的廓型设计

民族服饰拥有丰富的种类和多样的廓型，旨在让人们在穿着时感受到放松与自由。民族服饰与人体结构相互顺应，具有舒适感与和谐关系。举例来说，彝族、羌族男子常年身着类似毯子的坎肩或披毡，冬天用来保温，夏天用来遮挡雨水。当天气炎热时，毛料外露，而在寒冷季节则将毛料朝向内部。这种巧妙的设计展示了服装文化中人与衣的和谐相处。

民族服饰的外轮廓通常简洁大气，但其内部结构和细节非常丰富。以中国国际时装周2008春夏"梁子·天意·月亮唱歌"系列作品为例，该系列作品受到了彝族服饰外轮廓的启发，以简洁的轮廓塑造出大气的形象，在内部结构和细节处理上却十分精致。这样的设计既保留了传统的精神，又融入了现代感，整体上展现出大气又温婉的美感，宽大的衣袖与裙摆流畅自然地延伸，虽不华丽，却从内而外地散发出自然、含蓄、恒久的美感。

综上所述，民族服饰种类丰富，其廓型样式各异，且与人体结构相互顺应，注重服装穿着的舒适感。在外轮廓造型上，民族服饰往往追求简洁大气，但其内部结构和细节处理非常丰富。通过参考民族服饰的外轮廓，设计师可以创造出既保留传统精神又富有现代感的服装作品。这样的服装设计既能体现自然与自由的美感，又能传递出内在的自然、含蓄、恒久的美感。

四、民族风格服装的图案设计

在民族文化中，民族图案是一种丰富而直观的表现形式，特别是在服饰中，它们就像一颗颗耀眼夺目的明珠，散发着独特而迥异的光芒，展现了独特的个性和风格。民族服饰的魅力在很大程度上来自这些特别引人注目的民族图案。

由于民族图案的丰富性和多样性，民族服饰才在舞台上大放异彩。传统的民族服饰图案常以植物、动物和几何纹样为主题。植物图案可以看到各种各样的花朵、树叶、果实等，代表了大自然的美丽和丰饶。动物图案则展示了各种动物的形象，象征着民族文化与动物的深厚联系。几何纹样则为以线条组成的线性几何图案，体现出民族文化中的秩序和结构。这些民族图案如同一面面明亮的镜子，反映出每个民族独特的文化和历史，传达着民族的价值观念和信仰传统，丰富了民族服饰的内涵和魅力。

民族图案以其独特的个性和风格成为民族服饰中最突出的元素之一。这些特别耀眼的图案展现了民族文化的多样性和丰富性，通过描绘植物、动物和几何纹样，传达出各民族独特的文化内涵和历史背景，使民族服饰更加生动而多彩，展现了民族文化的独特魅力。

在充分借鉴传统民族图案的基础上，不能简单地生搬硬套，而应综合考虑现代款式、风格、颜色、材质等因素，对传统图案进行分解、再组合等，将其与现代设计相结合，以新的构思将传统民族图案与现代图案融合在一起，创造出具有新意和形式感的现代图案。

在这个过程中，可以根据现代设计风格的需求对传统图案进行重新演绎和创作。可以通过改变图案的排列方式、调整图案的大小和比例、加入现代元素和风格，使传统图案焕发新的生机与活力。同时，在选择材质和颜色时也可以以现代审美为导向，用现代的材料和色彩塑造图案的细节和特点，使其更加契合现代人的审美需求。

这种将传统民族图案与现代设计相结合的创作方式，不仅能够保留和传承传统民族文化的精髓，还可以通过创新的手法赋予图案新的内涵和形式感。这种融合不仅有助于推动传统民族文化的传播和发展，也为现代设计带来了新的灵感和可能性。

五、民族风格服装的细节设计

在设计民族风格服装的细节时，巧妙地利用民族的工艺和零部件以及独特的穿着方式至关重要。每个民族的服装都有独具特色的细节，如特色的零部件——羊腿袖、立领、盘扣等，以及特色的制作工艺——绣花、开衩、镶边等。此外，特色的装饰——缎带、牵条、珠片、补子等，以及独特的穿着方式——开襟、套头、围裹等，也是各个民族服装的独特之处。

在借鉴这些独特细节时，关键是要恰如其分，而不是盲目使用。设计师要充分考虑其与服装整体风格的协调关系，并确保细节的使用与整体设计相得益彰。在具体的设计过程中，可以采用材料转换法，即借鉴民族素材并将其运用到新的设计中。通过巧妙地运用不同的材料和技巧，可以创造出一个全新的设计，既能保留民族服装的传统特色，又能注入现代元素和创新的想法。

比如，可以将传统的缎带装饰换成具有现代感的细节元素，在服装上添加精致的绗缝或织花，以展现出独特的质感和时尚感。另外，可以将传统的牵条工艺用于现代款式设计中，通过不同的材质和色彩搭配，营造出更加时尚独特的效果。

在独特的穿着方式方面，可以对传统的开襟、套头、围裹等元素加以改良，使其现代化，更符合现代人的审美需求。例如，在开襟的设计上加入更多的流线型剪裁，提升整体的时尚感；在套头的设计上注入更多的可调节细节，增加舒适度和个性化；在围裹的设计上加入现代的腰带或者纽扣等辅助细节，营造出更加时尚的效果。

第三节　民族风格服装设计构思

在服装设计中，传承和创新民族传统元素是能够引起人们联想、回忆，使人们理解和接受的重要方式。对于服装设计师来说，提高自身的文化素养意味着要加强对本土文化的钻研和理解。每个时代的发展都有其基本的脉络，而设计师需要为设计注入新的灵魂和血液。因此，将民族传统元素与现代美学和设计理念融入服装设计中是非常必要的。

首先，需要从民族文化的外在物质元素和内在精神元素中提取出一种或几种可用的意象形式，可以是具象形式、写实形式或装饰形式的图形。在选择元素时，有必要对其进行解构和重构，以获得既具有源于元素的母体，同时又不失民族特色的新图形。这些图形可以应用于现代服装设计中。

其次，在构思民族风格的服装设计时，有几个方面需要考虑。其一，服装的剪裁和廓型，可以借鉴民族服装的特点，如宽袖、立领等，将其与现代的设计理念相结合，创造出独特的服装形式。其二，颜色和图案的运用，可以选取符合民族特色的色彩和图案元素，通过现代的色彩搭配和图案设计手法，使服装更加富有时尚感和视觉吸引力。其三，材质和工艺的运用，在保留传统工艺和材质的基础上，结合现代技术和材料，使服装更加舒适、耐穿且符合现代人的需求。

一、思维方式的借鉴

将各个民族独特的思维方式运用到服装设计中，往往能够激发创意，因为这些思维方式是存在于人们的共同潜意识中的思想和意识形态。当服装设计师将各民族的世界观、人生观、自然观等融入设计作品中时，通常会产生令人意想不到的效果。

中国传统民族服饰注重的是人的精神内涵，通过以稳定、舒展、平面和宽松为主的服装造型展现人的气质和神韵之美。而西方文化着重于用服饰展现对个人价值的肯定和重视，喜欢通过服饰彰显个人特色，以获得他人认可。因此，西方服饰更加注重呈现人体的自然特征，以更好地与人体相配合，展现人体的美感。这种不同的思维方式和文化认知使中西方服饰文化具有不同的特点。

在进行服装设计时，设计师需要灵活运用民族元素，将民族文化的内涵自然地融入服装的款式和形态中。可以通过选择对应的民族服饰要素，如特定的剪裁线条、图案纹饰或代表性的细节，来展现民族元素的独特魅力。同时，还可以运用创新的设计思维，将民族元素和现代美学相结合，创造出具有时尚感和独特气质的服装作品。

一个成功的民族风格服装设计应该能够展现出对民族文化的尊重和理解，同时融入现代社会的审美与需求，这需要设计师在融合中西方思维方式和文化特点时保持敏感和创造力，呈现出更具有个性化和艺术性的作品。

二、民族传统符号的利用

每个民族都拥有独特的传统符号，包括人物、动物、植物、图腾、几何等形式。这些传统符号都具有意义和象征，经过岁月的洗礼后散发出浓厚的历史凝重感，并拥有顽强的生命力。在运用民族符号时，不仅要以传统民族服饰为基础，还需要融合民族、图腾、宗教、历史以及自然生态等各个方面的审美文化元素，体现原汁原味的传统民族文化。

每个民族的服饰都蕴含着深厚的历史文化，是由历史、宗教和自然环境等因素作用形成的，需要对这些文化进行深入的理解。在进行服装设计时，可以直接运用这些传统符号作为服装的装饰元素，通过在局部或整体上对符号进行艺术加工，如提炼、抽象、变形、简化等，并吸取国际时尚设计理念，将现代材料和先进技术融入设计中。

这种设计方法既能保持传统符号的原始意义与文化价值，又能赋予服装设计以现代的艺术表达和时尚感。通过传统符号与现代设计的结合，可以创造出独特而有时代感的服装作品。这种设计不仅能够展现民族文化的魅力，还能促进文化的传承与交流，为服装设计注入新的活力与创意。

因此，通过深入理解民族服饰中所蕴含的历史文化，并运用创新的设计方法，可以打造出既具有传统符号象征意义又符合现代审美的服装设计。这样的设计不仅能够传承和发展民族文化，还能够创造出具有独特魅力和国际影响力的时尚作品。

三、设计构思资料来源

对民族服饰的调查可以通过网络、图书馆、博物馆、实地考察等方法进行。也许在着手设计之前，心里并不清楚民族服饰哪些方面的内容和形式更有吸引力，此时不要着急，带好笔记本，到图书馆、博物馆或者网上查找资料，或者到民族地区进行实地考察，当耳濡目染民族服饰的方方面面时，自然会有所触动，迸发灵感。

（一）网络

通过网络查找资料，可以快速获得一个整体全面的民族服饰印象，包括服饰的结构特征、着装习俗以及男女服饰特点等。网络中有大量充分的图片和文字可供参考与选择，经过各个网站对民族服饰方方面面的描述，设计师可以对自己感兴趣的服饰的重要特征进行概括和提炼，记录一些关键词，勾勒服饰剪影及工艺细节，以在进行设计的时候一目了然，触发灵感。网络收集资料快捷方便，而且能直接从网上下载一些对设计有用的民族服饰图片。其不足之处在于，不能亲自感受服饰材料的质地和一些精致的细节以及服装结构上的独特之处。

（二）图书馆

去图书馆查阅也是获取民族服饰资料和灵感的基本途径之一。相对于网络上零散的服饰知识来说，书籍中的知识更为全面系统。图书馆中民族服饰方面的论著，分门别类地为读者提供了更完整的解读文本，对民族服饰的基本要素，如服装的款式、结构、材料、工艺、图案及装饰品、配饰等，进行了更详细的分析和梳理，有助于更深入地认识和研究民族服饰文化。

图书馆中的书籍类型丰富，有些是专门介绍民族服饰图片资料的书籍，有些是关于民族服饰文化研究的文字与图片相结合的书籍，有些是涉及民族服装结构、图案等的研究性书籍，有些是对比各地服饰样式与风格的书籍，有些则是关于民族服饰收集方面的书籍，这些浩瀚的资料有助于对民族服饰文化、图案、样式等的整体认识。

（三）博物馆

在到少数民族聚居地区实地寻访之前或结束时，可以去一下当地的博物馆，目的是找到一个索引或者做一个总结。博物馆是考察民族服饰的一个不错的去处，里面展示着各国家、各民族有形的珍贵文化遗产，可以加深对民族文化及服饰风俗的了解。

在博物馆里，不仅可以亲眼观看到各民族服饰藏品及传统的纺织机械、饰品制作工具等实物，还可以看到一些珍贵的文献资料，如关于民族文化研究的图书资料，关于民族生态环境、生产方式、节日活动、宗教仪式、联欢会、婚礼等的照片。

（四）实地考察

如果要以整体的视野来调查民族服饰，了解各民族服饰的自然和人文背景，还需要进行细致的实地考察，这样不仅能真切直观地感受到各民族服饰的款式特征、色彩搭配、材料、工艺、配饰种类、图案以及整体着装姿态，还可以从当地的民风与民俗中发现投射在服饰上的社会习俗、审美情趣以及宗教信仰等。除此之外，可以切实参观少数民族服饰制作的一些过程，如捶布、折布、绣花、做银饰等。

深入少数民族民俗生活可以丰富自身体验，较直观、深入地了解少数民族的文化。如果可以参与少数民族的婚庆仪典、宗教仪式及节庆活动那就更好了，或许还可以获得一些一般情况下较难调查到的资料。

在实地调查过程中，可以采用影像拍摄、实践模仿、访谈记录等方法丰富实地调查的资料。在调研中，无论是影像拍摄还是文字记录，其调查的内容都应集中在服饰形态、服饰细节以及工艺传承等方面。无论采用哪种方法进行考察，重要的是记录能启发灵感的各种细节，并要有意识地发现素材。

四、构思与设计

构思是设计的最初阶段，在寻找素材的过程完成后就可以进行初步的构思了。所收集到的资料能让设计师拥有更大的想象空间，从而顺着思维的骨架寻找灵感，最好将自己调整为放松随意的创作状态。

（一）整合调研资料

依靠口耳相传的民间神话、传说故事更贴近百姓的生活，能更真实地反映人的情感和观念，在调查时可以将打动人的故事记录下来，故事所阐释的多为人民的情感体验和精神寄托，所见的民族服饰也是这种情感精神的载体。记录生活，用自己的表达思想的方式，慧眼独具地挖掘出独特的文化。将照片、图片、面料小样、手绘、文字等资料，运用一定的技巧加工、处理、组织在一起，并力图体现出一定的个性化语言。调研手册记录的是一个设计师思维发展的轨迹以及个人对该主题的表达方式，以此记录下设计师构思的最初阶段，然后经过不断演化，逐步整合为较完整的、成熟的设计作品，因此调研手册的组织同样是一个有创意的劳动。整合调研资料，即将调研资料放在一起，以备制作调研手册的时候使用。

（二）最初的构思

最初的构思同样需要进行多方面的考虑，如款式、色彩搭配、面料与辅料搭配、装饰、图案等。在这个阶段，设计依然是不受限制的，设计师需要最大限度地打开思路，传达出自己心中的理想状态。可以从传统审美的角度出发，将设计师感兴趣的传统元素提炼出来，进行现代设计的再创造表达。切记不要将元素照搬嫁接于设计中，传统面料也好，色彩工艺也好，都只可作为一种元素，意在将经典和传统注入时尚的点点滴滴中。然后与设计定位结合，通过新型的面料、时尚的细节处理、独特的结构方式或实用性的局部设计等完成构思。这个阶段一般用草图表达，只要能清楚地表达出设计构思即可。

（三）创意设计

找到灵感并产生最初的构思后，就可以开展创意设计了。构思过程一般用草图的形式快速记录下来。当灵感来源迸发时，无论是色彩还是形态都不能忽略它，要善于抓住各种因素，并用自己独特的服装语言将其表现出来，这样也许就能找到体现自己风格的设计作品。创作阶段的核心是思维结构，思维的封闭会使一个设计者停滞不前，所以要多观察、多分析，这样才能得到多方面的启发。

画设计稿前，最好首先确定主题。绘制效果图时，所感觉的东西不要完全具象化，要为下一步绘制完整的效果图保留一些发挥和想象的空间。如某个学生的草图，其只是对最初的设计进行了简单的记录，单从外轮廓看，该学生已经将思维扩展，脱离了束缚，将民族风格元素突出的设计手法作为重点，上下呼应，体现了自己独特的风格。

第四节 民族风格服装设计创新方法

具有创新意识的民族风格服装设计与传统的民族服装有所不同，它在对民族服饰进行审视的基础上重新注入时代感和时尚品位。具有创新意识的民族风格服装设计多种多样、形式繁多，它们共同的特点是通过对民族服装中的各种元素进行重新组合，打破传统的束缚，并根据时代和时尚的审美意识创造出全新的造型。

这些具有创新意识的民族风格服装设计通常会使用各种手段，如色彩、图案、造型等，将民族服装元素打散，进行重新组合。设计师们为这些元素赋予时代感，融入现代时尚的语言和审美观念，创造出独特而新鲜的时尚造型。

在具有创新意识的民族风格服装设计中，设计师们挑战传统的思维和观念，通过大胆的创新和实验，打破常规的框架。他们运用不同材质的组合，将传统的手工艺与现代科技结合，创造出独特的质感和效果；尺寸、剪裁和细节也经常被重新定义，展现出不同的审美视角和个人风格。

具有创新意识的民族风格服装设计不仅关注形态和造型上的创新，还强调面料、工艺和技术上的创新。设计师们致力于开发新的面料和材质，使用先进的工艺和技术实现设计的理念和要求。通过这种创新，为民族服装注入了新的活力和现代感，使其更贴合现代人的需求和审美。

一、直接运用法

（一）造型结构的直接运用

造型是服装设计的重要因素，包括整体造型和局部造型。整体造型对服装的风格起着关键作用，而局部造型是服装款式变化的关键点。在我国的民族服装中，整体和局部造型都非常丰富，且有一定的规律可循。大多数民族服饰都采用平面结构，裁剪简单，主要由直线构成，形状平直方正。可以通过改变宽度、长度、组合方式以及穿着层次实现造型的变化。

在现代服装设计中，可以在了解民族服饰造型结构的基础上，借鉴其中的精华部分，并保留民族服饰中最优秀的艺术特征。借用民族服饰的构造方法，可以从两个方面着手：一是启发服装的外轮廓，即从整体上获得灵感和指导；二是局部借鉴服装的内部构造方法，即从细节和局部构造中参考和运用。

借鉴民族服装的外轮廓，可以吸取其独特的形状和线条，以及整体的比例关系，帮助我们创造出具有独特美感和流畅曲线的服装设计。而在借鉴民族服装的内部构造方法时，可以学习和运用其独特的裁剪、拼接和缝合技巧，帮助设计师打造出细节精致、结构合理的服装作品。

通过对民族服饰造型结构的借鉴和运用，可以将其与现代的设计理念和技术相结合，创造出既具有民族特色又符合当代审美的服装设计。这样的设计不仅能够传承和发展传统民族服饰，还可以激发创造力，为时尚产业注入新的活力和创新。

服装的内部构造是指服装设计中关于领口、袖口、肩部、口袋、门襟、裤裆等细节部位以及衣片上的分割线、省道、褶裥等结构的设计。民族服饰包括内外衣、上下装，以及各种装饰与配件。从民族服饰的形式来看，款式、局部装饰、线条与面料的结合、图案创意和多层裙装的组合关系都是其亮点，在服装设计中有两种具体的方法可以应用于民族服饰的内部构造设计。

第一种方法是通过移动民族服饰的零部件结构，使其适应现代服装的需求。例如，可以调整领口的形状、袖子的长度、肩部的线条，以及裤腰部位的设计，从而获得符合现代时尚的服装效果。

第二种方法是借鉴民族服装构造中的层次感。民族服饰通常采用多层裙装的设计，巧妙地将不同长度、材质和装饰的裙子叠搭在一起，呈现出独特的层次感。设计师可以借鉴这种具有层次感的构造方式，在现代服装中运用多层设计，如在上衣上叠搭透明的薄纱、蕾丝或者褶皱装饰，或者在长裙上搭配短外套，创造出丰富多样的层次效果。

通过这些方法，设计师可以将民族服饰中独特的构造特点融入现代服装设计中，丰富服装的内部结构。这样的设计不仅可以为服装增添个性和艺术性，还能传承和展现民族文化的独特魅力。同时，结合现代时尚的审美观念，设计师可以打造出具有创意和时尚感的服装作品，吸引消费者的目光。

（二）图案色彩的直接运用

民族服饰中的图案纹样是最引人注目和绚丽多彩的元素。这些图案和纹样经过民众的审美加工和创新，以独特的形式表达出来，因此常常被现代设计所借鉴。民族服饰的图案色彩应用可以分为两种类型：一种是将完整的民族服饰图案直接应用于现代设计中；另一种是使用民族服饰中的局部图案元素。为了适应现代审美，这两种方法可以进行相应的调整。在进行设计时，设计师要先仔细解读自己所借鉴的图案在原民族服饰中所承载的文化内涵和象征意义，理解其深层次的意义对于准确传达文化信息至关重要。在直接运用图案时，设计师还需要考虑图案在服装上的位置安排，这一点非常重要，因为不同的图案运用在不同位置会产生不同的效果。因此，设计师需要仔细思考图案在服装上的安放方式，以确保设计的准确性和有效性。

设计师在运用民族图案进行设计时需要注意，不能简单照搬或生搬硬套，而要根据设计目的和审美要求进行巧妙的调整和处理。这样的设计才能既保留原有的文化传承，又具备现代时尚的元素和视觉吸引力。通过将民族图案融入现代设计中，设计师能够打造出独特、富有个性和文化内涵的作品，给人们带来全新的视觉体验和情感共鸣。

（三）工艺技法的直接运用

在传统民族服饰的时尚化设计中，现代工艺技法起着重要的作用。传统服饰通常采用手工艺制作，包括刺绣、衍缝、扎染、蜡染、拼布、编织和手绘等多种技艺。每一件手工制作的服饰都是民间艺术作品，蕴含着真挚的情感。这些传统手工艺既是民族传统服饰不可或缺的组成部分，也是其中最精彩的部分之一，传承着人类的情感。

在现代服装设计中可以借鉴传统手工艺技法，如使用蜡染、扎染、印花等方法制作所需的面料。同时可以借助电脑设计民族服饰的图案，并利用机器进行仿挑花、仿十字、仿打籽绣等刺绣。在此基础上，设计师可以进行设计、裁剪和缝制，创造出满足需求的服装设计效果。

总结来说，工艺技法的直接运用可以通过面料制作工艺技法的借鉴来实现。同时，服饰装饰的技法也可以为我们提供灵感与借鉴。这样的设计方法能够将传统手工艺的魅力融入现代服装设计中，保持其独特性与情感价值。通过工艺技法的运用，设计师可以打造出具有传统文化气息和现代时尚感的作品，为人们带来视觉上的惊喜和情感上的共鸣。

少数民族服饰的面料大多是当地人全手工制作完成的，这符合当地的生产和生活方式。不同少数民族有着各自独特的布料和面料。例如，土家族、羌族、畲族使用麻布；苗族、侗族使用亮布；苗族、革家人使用蜡染面料；白族、布依族使用扎染面料；藏族使用毛织面料；鄂伦春族、赫哲族使用皮质面料等。这些面料和服饰有着朴素的外观，同时蕴含着独特的制作工艺。

一般来说，制作一匹传统的少数民族手工布料需要经历多个环节，包括播种、耕耘、拣棉、夹籽、轧花、弹花、纺纱、织布、染布、整理等过程。这一系列步骤非常烦琐，需要手工操作和精湛的技艺：种植和采摘棉花，确保棉纤维的质量；经过轧花和弹花等手工加工，使面料更加光滑细致；纺纱和织布过程中，细致的纹路和密度需要工匠们的耐心和技巧；染布和整理环节，更要考虑到颜色的渗透和均匀性，以及对整体效果的调整。

这种手工制作的面料和服饰，不仅体现了少数民族传统文化的丰富与传承，还展现了手工艺人的辛勤劳动和精湛技艺。同时，这些面料具备很高的品质和独特的质感，细节上展现了工匠们的用心与匠心。每一匹手工布料都是独一无二的艺术品，寄托着各民族人民的情感和智慧。通过传统的手工制作过程，少数民族服饰的面料呈现出一种独特的韵味和价值，让人无比钦佩和敬仰。如图5-3所示，设计作品的整体颜色搭配是蓝白相间，没有多余的色彩，款式风格都是时下流行的元素，适当添加了民族特色，保留了民族风格，将印染好的布料适当加入服饰当中。除了蓝白布，还有适当添加的网纱细节和钩织工艺，使其内容更加丰富。长裙都是"A"字板型，只在款式和细节上有变化，整体和谐，简约大方。

图5-3　《布依族枫香蜡染》（作者：琼台师范学院　2020级服装
设计专业　陈君瑶）

二、打散重构法

打散重构法是民族风格服装设计中常用的手法之一，可以分别从服装的款式、色彩和纹样三方面进行分析。

（一）款式打散重构

款式打散重构是民族风格服装创新设计的一种手法，它基于对民族服饰穿着方式和结构款式的充分了解。在这个过程中，设计师会对民族服饰的基本款式进行归纳和总结，然后通过改变位置和使用不同的装饰手段，以及应用有时代感的图案和色彩进行置换，重新组合形象。这样的设计既能保留民族服饰的元素和特点，又赋予了服装时代感和创新性。

通过款式打散重构，设计师可以重新组合民族服饰元素，创造出新颖的设计效果。设计师可以尝试将原本常见的装饰手法放置在新的位置，或者使用新颖的材质和技法进行创新。同时，选用有时代感的图案和色彩，可以给民族服饰带来新的表现方式和视觉效果。这种创新设计方式既尊重了传统的民族服饰文化，又与时俱进，展现了对时尚潮流的敏锐洞察力和创意思维。

款式打散重构的设计方法为民族服饰注入了新的生命和活力，让人们在传统文化的基础上感受到创新的魅力。这样的设计不仅能够满足人们对民族服饰独特性和个性化的需求，还能够引领时尚潮流，为文化的传承和创新发展贡献力量。通过款式打散重构，设计师能够使民族服饰打破常规的束缚，展现新的面貌和风采，为人们带来全新的视觉体验和时尚氛围。

（二）色彩打散重构

色彩打散重构是民族风格服装创新设计的重要手段之一，它专注于对民族服装的色彩元素进行创新开发。这种方法的核心思想是提取民族服装中的色彩元素，然后根据新的图形和比例重新进行组合，创造出既具有民族风格特点同时又具备时代性的新图案纹样。

通过色彩打散重构，设计师可以挖掘出民族服装中丰富多样的色彩，并将其重新诠释与提炼。这一过程旨在打破传统色彩的局限，去除冗杂与重复，寻求新的组合和搭配方式。设计师可以运用调色技巧和配色原理，将不同的色彩相互融合、交错，创造出视觉上的冲击感和新颖感。同时，通过改变色彩的亮度、饱和度和明暗度等参数，赋予新纹样更加丰富和多变的表现力。

色彩打散重构不仅能够为民族风格服装注入新的活力和创意，也能够满足消费者对个性化和时尚性的需求。这种创新设计方法能够展现文化的多样性和包容性，使民族风格服装在传统基础上焕发新的魅力。同时，色彩打散重构也是一种对传统民族服装的尊重和致敬，通过对色彩元素的重新组合，保留了民族服装的独特性，同时将其与现代时尚相结合，展现出更加前卫的形象。

通过色彩打散重构，民族风格服装可以获得更广阔的市场认可和接受度。它不仅可以满足那些对民族服装充满热情的人们的需求，还可以吸引更多年轻人和时尚达人的关注。通过对民族服装色彩元素的重新演绎和创新，让它呈现出多样化、时尚化的形象，为消费者带来更多选择和新鲜感。色彩打散重构的设计手法为民族风格服装注入了新的灵感和品位，也为文化的传承和发展开启了新的可能性。

（三）纹样打散重构

纹样打散重构是民族风格服装创新设计的另一重要手法，它的核心在于将民族图案分解，并提取其局部元素，然后按照新的图形构成骨架重新进行组合，创造出既具有民族特色又充满时代气息的图案设计。这样的设计方法既注重图案的整体性，又关注图案的细节和构成，通过重新组合和演变，使民族图案焕发出新的魅力和创意（图5-4）。

图5-4　纹样打散重构设计效果（作者：琼台师范学院　2020级艺术设计学　岳芬）

在纹样打散重构中，图形骨架的运用起着重要的作用。图形骨架可以被视为对自然形态的再创造，具有强烈的现代工业感和秩序化特征，是表达反复节奏或规范化美感形式的组织结构。通常，图形骨架的形状是方形的，而骨架的种类有各种表现方式，如规律性与非规律性的重复、渐变、发射等。规律性构成的密集、对比等骨架，结合表现规律性与非规律性构成的变异骨架，可以将民族纹样打散重构，形成了具有重要实践意义和时代感的新纹样。

纹样打散重构的设计方法能够给民族图案带来全新的表现形式和视觉效果。通过民族图案元素的分解和重新组合，设计师可以创造出更加富有层次感和动态感的图案。这种创新设计方法既保留了民族图案的传统要素和文化内涵，又赋予了图案新颖的外观和时尚的氛围。同时，图形骨架的应用使得新纹样具有更强的视觉冲击力和现代感，为人们带来全新的图案体验和审美享受。

纹样打散重构不仅满足了人们对民族图案个性化和创新性的需求，也推动了民族文化的传承与发展。通过打散和重构民族图案，设计师能够将传统元素与现代元素相结合，创造出更吸引人的图案，吸引更多人的关注和喜爱。纹样打散重构的设计手法为民族图案注入了新的活力和创意，也为文化的多元性和创新发展提供了新的可能性。

三、联想法

联想法是指人类思维中由一个事物想到另一个事物的心理过程，或者通过当前观察到的服装形态、色彩、面料、造型或图案内容回忆过去或预见未来的心理活动。在服装设计中，联想法不仅可以挖掘设计师的潜在思维，还能够扩展和丰富我们的知识结构，最终实现创造性的成果。通过联想，设计师能够从不同的角度审视服装与服装之间的关联性和新的组合关系。

在服装设计中，联想法有许多不同的表现形式，其中包括：相关联想，从一个概念或形象引出另一个相关的概念或形象；相似联想，将一个事物与另一个看似相似的事物联系起来；相反联想，将一个事物与其相反或对立的事物进行关联。这些不同的联想形式都能够激发设计师的创造力，让他们能够以新颖的方式思考和设计服装。

通过联想法，设计师可以从各种各样的资源中寻找灵感。他们可以从艺术、自然、历史、文化、科技等领域获取启发，将不同的元素融合在一起，创造出独特而有个性的服装设计。联想法也有助于设计师进行跨界创新，将不同领域的元素结合起来，形成全新的视觉效果和时尚趋势。

在服装设计过程中，联想法可以为设计师提供广阔的思维空间和无限的创作可能性。设计师可以通过对不同风格、不同文化、不同时代的元素进行联想和结合，创造出独特的服装风格。例如，设计师可以将古典与现代结合，将东方与西方融合，使传统与创新碰撞，从而打造出兼具经典与时尚的服装作品。

联想法还能够帮助设计师在创作中找到灵感和启示。当设计师感到困惑或缺乏创意时，可以通过联想法回顾过去的时尚趋势，观察当前的流行元素，甚至设想未来的时尚发展，从中获得创新的点子和设计方向。联想法能够激发设计师的创造性思维，开阔他们的想象力，使他们摆脱常规，勇于尝试和创新。

综上所述，联想法在服装设计中起着重要的作用，它不仅能够丰富和拓宽设计师的视野，还能够激发他们的创造力和想象力。通过联想法，设计师能够创造出独特、个性化且具有时代感的服装作品，为时尚产业注入新的活力和魅力。因此，设计师应该积极运用联想法发掘和挖掘各种创作灵感，为服装设计带来更多的创意和惊喜。

（一）相似联想

相似联想，也被称为类似联想，是一种基于事物或形态之间相似、相近结构关系而产生的联想思维模式。相似联想可以进一步分为形态之间的相似联想和意义之间的相似联想。形态之间的相似联想是指通过观察形态或外观相似的不同事物，从一个事物联想到另一个事物。这种联想可以基于形状、颜色、纹理等方面的相似性进行。例如，当设计师看到一朵花的形状与一件家具的设计非常相似时，他们可能会在设计中融合这两种元素，创造出独特的家具设计。意义之间的相似联想是指通过共享相似的意义、象征或感觉，从一个事物联想到另一个事物。这种联想可以基于某种情感、价值观或文化符号的相似性进行。例如，当设计师想要表达温暖和亲情的主题时，他们可以从太阳、火焰或家庭等象征温暖的元素中汲取灵感，并将其应用在设计中。

通过相似联想，设计师可以在创作中获得新的灵感和创意。相似联想可以帮助设计师拓展他们的思维和观察力，发现不同事物之间的联系和共通之处。通过相似元素的结合和融合，设计师可以创造出更富有创意和独特性的设计作品。

总而言之，相似联想是一种从事物或形态之间的相似关系中产生的思维模式。通过形态之间的相似联想和意义之间的相似联想，设计师可以获得新的创意和灵感，创造出独特、引人注目的设计作品。通过积极运用相似联想，设计师可以将不同的元素融合在一起，创造出令人惊叹和有深度的设计作品。

（二）相关联想

相关联想是指在两种或多种事物之间存在着相关的联系或必然的联系，并通过这种联系促进想象的延伸。在服装设计中，相关联想的创作作品具有一定的合理性和必然性，能够进一步凸显作品主题的深刻意义，吸引人们的注意力，并能够带来互动或共鸣的效果。

相关联想的创作可以通过探索不同事物之间的关联性来激发设计师的创意和灵感。设计师可以对不同领域、不同元素或不同概念进行联想和结合，从而形成独特有趣的设计作品。例如，设计师可以将音乐与服装进行关联，通过音符的形状、音乐的节奏感获得灵感，设计出独具个性的音乐主题服装。

相关联想的创作作品能够达到与消费者互动或者产生共鸣的效果。通过将设计作品与消费者日常生活中的经历、情感或记忆进行关联，消费者可以在欣赏作品时产生情感上的共鸣，从而增强对于作品的理解和感受。例如，通过在服装中运用家庭元素或亲情的象征，消费者可以引发对于家庭温暖与关爱的回忆，与作品建立起情感的共鸣。

总而言之，相关联想在服装设计中起着重要的作用。它不仅可以激发设计师的创意和灵感，帮助他们创作出独特有趣的设计作品，还能够与消费者产生互动或共鸣的效果。通过积极运用相关联想，设计师可以打破常规，对不同事物进行创新的组合和联系，创造出富有深度和惊喜的服装作品，为时尚领域注入新的活力和魅力。

（三）相反联想

相反联想是指通过探索具有相反特征或相互对立的事物之间的联系和差异来引发想象的延伸。它要求人们从不同的角度观察和发现一种事物，并理解隐藏在其背后的矛盾性和差异性。通过找出这种差异，设计师可以打开创意突破口，从而获得许多意想不到的结果，最终形成新的创意概念，使设计作品更加吸引人。

在服装设计中，运用相反联想的思维方式可以为设计师带来独特的视觉效果和感受。通过对相对的概念、元素或风格进行对比和结合，设计师可以创造出充满活力和冲突的设计作品。例如，设计师可以将柔软与刚硬、明亮与暗淡、光滑与粗糙等对立的元素融合在一起，创造出引人注目的对比效果。这种对比的组合不仅可以吸引人们的注意力，也能让他们产生更深层次的审美感受。

相反联想的运用还能够帮助设计师挑战传统观念，突破常规的设计思维。通过寻找相对的概念，设计师可以打破传统的设计框架，创造出独特、前卫的服装作品。例如，设计师可以将男女性别特征颠倒，设计出不拘一格、性别模糊的风格的服装，展示出对性别固有定义的颠覆和重新定义。

总而言之，相反联想在服装设计中具有独特的魅力和创作潜力。它通过发掘事物之间的对立和差异，激发设计师的创新思维，从而创造出视觉上引人注目的设计作品。通过积极运用相反联想，设计师可以突破常规，展示出前卫和个性的设计风格，为时尚界带来新的惊喜和创意。

四、再创造法

服装作为文化的一种表达方式，代表着一定的文化个性、文化素养和审美意识。再创造法在民族风格的服装设计中扮演着传统文化与现代服装之间桥梁的角色。设计师将传统文化作为现代服装发展的背景和动力，通过吸收传统文化的养分，融入现代的审美意识和个性，创造出既具有民族精神又有时代气息的时尚艺术。在设计民族风格服装时，再创造法主要可从以下三个方面进行。

首先，再创造法可以在服装设计中赋予传统元素全新的意义。设计师可以从传统服饰、手工艺等方面汲取灵感，通过重新解读和创新的方式，将传统元素注入现代服装设计中。例如，设计师可以将传统的花纹或刺绣图案转化为现代的图形元素运用于服装的设计中，展现传统文化的丰富内涵和独特魅力。

其次，再创造法可以通过材质和工艺的创新来实现。设计师可以尝试将传统的材质与现代的材料相结合，创造出具有新颖质感和触感的服装。例如，结合传统的丝绸面料与现代的科技纤维，或者将传统工艺技巧应用于现代面料的处理上，使服装呈现出独特的质感和工艺美学。

最后，再创造法还可以在服装的造型和剪裁上进行再创作。设计师可以将传统的服装形式与现代的剪裁技术相融合，创造出独特的服装轮廓和线条。例如，将传统的褶皱等元素运用于现代剪裁的装束设计中，展现出传统与现代的碰撞和融合。

综上所述，再创造法在民族风格的服装设计中具有重要作用。通过为传统元素注入新意义、新材质和工艺的创新，以及服装造型和剪裁的再创作，设计师能够创造出既具有民族特色又与时俱进的时尚艺术。再创造法为设计师提供了一种丰富和拓宽创作思路的方式，使他们能够将传统文化与现代时尚相结合，创造出独具个性和魅力的服装作品。

（一）图案再创造

中国传统图案以其个性鲜明、形式多样和颜色丰富，成为现代服装图案设计的基石。在设计之前，首先要通过图案再创造的练习，依次完成临摹、变形和再创作三个阶段。临摹经典传统图案的目的是学习具有传统民族精神内涵的图形形式和视觉语言，掌握民间传统纹样的基本规律。在研究题材内容、形式结构、色彩配置、材料工艺、风格特点和审美价值等方面，能够领悟民族民间艺术的创造精神，感受装饰美的魅力。因此，除了少数民族服饰图案，相关的传统建筑图案、青铜纹饰、传统陶瓷纹样、剪纸图案、脸谱纹样、瓦当图形和篆刻等，都是非常好的临摹题材。通过对临摹后的图案进行变形和再创作，设计师能够形成一个多样化的图案素材库，为以后的创作提供丰富的灵感来源。

重新构思和再创造传统图案能够为现代服装设计带来新的活力和创意。通过在临摹的基础上进行变形，设计师可以加入现代元素，调整图案的尺度、形状和结构等，赋予传统图案全新的外观和意义。再创作阶段是设计师发挥创造力的时刻，可以将传统图案与其他风格或元素相结合，创造出富有个性和时尚感的图案设计。这样的再创造不仅能够传承和弘扬传统文化，还能够与时俱进地满足现代时尚的需求。

总而言之，通过图案的再创造，设计师能够深入了解和学习传统民族艺术的精髓，同时能够将其与现代时尚相结合，创造出具有个性和创新的服装图案。临摹、变形和再创作为设计师提供了一个丰富多样的素材库，激发了他们的创作灵感，并且能够为他们打开更加广阔的设计思路。通过尊重传统、注入现代的方式，设计师能够创造出既具有传统文化底蕴又富有时代气息的时装作品，为时尚界注入新的活力与魅力。

（二）造型再创造

民族服饰的美丽之处在于其独特的造型。传统民族服饰以其款式繁多、图案古朴、色彩夺目、工艺精美等鲜明特点而闻名。在现代服装设计中，对民族服饰造型进行再创造最能有效体现出民族风格服饰的创新性。

再创造民族服饰的造型意味着通过重新审视和解构传统服饰的形式，运用现代设计元素和创意思维，赋予服饰全新的外观和表达方式。设计师可以从传统服饰中提取特征元素，如领口的线条、衣袖的形状、裙摆的长度等，然后进行重新组合和改造，使其呈现出与现代审美相契合的新形态。这种再创造对民族服饰造型进行了重新诠释和演绎，使之更贴合现代时尚潮流和人们的个性需求。

通过再创造民族服饰的造型，设计师可以将不同民族的传统元素相结合，创造出独特的跨文化融合风格。设计师可以在保留传统造型的基础上，加入现代的剪裁技术和流行元素，使民族服饰更具时尚感和前卫气息。例如，设计师可以将传统的宽松袍型与现代的修身剪裁相结合，创造出既有传统风味又符合现代穿着习惯的民族服装。同时，还可以运用现代的纹理处理和装饰手法，如立体剪裁、立体刺绣等，为民族服饰创造更丰富的层次和细节。

再创造民族服饰的造型还意味着超越传统的限制，引入更多的创新和个性化元素。设计师可以对不同民族的服饰元素进行融合和演绎，创造出新的服饰风格。例如，在头饰的设计中，设计师可以对不同民族的传统头饰形式进行重新组合和改造，打造出既独特又富有个性的头部装饰。同时，设计师还可以运用现代的材料和工艺，如激光切割、3D打印等，为民族服饰的造型注入创新的元素，使之更加与时俱进，符合现代人的审美需求。

总之，再创造民族服饰的造型是一种跨文化的创意过程，通过重新审视和融合传统元素，结合现代的设计手法和个性化需求，设计师能够创造出独特、时尚的民族服饰造型。这种创造性的再创造不仅能够打破传统的束缚，展现民族服饰的创新性和时尚性，还能够让传统文化在当代得到更广泛的传承和发展。通过对民族服饰造型的再创造，设计师能够以自己的独特视角和创造力为时尚界带来新的风貌和灵感。

（三）面料再创造

面料作为制作服装的关键材料，在服装设计中起着至关重要的作用。它不仅展现了服装的风格和特性，还直接影响着服装的色彩和造型效果。在时尚设计行业，面料的选用和处理变得更加重要。面料再创造是指运用传统技艺和高科技手段，对现有的服装面料进行创新设计，使其产生全新的视觉效果。对于民族风格服装来说，面料的再创造显得尤为重要，因为不同民族的服装风格各有差异，面料的表达和加工方法也不尽相同。在设计民族风格服装时，面料再创造的设计尤为突出。

民族风格服装的面料再创造基于民族服装风格的特征，结合各种面料材质，借助设计师的智慧和手艺，最大化地发挥面料的潜能，使面料的风格与表现形式融为一体，形成统一的设计风格。因此，在进行面料再创造时必须考虑如何体现民族风格的特色。

在面料再创造的过程中，可以尝试与传统的民族元素相结合，如印花、刺绣、手工艺等，使面料呈现出鲜明的民族风格。同时，设计师可以通过运用创新的材质、纹理和工艺，使面料在质感和触感上与民族风格相契合。例如，设计师可以利用现代科技纤维，结合传统丝绸或棉麻等材料，创造出既具有传统风味又具有现代特色的面料。此外，对于民族风格的面料再创造，还可以在色彩和图案的选择上体现民族文化的独特魅力，使面料能够在视觉上引发观者对传统文化的联想和情感共鸣。

在现代时尚流行的趋势下，民族风格服装成为服装设计中备受关注的一种风格，它代表着服装文化个性化发展的另一面。现代服装设计师纷纷将民族文化的美妙融合到现代服装设计中，民族风格的服装成为设计师们关注的焦点。中国民族服饰文化中的图腾、纹样和款式造型，无论是纤细婉约还是粗犷豪放，都对现代服装设计的风格产生了影响。因此，如何进行民族风格服装设计的面料再创造，为现代服装设计的发展提供更广阔的空间，成为现代服装设计师普遍关注的问题。

现代服装设计师通过将民族文化元素与现代时尚趋势相结合，为民族风格服装注入新的生命力。在面料再创造方面，设计师可以运用各种传统的面料加工技艺，如染色、织造、刺绣等，使面料呈现出独特的民族风情。与此同时，设计师还可以运用现代科技手段，如数字印花、数码喷绘等，为民族风格服装赋予更多的时尚元素。通过面料再创造，设计师能够将传统的民族面料与现代的服装需求相融合，创造出既具有民族特色又符合现代审美的服装设计作品。

在面料再创造的过程中，设计师还需要注重选材和色彩的搭配。优质的面料能够赋予服装更好的舒适性和质感，同时选用具有代表性的颜色和图案，能够更好地展现民族风格的独特魅力。此外，面料的质地和纹理也是设计师需要考虑的重要因素，选择合适的面料质地和纹理能够帮助设计师获得他们所追求的视觉效果。

总而言之，面料再创造是现代服装设计师为了展现民族风格的个性化需要关注的重要环节。通过传统的面料加工技艺和现代的科技手段，设计师能够为民族风格服装注入新的创意和时尚元素。合理的选材、色彩和质地的搭配将为面料再创造带来更加丰富多样的可能性，为现代服装设计提供更广阔的发展空间。

第五节　民族风格服装设计程序

本节以海南黎族风格服装设计为例，讲解民族风格服装的设计程序。

在进行黎族风格服装设计时，资料的准备和收集是必不可少的。资料的范围不限于民族服饰，相关的藤竹编、剪纸、船形屋等都可以作为设计灵感的来源，收集和分析这些资料的方法是相似的。由于笔者在民族服饰领域已经研究了十余年，曾经去过我国许多少数民族聚居地区进行采风，积累了大量的资料，所以在这里以海南黎族服饰为代表进行讲解和分析。

资料的准备和收集对于民族风格服装设计是非常重要的。通过研究和分析，设计师可以从中汲取灵感，运用其中的图案、纹样和色彩等元素设计服装。传统建筑、服饰、藤竹编、黎陶等艺术形式也是宝贵的资料来源，设计师可以借鉴其中的线条和构图，将其转化为服装的设计元素；剪纸、编织等民间手工艺也为设计师提供了丰富多样的图案和纹样，可以用于服装设计创作。

在进行资料收集时，设计师需要深入实地采风，亲自接触和了解不同民族的服饰文化，以更全面地了解该民族服装风格、材料、工艺和纹饰等方面的特点。同时，通过对当地民族服装的考察和调研，设计师能够更好地理解和把握民族服饰的文化内涵和审美价值。这些收集到的资料将为设计师提供丰富的创作灵感和参考，使他们能够设计出具有独特民族风格的服装作品（图5-5）。

图5-5　海南槟榔谷黎族文化艺术考察

总之，资料的准备和收集是进行民族风格服装设计的基础工作。通过探索古代文化和传统手工艺——从古代陶器到传统建筑再到民间手工艺，设计师能够从中汲取灵感并融入现代服装设计中。深入的实地采风和调研将为设计师带来宝贵的资料和真实的体验，为他们设计出具有丰富文化内涵和独特民族风格的服装提供支持。

一、民族服饰考察

设计资料的收集与分析需要进行实地采风。在进行采风之前，必须对我国各个少数民族的分布情况有一个全面的了解，并确定需要考察的地点。如果无法进行实地考察，可以通过文字资料、图片和影像资料等学习相关信息。无论是否进行实地考察，都需要通过文字资料查询等对该民族有一个宏观的理性认识，包括了解该民族的人口分布情况、主要聚居地、历史沿革、居住环境、宗教信仰、风俗人情以及与其他民族的联系和差异。例如，黎族有五个方言区，每个方言区的工艺和图案都有很大的区别，都有各自的特色。

在实地考察时，通常需要选择最具特色和典型的地区进行。最好能够参加当地的民族节庆活动，因为在节庆期间可以收集到丰富的民族盛装的资料，并且能够更好地感受民族服饰存在的环境和价值。参加这些活动不仅能够目睹民族服饰的魅力，还可以与当地的该民族的人民互动交流，深入了解他们的服饰文化和习俗。

实地考察的过程中，设计师需要留意并记录下各种具有代表性的服饰元素，如图案、纹样、色彩、纺织工艺等。这些记录将成为设计资料的重要组成部分，可以在后续的设计过程中提供重要的参考。

综上所述，设计资料的收集与分析必须进行实地采风。无论是进行实地考察还是通过文字资料和图片等进行学习，都需要对少数民族的分布情况和相关信息有一个全面的了解。在实地考察时，选择具有代表性和典型性的地区进行，最好能够参与当地的民族节庆活动，以丰富收集的资料。记录和留意各种服饰元素将为设计工作提供重要的参考和灵感。

二、民族服饰元素采集与归类

对一种民族服饰进行考察时，除了了解其历史沿革、风俗习惯和居住分布特点之外，服装款式、结构、色彩、图案以及材料和工艺都是需要重点考察的内容（图5-6）。这些数据需要细致而真实，如在考察服饰图案时，需要找到最有代表性和特点的图案，并理解其中纹样的构成特征及纹样的特色、色彩规律和文化内涵。

图5-6 民族传统服饰款式、结构、色彩、图案、材料和工艺的考察

除了拍摄记录外，临摹也很重要，可以提高对图案的理解和认识，学会欣赏和对比。临摹可以提高对服饰元素的理解和认识，这在学习过程中非常重要。临摹是一个观察、模仿和再现的过程，通过临摹可以更加深入地了解服饰元素的细节和构成，提高对民族服饰的欣赏能力和对比能力。

在采集了民族服饰元素后，需要对资料进行归类和整理，以便将来查阅、分析和研究。通过对民族服饰元素的采集和归类，可以深入体会到民族服饰的个性和魅力所在，并提高对民族服饰的理性与感性的结合认识，为日后的设计创作打下重要的基础。

三、分析研究

有了前面阶段的准备工作，收集了第一手资料后，便可以将这些资料汇总整理，展开进一步的分析和研究。这个分析的过程，也是提高自身审美修养的一个过程，同时也是对民族文化艺术的了解和探索，需要认真总结民族服饰的配色规律、纹样特点、审美形式和文化内涵等，从中汲取营养。通过分析和研究，可以深入了解民族服饰的独特之处，并从中找到自己感兴趣的点，激发自己的创作欲望和热情。

在分析民族服饰时，可以关注服饰的配色规律，包括色彩的搭配和运用。不同民族的服饰通常有自己独特的色彩组合方式，这些色彩运用常常体现了民族文化的特点和审美观念。通过分析配色规律，可以了解不同色彩的搭配对服饰整体效果的影响，从而在后续的设计过程中有意识地运用这些色彩组合。另外，纹样特点也是分析民族服饰的一个重要方面。纹样是民族服饰的重要组成部分，通常具有独特的形态和寓意。通过仔细分析纹样的构成特点、形态特征和文化内涵，可以更好地理解民族服饰所表达的意义和传递的信息，有助于设计师在创作过程中融入民族服饰元素，传达特定的文化价值和情感。

四、设计过程

服装设计是用服装语言塑造人的整体着装姿态的过程。服装设计构思是一个完整的过程，有一个循序渐进的设计程序，所以本节着重对设计过程进行讲解与介绍。民族服饰语言的时尚转换，是服装设计的重要组成部分，其设计过程与其他类型的服装设计一样，都是从寻找设计灵感开始，进而深入设计。在进行民族服饰语言的时尚转换时，应从民族传统服饰语言中寻找灵感，以此为基础进行设计。

五、优秀学生作品（图5-7～图5-9）

图5-7 《黎情鹿回头》（作者：琼台师范
学院　2015级服装与服饰设计　黄越）

图5-8 《传承》（作者：琼台师范
学院　2021级艺术设计学　崔俊）

图5-9 《蜡缬于琼》（作者：琼台师范学院　2018级
艺术设计学　冼真玉）

第六节　民族风格服装设计师及品牌赏析

民族风格在服装界越来越流行，其独特的元素成为设计师们钟爱的对象。国际上的设计师如约翰·加利亚诺（John Galliano）、三宅一生（Issey Miyake）和高田贤三（Takada Kenzo）等，每年都会发布具有鲜明民族特色的设计作品，他们擅长将民族元素巧妙地融入自己的设计中。在中国，也有许多杰出的设计师在民族风格服装设计中取得了成功。他们在保持民族特色的同时，运用现代设计手法和时尚元素，巧妙地将东西方服饰的特点结合起来。像张肇达、吴海燕、梁子和郭培等设计师，他们善于运用富有中国特色的面料、创意地设计纹样，努力将民族精神和文化传达出来，同时准确把握着国际时尚的潮流。

这些优秀设计师的作品展示了民族风格与现代时尚的完美融合。他们的设计不仅具有独特的民族元素，还体现了对细节的精心追求和对时尚趋势的敏锐洞察力。他们的设计作品不仅受到国内外消费者的喜爱，也获得了社会各界广泛的认可和赞誉。

民族风格服装设计的流行与国际设计师以及国内设计师的努力密不可分。他们通过巧妙地运用民族元素和现代时尚元素，展现了民族服饰的独特魅力，并成功捕捉住时尚潮流的脉搏，为时尚界带来了新的活力和创意。

一、张肇达

张肇达的时装设计作品将中华民族服饰的魅力展现得淋漓尽致，是几千年来中华文明与民族元素传承下来的独特魅力的体现。他在设计中完美结合了中国传统民族元素与现代设计，每一场走秀都表达了同类的主题：东方古国的神奇魅力、"兼容并蓄、海纳百川"的远大胸怀和高贵气质（图5-10）。

图5-10　张肇达设计作品（2021中国国际时装周）

张肇达的设计作品展现出中国传统民族服饰的精华，他从中华文化中获得灵感，并通过精心挑选的细节和高雅的设计手法将其转化为独具魅力的时装作品。他的设计不仅注重服装的外观效果，更加强调对于细节的关注和精心呈现，从面料的选择到纹样的创意设计都力求将中华民族的独特美感展现出来。

张肇达的设计充满了传统民族元素创意与现代时尚元素的融合，他巧妙地使用了中国传统的红色、龙纹、汉服等，将传统的元素与现代的设计理念相结合。这种完美的融合，展现了中国古老文明和崇高气质的独特魅力。

通过张肇达的设计作品，可以感受到中华民族服饰文化的博大精深和宏伟气魄。他的设计不仅仅是时尚的表现，更是对中华民族传统文化的诠释和传承。他的作品展示出中国古老文明的深厚内涵与精致之美，向世界展示了中华民族服饰的独特魅力，并为中国时装界的国际化发展做出了重要贡献（图5-11）。

在张肇达的时装设计中，可以看到西方传统紧身胸衣和裙撑的影子，体现了较西式的设计思维。他以西方晚装的经典"X"造型为基础，巧妙融入了打皱、排褶、钉珠、镶花等中国传统工艺设计手法，同时运用了中国特色的红、褐、紫等的色调组合，并加入了西式晚装的解构变形，表达了敦煌、故宫、江南水乡和云南西双版纳等民族传统主题。

作为现代的服装设计师，对民族传统的理解不能仅局限于偏襟小褂、绣花长衫或蜡染布。服装文化的内涵是继承民族传统、探寻中华民族传统文化，这是我们民族精神的不竭源泉。作为设计师，应该悉心学习，探索民族传统文化丰富精湛的内涵并在设计中运用和创新，将

图5-11 张肇达设计作品（2021春夏中国国际时装周）

民族宝藏推向世界。

张肇达的设计作品正是在这方面做出了积极的努力。他将西方和中国的元素融合在一起，探索了跨文化的设计语言。他的设计既展示了中华民族服饰的独特魅力，又突破了传统的束缚，创造出了具有现代感和国际化的时装作品。他的作品向世界传递了中华民族文化的自信和自豪，同时也推动了中国时尚产业的发展。

综上所述，张肇达通过西方和中国的传统元素的融合，展现了他对于中华民族传统文化丰富内涵的理解和探索。他的设计不仅是对民族传统的传承，更是一个寻找和创新的过程，将中华民族文化的珍宝带向了世界舞台。

二、东北虎和夏姿·陈

在时装界，高级定制代表着奢华与顶级，象征着品质生活。东北虎作为一家扎根于华夏五千年文明的品牌，秉承着"贯通古今，融汇中西"的设计理念，开创了别具一格的中国式高级定制（图5-12）。

图5-12 东北虎品牌秀场

东北虎体现了民族融合的概念，其吸取了汉族、苗族、藏族、傣族、纳西族、彝族等50多个民族的服装元素，采用真丝面料，将民间散落的各种工艺（如缂丝、刺绣、剪纸等）以及织造大师的绝技融合在精美的华服设计中。他们用西方的立体裁剪来勾勒和衬托作品的东方神韵和内涵。

东北虎的作品采用了剪纸等多种传统工艺，剪纸作为中国民间传统装饰艺术之一，拥有着悠久的历史，从汉代流传至今。民间剪纸题材广泛，涵盖了动物、植物和生活场景等，表现形式多样，寓意丰富，代表着吉祥和美化等特征。东北虎巧妙地将传统剪纸工艺融入礼服设计中，并通过纯手工制作的方式展现出来。此外，东北虎还选用了优质、舒适、天然的桑蚕丝面料，彰显出其对细节和材质的极致追求。

除了东北虎，还有另一个著名的品牌——夏姿·陈也值得一提。夏姿·陈是一家融合了东方民族设计元素的世界级精品时尚品牌。品牌成立于1978年，专注于设计和生产高级女装，并逐渐发展为一家拥有高级女装、高级男装、高级配件和高级饰品的综合品牌。设计师王陈彩霞生于1951年，是中国台湾彰化县人。夏姿·陈服饰是她与王元宏共同创立的品牌，并成了中国台湾时尚产业的传奇与代表。夏姿·陈的服装作品主要采用丝绸、麻、毛、棉等天然面料，尤其对丝绸极为钟爱。品牌的服装设计不仅在板型上独具特色和结构，更注重工艺的精湛制作，同时运用刺绣、手绘、钉珠等工艺手法融入设计元素。

夏姿·陈以其独特的设计风格和对传统文化的深入挖掘而闻名。其设计灵感来自中国传统艺术和手工工艺品，如蜀锦、蓝印花布等。夏姿·陈将这些传统元素与现代时尚巧妙地结合，使其服装作品既充满东方韵味，又兼具现代感。

夏姿·陈不仅在设计上独具匠心，也注重品质和创新。品牌对材质的选择非常谨慎，关注环保和可持续发展。品牌还积极探索与新技术的结合，将传统工艺与现代技术相结合，以打造出更加独特的时尚作品。夏姿·陈注重细节和工艺的精湛，品牌服装设计充满了艺术性和精致感。更重要的是，品牌致力于向世界展示中国传统文化的独特之处和无穷魅力，并将其融入国际时尚舞台中（图5-13）。

夏姿·陈是一个以东方民族设计元素为特色的世界级精品时尚品牌。品牌通过融合传统文化与现代设计元素，展现了中华民族的独特美学。夏姿·陈不仅塑造了自己独特的品牌形象，也为世界时尚产业注入了东方智慧和艺术的新鲜血液。

夏姿·陈每年推出的产品不仅追随国际潮流，还融

图5-13　夏姿·陈秀场作品

入了中国的文化理念，注入了当代时尚美学。因此，品牌的作品风格充满了含蓄优雅和精致灵动的特点，具有非常强的艺术性和商业价值，成为夏姿·陈品牌的经典之作。品牌成功地将中国传统民族服饰中的写意风格与西方写实风格完美地结合在一起。

夏姿·陈的作品不仅在中国台湾广受欢迎，在国际时尚舞台上也获得了极高的声誉。其设计不仅引领着时尚潮流，更展现了传统文化的魅力和独特之处。夏姿·陈以其独特的设计风格和对细节的精致追求，为中国台湾时尚产业发展做出了重要贡献，并向世界展示了中国传统文化的独特之美。

综上所述，东北虎和夏姿·陈是两个将中国传统文化与时尚设计相结合的品牌典范。它们通过吸收民族服饰元素、传统工艺和优质面料的运用，将中国传统文化和现代时尚相融合，展示了中华民族独特的审美和无限的创造力。这两个品牌不仅推动了中国时尚产业的发展，也为世界带来了对中国文化的新的认知。

本章小结

本章着重对民族风格服装的设计特点、设计要素、设计构思进行了阐述，从服装的款式、面料、色彩、图案、细节等方面讲述了民族风格服装的设计特点。民族风格服装设计构思主要体现为对民族思维方式的借鉴、民族传统符号的运用。此外，分析了民族风格代表服装设计师的作品，详细地介绍了其作品的设计特点，并运用相应的图片进行了阐释。

课后习题

1. 试分析民族风格服装的设计特点，分别从款式、面料、色彩、图案、细节等方面进行总结概括，要求绘制相应的款式图并说明其特点。
2. 运用本章中提到的对民族思维方式的借鉴、民族传统符号运用的设计构思，分别以我国的民族元素（如京剧脸谱、旗袍、青花瓷、黎族织锦、剪纸等）为素材进行创意设计，要求以服装效果图及实物的形式进行展示。

第六章

品牌服装设计

教学目标：通过本章的学习，了解品牌的概念、形象及意义，品牌服装的定义及分类等。了解品牌企业的运作方式和当前的业内动态。

教学要求：在本教材的前面章节，学生学习了礼服、童装、民族风格服装等创意类服装设计和成衣设计等专题，对服装设计的艺术性、实用性有了初步的认识。在本章，我们将在原来的基础上迈上一个更高的层次——品牌服装设计。品牌服装追求非凡的设计理想、考究独特的面料、精湛的板型设计与做工、艺术与服装功能的融会贯通，还要有与之配套的经营观念和市场模式。所以，品牌服装设计比普通成衣设计难度更大、要求更高，这一课程对我们更具有挑战性。

第一节　品牌服装设计基础

20世纪90年代，随着我国经济飞速发展，中国服装市场的发展由追求数量转向追求质量，开始有了品牌的概念和意识。而国外一些服装企业利用其在本国早已运作成熟的服装品牌模式，轻而易举地在我国的服装市场上站稳了。国内服装企业在看到国外服装企业轻而易举地赚取了大把由品牌效应带来的利润之后，纷纷加入"品牌服装"行列，政府有关部门大力支持国内企业走品牌之道，形成了创造品牌服装的良好氛围。教育，尤其是应用性很强的教育，更要与市场变化紧密结合，为企业服务。在业内人士纷纷看好品牌服装的今天，一个合格的服装专业毕业生除了应该掌握服装设计基础知识和基本技能之外，还要了解品牌企业的运作方式和当前的业内动态，以便踏出校门就具备企业化品牌服装运作知识，以尽快适应企业岗位要求，担当起品牌服装的设计重任。

一、品牌的含义

（一）品牌

品牌是什么？品牌是用以识别某个销售者或某群销售者的产品和服务，并使之与竞争对手的产品或服务区别开来的商业名称及其标志，通常由文字、标记、符号、图案和颜色等要素或这些要素的组合构成。品牌是一个集合概念，主要包括品牌标识、品牌名称两部分。品牌标识（品标），是指品牌中容易被记忆和认出，但是无法用言语表达的部分；品牌名称（品名）是指品牌中能够用于言语称呼的名字。

（二）品牌的内容

品牌从本质上说，是传递信息，一个品牌能表达六层意思。

（1）属性。品牌首先给人带来特定的属性。

（2）利益。消费者需要的是利益而不是属性，因此属性要转变为利益，如"质量可靠"的品牌维修费用减少，"服务上乘"的品牌节省消费者的时间、方便消费者等。

（3）价值。品牌能提供一定的价值。

（4）文化。品牌附加和象征了一种文化。

（5）个性。品牌能代表一定的个性。

（6）使用者。品牌能够区分购买使用该品牌产品的顾客是谁，他们代表着一定的文化个性，因此对于企业定位和细分市场有很大帮助。

因此，品牌是一个非常复杂的符号。它不仅仅是一个名称、设计、标记或者术语，或它们的组合应用，更应该是品牌所表现的文化、价值和特性，它确定了品牌的核心内容。

（三）品牌与产品、商标的异同

1. 产品与品牌

提及品牌最为相关的名词是产品。品牌与产品存在多重关系，如没有了产品，品牌就缺少根基；有好产品，却不一定是好品牌。它们的区别体现在以下方面。

（1）产品是具体的、物质的，品牌是抽象的、意识的。产品可以被仿造，品牌无法仿造。产品容易落伍过时，好的品牌可以经久不衰。

产品是具体的，可被顾客感官感受、满足他们的使用需求，如轿车可以代步、服装可以御寒等。

品牌是抽象的，是顾客对产品的一切感觉的总和。它蕴含了顾客的感情、观点、看法及行为，如产品是否有个性、是否足以信赖、是否产生满意度与价值感、是否代表某种特殊意义和感情寄托、是否在生活中不可缺少。

（2）品牌以产品为载体。实践得知，产品不一定有品牌，但是品牌却一定指向产品。产品是品牌的依托，好的产品才能支撑品牌的存在。某种产品得到顾客信任和接受，并且能够与顾客建立起坚韧密切的关系，才能使映射在该产品上的品牌存活。品牌以产品为载体，由于产品是生产经营的直接结果，它决定于企业自身，所以，品牌又被理解为企业与消费者之间的关系。

2. 商标与品牌

这两个概念非常容易混淆。很多人认为，产品注册商标后就成为品牌。实际上，两者既有关系，又有差别。

（1）商标是品牌的一部分。商标不仅是一种标记，还包括名称，在商标注册过程中，这两部分通常一起注册，共同受法律保护。品牌、商标在营销中均是为了区别商品来源、便于顾客识别商品，用以竞争。因此，商标与品牌都是商品传播的基本要素。品牌与商标的不同，主要体现在商标受法律保护，而未经注册的品牌不受法律保护。注册后的商标，其专用权受到法律的保护。

（2）品牌属市场概念、商标属法律概念。商标强调的是对生产者和经营者的合法权益的保护；品牌则强调企业与顾客之间建立、保持和发展的相互关系。

商标的法律作用是：通过注册商标，既保护其所有者的合法权益，也促进其所有者保持商品质量稳定、维护商标信誉。当商标相关利益受到或者将要受到侵犯的时候，其所有者能够采取法律行动维护自身权益。

品牌的市场作用是：有利于推动销售，提升品牌效益；有利于强化顾客对品牌的认知程度，引导顾客选购该品牌的商品，并提升顾客对品牌的忠诚度。

二、品牌服装的分类

品牌服装的分类方法比较多，常见的主要有以下六种方法。

（一）主次分类法

按投资比例、设计定位将品牌分为主要品牌、次要品牌。

（1）主要品牌：也称主牌，是企业主要推介的品牌，在企业中有重要地位。

（2）次要品牌：也称副牌，是企业与主要品牌相关联的次要地位的品牌。

（二）性别年龄分类法

按性别、年龄进行分类。

（1）男装品牌：即男式服装品牌。

（2）女装品牌：即女式服装品牌，是服装品牌中占比最高的大类品牌。

（3）童装品牌：供儿童穿着的品牌。儿童品牌可分为少儿品牌、幼儿品牌和婴儿品牌。

（4）少女品牌：供少女穿着的品牌。

（5）淑女品牌：市场上将略带职业装风格、穿着年龄介于少女与中年女性之间的女装称为淑女装。

（6）中年女性品牌：将中年女性作为着衣对象的品牌。

（三）风格分类法

同一年龄层次中，按照品牌的风格定位进行分类。

（1）休闲品牌：将休闲风格作为主要线路的品牌。

（2）正装品牌：在礼节性场所穿着，讲究服装质地、风格较为成熟的品牌。

（3）运动品牌：设计上注重轻松活泼，具有运动风格、非体育比赛使用的品牌。

（4）前卫品牌：设计新颖、突出个性，具有超前特点的品牌。

（四）品种分类法

品牌的门类性强，产品呈系列化，也称单品品牌。

（1）衬衣品牌：以衬衣为主要产品的品牌。

（2）西装品牌：以西装为主要产品的品牌。

（3）风衣品牌：以风衣为主要产品的品牌。

（4）毛衫品牌：以针织类毛衫为主要产品的品牌。

（5）大衣品牌：以冬季呢绒大衣为主要产品的品牌。

（6）皮衣品牌：以皮革面料为主要面料制作产品的品牌。

（7）裤装品牌：以裤装为主要产品的品牌。

（五）推介方式分类法

按照突出品牌推广的重点分类如下。

（1）设计师品牌：以主持产品设计的设计师或独立设计师名字命名的品牌。如李宁公司是中国家喻户晓的"体操王子"李宁先生在1990年创立的体育用品公司。

（2）供应商品牌：以供应商的名字命名的品牌。

（3）销售商品牌：以销售公司的名字命名的品牌，也称百货商品牌或零售商品牌。

（六）价格分类法

品牌的档次常可用产品的价格进行区分。

（1）高档品牌：该类品牌的产品质地好、形象优、价格贵。

（2）中档品牌：该类品牌的产品质地、价格中等，是市场上的主流品牌。

（3）低档品牌：该类品牌的产品质地、价格较低。

第二节　品牌服装设计风格

一、品牌服装设计风格的概念界定

（一）品牌服装设计风格的定义

服装风格是指服装设计师通过设计方法，将其对服装的理解用衣服作为载体表现出来的面貌特征。从理论上说，任何一件服装都可以划归到一定的风格类型里面，因为它们都符合产品设计风格的一般要素。在实践中，一些风格既鲜明又新颖的产品容易被人们关注，被认为是具有风格的产品，而在某种背景下，一些特征比较模糊的产品往往被认为不具备风格。事实上，某种背景下的模糊不能说明其没有风格，只不过是因为其个性不明显而不能突出于这种背景。

品牌服装设计风格是指以品牌文化和品牌诉求为原则、以时代变化和市场需求为导向、渗透了设计师个人风格的产品面貌特征。服装设计是艺术设计的分支，其绝大多数的设计结果是投放市场的产品，只有部分设计结果才能称为"作品"，相对来说，前者的艺术成分少于后者，但都可以具备一定的艺术风格。正因为服装只是部分带有艺术特征的产品，所以品牌艺术风格的含量也随之减少。

（二）品牌服装设计风格的特征

1.设计风格提升物质材料的价值

设计风格的价值与物质材料的价值在很多情况下不成正比。品牌服装设计的误区之一是物质材料价格越高，设计风格就越明显。虽然高价材料有其高价的理由，可以在一定程度上方便设计风格的表现，但绝不是带动设计风格以价值为导向的主要理由。因此，用质优、价高的材料制作服装，带动的是因产品材料成本增加而相应提高的售价，并不能真正反映设计风格的价值。从服装的物质构成来看，面料的价值没有掌握在服装公司手中，而是掌握在面料公司手中。服装公司要在面料方面达到高标准并不难，但是可以挖掘的潜力十分有限，产生突破的可能性也不大，相反，一些普通面料在设计风格的支持下提升了其原有价值。例如，浙江温州的头部男装品牌已经很难在面料、工艺等方面进行竞争，只有品牌运作才能使它们在市场上分出优劣。

2. 设计风格选择生产工艺的类型

设计风格需要以恰当的生产工艺表现。根据服装生成的一般程序，在设计风格确定的前提下才有对生产工艺的选择，因此，采用哪种生产工艺是设计风格选择的结果。尽管新的生产工艺可以从某种角度上激发设计灵感，或者说一种生产工艺的表现对应着一种服装制作效果，但是，设计风格还有其他设计元素的加入，特别是设计师对设计风格思考的结果，所以，在大部分情况下，生产工艺应当任由设计风格选择。比如，一些失传的传统工艺并不是因为那些工艺本身不美观，除了企业追求生产效率的原因之外，设计风格也因人们的审美品位发生了很大变化而作了相应改变，那些传统工艺不再是设计风格的首选，于无形中遭遇了被淘汰的命运。

3. 设计风格附和市场需求的走向

品牌服装的设计风格具有明显的商品特征。在品牌运作的过程中，资本的逐利性和商品的流行性使得商品不断地发生循环上升的交替性变化，使设计风格也附和着出现了相应变化。尽管设计风格带有明显的设计师个人思维的痕迹，但是，有生命力的设计风格是市场需求的反映，没有市场需求的设计风格将难以存在，因此设计风格是对市场需求的附和。一种设计风格下可以囊括无数具有同样风格倾向的产品，一件产品却只能归类到一种对应的设计风格下。就品牌服装而言，即一个品牌一般只拥有一种设计风格，一种设计风格则可以涵盖众多品牌。当这种涵盖范围越广时，就越是表露了流行的迹象，也越是证明了设计风格为了满足市场需求和顺应流行趋势而进行自我转型的商品特征。

二、品牌服装设计风格的形成因素

品牌服装设计风格是加上了"品牌服装"这一定语之后的设计风格，这一概念界定了其研究范围仅限于"品牌服装"，从本质上来看，影响品牌服装设计风格形成的因素与影响其他领域设计风格形成的因素基本一致。在表现上，除了上述影响设计风格形成的共同因素以外，品牌服装的设计风格形成还有其自身的因素，这些自身因素是由服装产品的特点决定的。影响品牌服装设计风格形成的主要因素表现在设计理念、人体工学、生活方式、物质材料、加工方法等几个方面。

（一）设计理念

服装设计是现代设计的一个分支，服装设计风格受到现代设计理念的影响较大。因为服装设计的目的是人体穿着，首先考虑的是人的舒适性，因此其设计自由度远不如其他领域。大多数情况下，服装设计理念不那么激进，表现手段也受到相对限制。即便如此，现代设计理念仍然较大程度地影响着服装设计，特别是在小众品牌服装（尤其是创意服装）中表现得非常明显。

（二）人体工学

设计风格应当符合人体工学。随着现代科技的发展，人类开始有更多的条件和手段研究和了解自己。由于服装是除了化妆品以外与人体接触最紧密的商品，因此服装设计受人体工学的制约，不能仅仅表现为服装的款式、色彩、面料的变化，还提出了舒适性、防护性、运动性、保健性、环保性等更高层次的要求。当前，在生命科学、材料科学等学科的支持下，人体工学在一些研究领域取得了很大进展，其研究成果为服装设计的突破提供了科学依据，近年来不断问世的"可穿戴设备"便是例证。

（三）生活方式

设计风格以生活方式为市场导向。当前，人们越来越重视个人的价值体现，而个性化服装设计可帮助人们达到这一目的。尽管相比传媒等产业，服装产业影响人们生活方式的程度较小，但是，服装设计师正积极通过努力来改变人们的生活方式，改变后的生活方式又反哺、解放服装设计思维。由于服装的设计调整比较容易、生产方式相对比较灵活，因此，服装从满足个性化的角度满足生活方式的改变相对比较容易，这成为服装品牌的市场导向。

（四）物质材料

设计风格以服装材料为表现要素。高技术发展正在推动传统纺织行业改造，新品种面料和高技术服装材料的大量出现，为设计师们提供了广阔的设计舞台，使服装多样化成为可能。品牌服装作为服装家族中的瑰宝，其设计手法更是得到了空前的发展。这一服装产业的新动向也进一步促进了新的设计风格的形成和旧的设计风格的改变。

（五）加工方法

设计风格以加工方法为技术保障。服装加工技术装备的发展进步，为设计表达提供了必要技术支持。服装制作设备的设计越合理，服装质量就越高，工艺花式就越多，设计手段就越广。为了达到新颖、高质的服装效果，品牌服装企业总是不遗余力地改进加工工艺，添加新型服装机械、探索新颖加工工艺，注重生产质量的提高。对于原创设计尚显不足的服装企业，先进的机器设备往往是他们用来增强竞争力的利器。

三、品牌服装设计风格分类

设计风格是品牌服装设计的灵魂，是品牌服装产品设计结果的呈现。当服装设计的结果展现某种明显特征时，经常为其命名，以区别于其他风格。

设计风格的名称经常与文化来源、灵感出处、艺术特征、外观特点或时代美学有较大关联，例如BlingBling风格、洛丽塔风格、披头士风格等，都能看出关联对象的影子。不管赋予风格什么名称，品牌服装的设计风格均分为主流风格、支流风格两大类。

（一）主流风格

主流风格是指符合当今服装市场主要流行风潮和趋势的风格。主流风格并不是几种相同或相似风格的聚集，而是几种涉及面广、产品数量多的风格的集中。因此，在主流风格中依然存在多种不同的风格，它们有表现迥异甚至对立的风格特征。概括起来，品牌服装的主流风格主要有以下八种类型。

1.经典风格

经典风格是指由经过历史沉淀后仍然经久不衰的设计元素所形成的风格样式。这种风格不注重对时尚的追求，力求保持原色，以不变应万变地面对不断变化的市场，展现传统的韵味，是一种较为成熟、能被多数顾客接受、讲究服装品质的服装风格。

2.休闲风格

休闲风格是由轻松自由、回归自然的设计元素所构成的风格样式。这类设计风格贴近日常生活、随意宽松，追求"本我"状态，强调基本功能和便装化特征，涵盖家居服装、户外服装等各种服装类型，适用于几乎所有生活穿着场景。

3.中性风格

中性风格是指由性别特征不明确的设计元素所形成的风格样式。此类设计风格无论是色彩、图案、面料、造型、装饰、部件，基本男、女通用，如将原本属于男装的设计元素用于女装，而原来属于女装的设计元素用于男装。

4.淑女风格

淑女风格是指由能够展现清新、淡雅、飘逸、合体、经典的设计元素所构成的风格样式。这类设计风格力求展现典雅、优雅的女性形象，挖掘符合该目的的各类设计元素，使着衣女性更具个性和品位。

5.商务风格

商务风格是指由能够体现商务活动或工作特征的设计元素所构成的风格样式。此类风格没有统一的定义，但是近年来，以严谨为主基调、包含其他风格特征的混合服装风格已成为商务风格的主流。

6.混搭风格

混搭风格是指由一些看似毫不相干甚至相互冲突的设计元素所构成的风格样式。此类风格的设计元素比较新潮、组合方式不同寻常，尤其是在一个完整的着装形象（即一个着装单位）里，可利用具有不同风格的整件衣服进行任意搭配，并巧妙利用服饰品调节风格上的细微变化，追求具有"高感度"的时尚品位。

7.都市风格

都市风格是指由展现快速时尚特征的设计元素所构成的风格样式。此类风格十分强调服装流行信息的应用，款式的变化节奏快、产品的流行周期短，以工作环境为基调，兼顾生活、社交、娱乐等多种着装场合。因此，都市风格的服装涉及多种服装类型，符合都市人们礼节性交往和快节奏生活的需要。

8.运动风格

运动风格是指由具有体育特征的设计元素所构成的风格样式。这类风格常使用夸张的文字、图案或亮丽的色彩，以针织物为主要面料，款式比较简单。虽然它们不是正式体育比赛服装，但依然受到很多年轻人的喜爱，逐渐成为一种日常穿着服装。

（二）支流风格

支流风格泛指未能列入主流风格的其他风格。支流相对主流而言，是几种尚未形成主流的风格聚集，它们可以类似，也可以对立，其共同特点是市场接受度尚小。虽然支流风格旗下的产品规模不及主流风格，但是其不断新生出来的风格类型未必很少，并且因其具有一定的时尚先锋作用而影响力不容小觑。概括起来，品牌服装的支流风格主要有以下八种类型。

1.民族风格

民族风格是指由具有民族特征的设计元素所构成的风格样式。由于民族文化受地域的影响很大，因此这类风格服装的设计元素采纳程度、设计风格流行区域将会受到很大的地域限制。在实际操作中，经常把民族元素进行所谓"符号式应用"或"现代化应用"的处理，变成设计元素。

2.军警风格

军警风格是指由具有军人、警察制服特征的设计元素所构成的风格样式。这类风格利用军警制服的兜袋、肩章等部件元素，绳带、镶边等装饰，以及硬挺面料和贴身结构，并在皮靴、腰带等饰品辅助下，营造出阳刚、英武之气。

3.校园风格

校园风格是具有校园文化特征或学生制服特征的设计元素所构成的风格样式。这类风格一般参照学校校徽、校标或者学生制服，通过弱化制服痕迹，设计出能被青少年甚至成年人认可的流行服装，使着装者获得身份归属感，重温校园学子梦。

4.严谨风格

严谨风格是指由使用保守的设计元素所构成的风格样式。这类风格的设计元素排列有序、中规中矩，能营造出外观挺括、廓型合体、传统守旧、干净利落的着装感受，比较适合商务、礼仪场合。

5.浪漫风格

浪漫风格是指由具有诗意、梦幻的设计元素所构成的风格样式。这类风格的服装，突破环境制约，在服装设计中营造浪漫气息，并可进一步分解为清纯、婉约、潇洒、柔美、飘逸、迷醉、妩媚等服装风格。

6.户外风格

户外风格是指由具有户外运动特征的设计元素所构成的风格样式。这类风格类似于运动风格与休闲风格的融合，能够在野炊、爬山、垂钓、郊游等户外运动中物尽所能，因此比较讲究功能，要求具有较高防护性能。

7.乡村风格

乡村风格是指由具有田野、民俗特征的设计元素所构成的风格样式。这类风格非都市化特征明显，将原始的、地域的、民俗的、豪放的、悠闲的设计元素融入其中，具有自然亲和特点。

8.另类风格

另类风格是指由形式怪诞或者功能错位的设计元素所构成的风格样式。这类风格具有反叛特性，突出标新立异，不惧稀少、只怕雷同，具有较大的创新性。但是，此类风格推广到一定程度时，其另类的元素会降低，大众的元素会上升。

第三节　品牌服装设计方法与案例分析

一、品牌服装的设计形态

品牌的方向一旦确定，产品计划也明细化，此后就要开始进入产品设计阶段。设计形态是多种多样的。

设计需要利用多种资源，没有设计资源，设计工作将无法开展。设计工作的好坏与公司拥有设计资源的多寡有较大关系。因此，大量品牌服装公司会不惜成本，加大对设计资源的投入。

首先，是单品形态的设计。单品是指产品与产品之间没有特定联系的、比较独立的单一产品。单品设计比较分散，所设计的产品比较孤立，系列感和设计性均不明显，如果没有完整的设计管理系统，单品设计就不适合真正的品牌服装设计，产品相互之间也就没有搭配性。然而，单品有很大的消费市场，尤其是在消费者的品牌意识还不够健全的地区，单品服装的销量不亚于系列产品。单品设计的特点是强调每一个款式的完美性。

采用单品化设计的产品，因其缺乏品牌产品的系统性，大型百货公司一般不太接受这类产品进入其卖场。比较适合在服装批发市场或独立门店销售。在某些服装企业，还存在着以驳样取代设计的现象，这种现象近似于单品设计。

其次，是系列化产品的设计。系列化产品是指形成系统性、具有很好的搭配组合效果，同时配饰的画龙点睛之笔也会增强产品的系列感。形象比较统一、搭配方便、系列感强，会使品牌风格比较丰富而完整。

最后，是着装状态的设计。品牌服装看似卖的是服装产品，其实，理想的经营理念是出售着装概念，倡导着装风格，引领生活时尚。产品与产品之间的相互搭配、产品与配饰之间的整体与局部的相互呼应，如同排列组合一样罗列出不同的穿着风格，带动所有产品的衔接销售。产品的款式多且相互搭配，品牌的精神凝聚、风格统一，设计的产品就能实现统一。

二、品牌风格定位

服装产品的设计风格即材质、款式、色彩等所有设计要素整体形成的外观效果，具有较强的倾向性。设计风格能在瞬间表现出设计总体特征，还能产生较强的感染力。而这种感染力须通过具体直观的"概念图"来体现。"概念图"即设计方案，包括形象概念、造型概念、色彩概念、面料概念、款式图等。

（一）品牌定位报告

品牌风格定位是团队行动，必须让团队中所有成员透彻理解，才能在实际工作中协同作战。品牌风格定位要以报告书的形式呈现出来，通过使用实物、图片、表格等形式，清晰、完整地表达出全部的设计思想，罗列各个定位要素。大品牌企业的品牌定位报告是由企划部门在产品设计师的帮助下完成的，而小品牌企业是由产品设计师在经营部门的参与下完成的。

（1）印刷图片：从网络媒体上选取。品牌服装一般是实用服装，可从网络媒体上选取相近或相似的图片作为品牌风格定位的参考，具有真实、直观的效果。

（2）草图画稿：用手绘图稿表示定位意图。有些比较有创意的个性化服装样式必须依靠设计师手绘的方法表达其定位意图。

（3）计算机绘图：利用相关的设计软件通过计算机媒介表现。利用服装设计软件及其他绘图软件进行绘制和编辑图形，会得到手绘无法取代的效果。

（二）材料资源

当前，国内消费者逐步了解材料在服装产品中的重要地位，更是引起众多消费者冲动购物的主因。一些畅销服装产品（尤其是所谓常规产品），往往以新颖的面料而不是新颖的款式吸引消费者。许多经典产品款式几乎不做任何改动，而是在原有基础上更改一下面料，因此选择面料也是服装设计工作的重要内容。此外，面料成本在服装产品中也占有很大比例，因此对于面料的选择是每个品牌服装公司结合自身情况所考虑的内容，其中面料的性价比是选择面料的主要因素。普通服装与品牌服装的主要区别之一就在于选择面料的优劣。

（1）材料样品：选择具有实际应用价值的面料、辅料实物样品作为材料定位的参考。

（2）实物样品：以与品牌目标非常接近的、现有的样衣实物作为材料和款式定位的参考。

（三）信息资源

流行信息是品牌服装把握市场命脉的重要资源，信息来源的权威性、领先性和信息量非常重要，信息来源决定了信息价值。互联网是获取流行信息最快捷的信息渠道，为时代首选。出版物是传统的流行信息来源，它的阅读方便、信息丰富、图片精确等特点是其他信息采集方式无法取代的。电视台所开设的流行频道等，提供了流行信息和生活服务类节目。流行市场是获取流行实物信息的主要渠道，从色彩、面料、图案、工艺方面都可直观地获取，不足的是其前瞻性不够。

1. 色彩的表达

（1）材料实物样卡：利用材料自身色彩对产品的色彩进行定位。

（2）标准色卡：以业内通用的标准色卡确定产品的色彩方案。在材料实物样品的色彩与产品色彩定位所需要的色彩不吻合时，可以利用标准色卡确定色彩方案，交付采购人员或生产厂商作为操作标准。

（3）自制色卡：利用绘画材料或其他材料自行制作色卡，交付采购人员或生产厂商作为操作标准。当标准色卡内缺少所需要的颜色时，可以用自制色卡表示。

2. 配饰表达

利用形象概念图的形式，表达与所设计的服装形象风格相匹配的配饰形象。

3. 文字表达

（1）主题（也称为故事版）：是指对即将面世的品牌或产品撰写一个具有诱惑力且合乎逻辑的说法，用崇尚的生活方式或形象的故事作为品牌推广的标准、品牌运作的准则。

（2）文字：表达应该精练、具有感染力，配合图片、表格等辅助内容；文字分析应当条理清晰，结论和建议内容应当自然、合理。

三、品牌服装设计的案例

当整体构思方案完成并得到参与品牌企划有关人员的确认后，便开始由设计师具体完成产品的实施过程。整个过程中需要设计师与制板师、样衣师的良好沟通和密切配合。设计师负责对企业的产品市场定位、产品风格、品牌文化有计划地进行规划与创作；制板师负责在企业规划推进的同时规划后期生产；样衣师负责按照方案做出成品样衣。具体产品设计过程按下面步骤进行。

1. 绘制服装效果图

绘制服装效果图是表现设计构思的重要方式，因此服装设计师要有较好的美术功底，通过各种绘制技法表现人体着装效果。服装效果图的绘制水平被看作衡量一名服装设计师创作水平、设计能力和艺术修养的重要标志，被服装设计师所高度关注。

服装设计绘画有两种形式：一类是服装画，它主要用于广告宣传、表现绘画技巧，突出整体视觉效果和艺术氛围；另一类是服装效果图，它用于表现服装的艺术构思、工艺构思效果及其要求，看重设计新意，重视着装形态和细节描写，以便准确开展服装制作，以保证制作的成衣在艺术、工艺上均能完美体现服装设计师的设计意图。

服装效果图一般通过写实方法来表现人体着衣效果，采用 8 头身比例，设计新意要点应在图中强调，特别是细节部分需要仔细绘制。服装效果图中模特以最利于展现设计构思、穿着效果的姿态展示。此外，还应当掌握好人体重心，维持整体上的平衡。服装效果图可采取水彩、水粉、素描等多种绘画方式绘制，应当善于利用不同画种、绘画工具来表现服装面料、整体效果。服装效果图要求人物轮廓清晰、色彩明朗、动态优美，能充分展现设计师的设计意图，给人以艺术享受。

2. 款式图

绘制时装画后，还要通过裁剪、缝制等工序，最终制成成衣。服装画的特殊还在于它在表现款式造型设计时，还要标识整体和关键部位结构线、装饰线裁剪与工艺制作要点。款式图包括服装各部位的详细比例、服装结构、特别装饰等。此外，一些服饰品设计也可通过平面图加以表现。款式图应当工整、准确，比例要符合服装尺寸规格，一般采取单色线勾勒，线条整洁流畅，以利于服装结构的表达，款式图还应当明确服装所选择的面料。使用款式图的人员主要是服装样板师。绘制款式图的最高水平是让服装样板师仅凭借该图就能制作出合乎服装设计师原意的样衣，而不需要事先用语言交流。

3. 设计纸样

设计纸样是指将服装分为多个衣片后，每个衣片各个部分具体形状结构的平面设计图。它可人工绘制，也可在服装 CAD 等计算机软件上完成。服装设计纸样作为服装制作的过程中的图样，决定着服装批量生产的标准化、系列化流程，因此对成衣生产的成本、效率和品质具有较大影响。从事成衣生产的服装纸样设计人员，不应机械地按照结构原理照搬，而应做到除选择恰当的比例公式制图、考虑人体体型外，还应考虑实际生产的成本、效率和品质。

4. 样品试制与分析

服装设计师绘制成服装效果图后，这时的产品还停留在作品阶段，只有通过选择服装材料、开展缝制后，才能形成具体视觉效果。样品试制后，还应撰写试验报告，其内容包括造型效果与设计任务书是否相符、各部门对样品提出的改进意见、样品与市场竞争产品的比对等。

新样品试制完成后，技术部门将组织样品的技术性能、造型效果和经济效果进行全面评估。对样品进行鉴定主要包括三个方面：一是设计资料是否完整、样品是否符合技术规定。二是检查服装面料是否恰当、工时记录是否准确完整。三是对样品效果、工艺性、经济性作出评价，提出改进意见。最后，填写样品鉴定书，就是否能转入小批量试生产提出建议。

四、品牌服装的销售策划

服装品牌企划的终点、品牌服装价值兑现的关键是销售，销售在整个品牌战略中占有十分重要的位置，因此服装企业必须注意搞好服装品牌的销售策划。服装的销售策划一般分为三大部分：一是品牌形象的宣传策划，二是品牌产品的营销策划，三是品牌服装的推广策划。

（一）品牌的宣传

为了吸引消费者，引起消费者的兴趣，让他们了解品牌产品、信任品牌产品，品牌产品进入市场前要进行品牌形象策划和设计。品牌服装公司应该以完整的形象亮相在消费者面前，搞好品牌形象的策划、设计和宣传工作。品牌形象的内容一般包括三大部分：一是产品形象，二是卖场形象，三是服务形象。

（1）产品形象：是指产品的风格、规格、价格等。

（2）卖场形象：主要有道具形象、广告形象和标志形象等。

①道具形象。道具主要包括衣架、展示台、样面、穿衣镜、灯具、收款台、试衣室、假人模特等，主要用来陈列和销售服装，是品牌服装体现品牌风格的主要手段。设计制作卖场道具是在服装销售现场品牌服装区别于普通服装的显著特征。

②广告形象。用于宣传商品的物品，主要有样本、灯箱、广告画、包装袋等。样本是非常重要的广告形象，其作用主要有两个方面：一是联系商场的"向导"，二是消费者购买商品的参考手册。为了让消费者对产品信息有一个全面的了解，印制精美的产品样本很有必要，可以使消费者对产品更有信心。灯箱也是卖场内常见的宣传物品，一般从样本中选取满意效果的图片，进行适当编排后制作成灯光片，通过背面打光的方式进行品牌宣传。广告画则以正面受光的悬垂形式安置在卖场内。包装袋上最好印有产品介绍、卖场服务宗旨、顾客订购电话等，对产品的宣传起着十分重要的作用。

③标志形象。也称形象立板，一般会放置Logo、广告画等内容。标志通常是卖场中的一个亮点，最能体现卖场的品牌形象。

（3）服务形象：卖场形象是品牌的硬件形象，而服务形象是品牌的软件形象，主要指人员形象、销售形象、形象代表等。

①人员形象。是指营业员的外表和技能。营业员是品牌形象的重要组成部分，他（她）站在与顾客直接接触的销售最前线，一定程度上代表着企业的形象。因此，对于营业员，一般要求具备较好外表、扎实业务能力、良好语言表达和规范服务行为等。

②销售形象。销售形象是指商品的保修、退换、售后服务和优惠卡、贵宾卡等促销方式。

③形象代表。形象代表也称产品代言人，常聘请社会上有一定知名度和感召力的人士作为品牌的形象代表，意在凝聚人气、吸引顾客。

（二）营销策划

产品的营销策划主要包括以下内容。

（1）产品的销售网络：品牌服装的销售主要通过零售方式实现，服装销售的主要渠道有百货商场、专卖店、专业店、店中店、大型超市、批发市场。服装销售的其他渠道有订货会、博览会、特卖场、集贸市场、零售小店、互联网、邮购销售、附属商场等。

（2）服装产品的定价：品牌服装公司一般采取的定价原则包括以成本定价、以利润定价和以品牌知名度定价等三种方式。也可在品牌服装价格范围内，根据服装款式、季节、商场位置等的不同而灵活确定。定价的公式为：价格＝产品成本＋标准利润＋税收＋产品流行指数＋知名指数＋季节指数＋地区物价指数。

（3）产品的销售形式：产品的销售形式有正常销售和促销方式两种。正常销售是指在一个流行季开始时期，以第一零售价的价格销售商品；促销方式一般是在货品首期销售达到公司的期望值以后，为了促进货品流通和回笼资金而采取的销售策略。促销的实质是让利销售，促销的关键是要让顾客明白促销的诚意。

（三）品牌的推广

品牌推广是指通过一定形式，使更多的人员熟悉和喜欢品牌的一系列促销活动，其主要目的是将产品迅速转化为商品，争取实现最大销售数量。通常包括以下三种方式。

（1）订货会：是指服装品牌公司面向专业客户开放并积极争取订单的推广形式。

（2）发布会：是指品牌服装公司以完整的着装状态向专业客户开放的产品推广形式。

（3）广告推广：

①动态媒体。是指利用电视、电影和广播等富有动感的现代化视听媒体进行品牌推广。

②静态媒体。是指利用报纸、杂志、海报、邮件等静态媒体进行推广。

③人员媒体。是指直接让营销人员去推广品牌。

④网络媒体。计算机网络是一种新兴的信息传播媒体，利用计算机网络进行品牌的推广，是近年来的一种全新的品牌传播方式。

第四节　品牌服装设计管理

设计管理的根本目的是提高设计品质。设计品质是品牌服装的基础，需要通过优良的设计管理加以保证。服装设计是一个需要弹性时间、环境空间、想象空间的工作岗位，很多时候由于管理人员不懂服装设计，因此经常感觉对设计管理无从下手，管理效果不尽如人意。在设计管理中，可以通过计算机软件管理，克服设计管理的不足，减少设计成本，最大限度地提高设计品质。

一、设计管理的问题

设计管理出现问题，会导致设计品质低劣，从而导致整个季节的销售损失，甚至导致公司倒闭。主要的设计管理问题包括以下四个。

（一）自由松散

设计师经常要进行市场调研、外出选料、参观展览等活动，容易给企业管理者产生"混"的感觉，要通过具体的管理制度进行控制。

（二）不出成绩

设计师有可能会出现"出工不出力"的情况，完成设计稿的时间或快或慢，容易给管理者"拖"的感觉。

（三）成本过大

过量采购面料大样、反复制作服装样品，导致服装设计成本过高，容易给企业管理者"滥"的感觉。对经营者来说，样衣采用率越高越好。

（四）频繁跳槽

设计师频繁跳槽会给管理者带来"浮"的感觉。主要原因有两种：一是企业的衰退、人际关系紧张、用人机制不良、工作环境不好等。二是设计师设计能力有限、薪水要求过高、敬业精神欠佳等。

二、设计管理症结的产品表现

（一）风格不稳

部分企业长期被产品风格所困扰，一旦设计师跳槽，产品风格就会面临一次考验。一方面，一些设计师的知识结构已不适应工作的需要，企业需要调换设计师；另一方面，设计师需要寻找更适合自己发展的企业。由于产品风格与设计师有较大关系，设计师频繁跳槽对保持产品风格稳定具有很大的威胁。

（二）指标难定

设计数量与企业内部命中率（即设计的款式被企业选中后下单生产的比例）和市场命中率（指产品推向市场后是否形成热销）有直接关系。设计数量究竟为多少比较好，无法进行定论。

（三）品质不高

企业经营者最关心的是销售业绩。虽然好的销售业绩需要有好的产品渠道和销售方法，但是如果产品质量不好，即便有好的产品渠道和销售方法，也很难产生好的销售业绩。

三、设计管理的方法

管理的实质是过程控制和结果控制，而过程是结果的有效保证。服装设计的过程控制包括三个方面。

（一）设计品质控制

设计品质包括款式品质和样衣品质，是对设计结果的评判。款式品质是指设计的产品与产品企划部门和销售部门对款式的要求是否一致。样衣品质是指样品服装的完成度与销售部门和生产部门对质量的要求是否一致。在时间进度范围内，设计品质是最为关键的，是设计工作的核心所在。如果没有质的保证，量多就等于是浪费。因此，设计时宁可求其质，不可求其量。

（二）设计成本控制

设计成本包括材料样品、差旅费用、人员工资、办公费用等。在材料确定的情况下，设计成本与服装设计时间成正比，如果服装设计时间太长，不仅会导致设计成本显著增加，而且会影响生产、营销计划实施。

（三）上货计划控制

设计工作计划性强，需要根据设计部门的工作情况，具体排出实施细节。一般应在产品上柜前6个月完成企划，2个月前开展订货会，提前15天完成首期生产。

四、设计管理的基本模块

（1）环境氛围：创建符合设计工作特点的工作环境。

（2）设计任务：为每位设计师派发切实可行的设计任务。

（3）设计过程：设计工作时间进程严密并且可操作。

（4）品质验收：联合其他部门定期开展设计品质验收工作。

（5）激励机制：明确奖励条件。

在以上设计基本模块中，要注意三个方面的关键性。

（1）数据是设计管理的衡量工具：数据具有确定性、唯一性，设计管理工作可通过数据实现各部门的相互协作。

（2）市场是设计结果的检验途径：设计结果可在市场得到较快检验，经过市场检验的设计结果是修改完善设计方案的有效根据。

（3）量化是设计考核的必要手段：目前，企业对设计师的设计能力认定是以市场销售为标准的，设计能力的高低直接与市场销售的高低挂钩。在设计部门分工比较明确的企业，产品设计工作大致可分为以下细项：风格设计、画稿设计、总体设计、结构设计、搭配设计等，不管设计分工如何，只要能将其中一个板块做得很完美，就是一个设计能力非常出色的设计师。

除了必不可少的刚性管理外，柔性处理也不可或缺。设计工作要有创造性特点，管理不能太死板。在管理形式上，要适当考虑服装设计工作的特点，在时间、空间上适当放开，有助于设计师创作思维的发挥。柔性处理还表现为管理者对设计师的人格尊重。采取柔性管理，将大幅提高设计师的设计工作品质。

五、设计与成本

设计的成本包括两个方面：一是设计本身成本，二是设计出来的产品的成本。产品直接成本与设计有关。设计成本与难度挂钩，难度可以分为设计难度和加工难度。这两个难度都会增加产品的成本。

目前，消费品行业中正在流行"低成本运作"战略，分为管理的低成本和产品的低成本等两个方面。产品的低成本由产品设计开始，但并不意味着产品成本越低越好，需要在品牌企划宏观范围内尽量节约成本，使产品具有价格竞争优势。节约成本的设计方法有以下内容：

（一）材料选择

服装材料成本是服装产品成本的主要组成部分。同类进口面料要比国产面料价格贵上数倍，服装设计师在选择面料时应当慎重考虑。

（二）款式选择

应当慎重考虑款式的长短、大小。另外，要注意款式与排料的关系、面料的倒顺关系、款式的制作难度及零部件的用料等，这些与成本控制有着密切的关系。

（三）细节选择

服装上的细节虽然用料不多，但难度增加、工艺增多、辅料和装饰物增多，应当慎重选择细节。

（四）工艺选择

加工工艺越复杂，品质就越高，当然加工成本也就越高。简单、有效是选择工艺时的正确做法，这也是要求服装设计师需要懂得工艺的原因。

第五节　品牌服装设计解读

一、服装设计师与服装品牌

服装设计师在服装品牌建设中的作用非常重要。虽然由于种种原因，目前许多服装企业对服装设计师的表现不尽满意且颇有微词，更有甚者，有些号称打造服装品牌的企业甚至放弃了组建自己的设计部门，将设计外包。应该看到，一个良性发展的服装产业应该正视设计师与品牌的关系，正确认识这种关系，对品牌服装设计工作的正常开展大有裨益。夸大设计师的作用或无视设计师的存在，对服装品牌的发展都是有害无益的。

服装设计师与服装品牌的关系主要表现在以下四个方面。

（一）设计师在品牌中的地位

在服装产业基础不同的国家里，服装设计师受到的重视程度是截然不同的。在不同类型的服装品牌中，设计师的地位也是不同的。其主要原因是人们对设计师在服装品牌中的作用的认识不同，这也与设计师本身的工作能力和工作业绩有关。

1.产品设计的核心人物

品牌靠产品承载。当企划师确定产品框架后，产品的最终面貌是由设计师来确定。因此，如果说企划师是品牌的灵魂，那么设计师就是产品设计的核心人物。

虽然，品牌获得成功包含多方面因素，需要各环节协同作战，但是核心人物在团队中具有重要作用，因为没有好的产品，一切计划将会落空。需要指出的是，产品的灵魂人物并不等同于企业的灵魂人物，只有当设计师成长为公司的持有者或经营者时，设计师才是企业的灵魂人物。

2.有一定产品确认权限

一个合格的设计师由于常年开展产品设计开发，应当具有较好的品牌配装设计能力与推广悟性，其眼光要超越普通人。但是，考虑到年轻的设计师往往不具备这样的专业水准，或者流动性很大的设计师队伍在一定程度上难以确保其对产品的认真负责态度，企业也因此会怀疑设计师的责任心和忠诚度。因此产品的最终确认往往由企业经营者或市场（营销）部所掌握。这也是一个合理的、妥善的产品最终确认办法，采用集体智能比命系一人更为保险。

无论设计师拥有何种程度的确认权限，产品设计的结果始终是设计师最为关切的，设计师的最大的满足是获悉自己的设计结果被市场最大限度地接受。这不仅与设计师的经济收益直接挂钩，而且与设计师的名誉紧密相连，其业绩好坏将在业界迅速传播，"圈子很小"的行业现状迫使设计师对自己的名誉负责。因此，设计师应该摆正个人与企业、个性与流行、设计趣味与品牌风格的关系，了解消费者心理，缩小"作品"与产品的距离。

3.工作能力与个人魅力

设计师是一个比较强调个人魅力的岗位。在品牌运作中，设计师的个人魅力、工作能力与在工作中发挥的真正作用有关，也与企业的规模或品牌的性质有关。例如，在以制造商品牌走向市场的服装企业里，设计师的个人影响力往往被人为降低；在以设计师品牌名义走向市场的服装企业里，设计师的作用会被最大程度凸显。即便如此，服装设计师在任何性质的服装企业里，都应通过工作实绩证明自己的能力与价值。

部分服装设计师有急功近利的心态，因为他们的技术能力或处事方式引起企业投资损失甚至使投资计划成为泡影的事件并不鲜见。因此，设计师不能掉以轻心，应该把自己当成整个品牌运转机器中的一个重要零部件。

（二）服装设计师与品牌的关系

设计师与品牌相互依赖、共同发展，就像演员与电影的关系，一部好电影可以捧红一名新演员，大明星也可以救活一部小成本电影。为了形象表达，我们把大品牌称为"大牌"、小品牌称为"小牌"，知名设计师称为"大师"、年轻设计师称为"新人"，当然，"大"与"小"，"新"与"老"是相对的，没有具体的评判标准，只有约定俗成的看法。

1.大牌与大师的关系

大牌与大师组合是一种完美组合。大牌拥有雄厚资金和稳定市场，能够为服装设计师提供施展才华的舞台；大师则在设计能力、名声等方面与大牌的要求相匹配。国际大牌与国际大师结合的例子比比皆是，被誉为国际时装界常青树的香奈儿（Chanel）品牌与国际级设计大师卡尔·拉格菲尔德（Karl lagerfeld）就是一档黄金组合。

2.小牌与大师的关系

小牌与大师的组合是一种企业借力的组合。一些具有发展潜力的小牌也可以聘请大师，虽然设计成本相对偏高，但是小牌可以借机学习大师的工作方法，凭借大师在业界的名气而撬动某些社会资源，有助于品牌较快提升。需要注意的是，这种组合的工作关系应该建立在双方平等共赢的基础上，因为大师可能会将过多的个人意见凌驾于小牌之上，使得小牌难以正常开展工作。

3.大牌与新人的关系

大牌与新人组合比较新颖、有益。采取这种组合的大牌通常缺少活力，希望依靠与新人合作为品牌注入活力，而新人则可以借助大牌的平台在设计中得到充分锻炼。这种组合最成功的范例是古驰（Gucci）品牌与设计师汤姆·福特（Tom Ford）的组合。意大利老资格品牌古驰（Gucci）在20世纪90年代初已显出疲态，为了开创新局面，打破当时的僵局，该品牌大胆启用美国新生代设计师汤姆·福特，后者为该品牌带来新鲜空气，使它起死回生。无独有偶，法国顶级品牌迪奥（Dior）和纪梵希（Givenchy）也分别聘用了当时的英国设计新秀约翰·加利亚诺（John Galliano）和亚历山大·麦昆（Alexander McQueen）担纲设计，使人们看到了老品牌的无限生机。

4.小牌与新人的关系

小牌与新人的组合是一种比较务实的组合。虽然小牌因为规模较小而整体实力有限，但是只要小牌的运转正常和健康，并不乏发展空间，而且小牌留有相对较大的创新空间，调整起来比较容易。尽管新人没有多少实实在在的从业经验和辉煌业绩，但不乏拼搏精神和清新的时尚嗅觉，其完全可以在这样的组合中得到锻炼和提高，两者的结合也更容易在一个同等级的平台上对话。

（三）设计师与品牌的磨合

无论大牌还是大师，小牌还是新人，他们在组合之初都需要一个或长或短的磨合过程，才能达到最佳运转状态。在磨合期，双方都会因为缺少了解而感到一定的艰难。如果磨合期过长，将对产品设计工作非常不利，对品牌的发展也极为有害。因此，在遇到问题时，双方应该尽量站在对方的立场上考虑问题，尽快缩短对各方都有危险的磨合期。

1.设计师与品牌磨合的焦点

（1）对品牌风格的认同感：认同品牌既有风格是设计师最初进入工作状态的理由和前提。要做好设计工作的前提是要对自己加盟的品牌有所认知和喜爱，因此设计师要调整设计思路，使个人设计思路与品牌风格保持一致。

（2）对消费心理的把握度：把握消费心理是设计师进入工作状态之后必须掌握的利器，每一个品牌都代表着特定消费群体，设计师需要为企业服务，企业需要制造产品为消费者服务，因此设计师在为企业服务或企业在制造产品的同时，都需要关注消费者。设计师应该摆正自身位置，要用设计来表现产品而不是在设计中表现个性，消费者的需求才是设计者的设计指南。

（3）对企业文化的归属度：设计师与品牌的磨合还包括对品牌所属企业的认同，对企业的认同在更大程度上是对企业文化的认同，设计师的工作环境是企业文化的环境，企业的价值观念、人际关系、运作模式和利益机制并不是适合每一个人，设计师只有在自己认为合适的工作氛围内工作，才能如鱼得水般地发挥设计潜能。从人的适应性来说，刚到一个新环境的第一个星期是最难习惯的，能度过一个星期就有可能度过一个月，过了一个月就可能过一个季度，过了一个季度就可能过一年，随后就有一个相对稳定期。过于频繁的跳槽对企业和个人均是不利的。

2.设计师与品牌磨合的途径

（1）工作交流会：工作交流会是指品牌服装企业的各个部门参加的阶段性工作情况交流会。在交流会上，各部门就品牌运作中发现的问题进行深入讨论，服装设计师需要广泛听取各部门的意见，同时要将自己的想法清晰、准确地传达给各部门，以提高问题解决效率。

（2）市场信息反馈：市场销售的反馈信息对设计师改进设计品质有很大帮助。设计部门应当注意每个产品在本品牌或整个卖场内的销售排行榜上的位置，虚心听取来自销售一线的意见，注意各方面反映的优点、缺点和诉求分别在哪里，将这些意见经过取舍以后翻译成设计语言，融入以后的设计工作中。

（3）工作现场：设计师的上一步工序是企划部，下一步工序是技术部或生产部。设计工作是夹在两者中间的一个环节，设计部门要注意与上、下两个部门经常沟通，在商场、车间等发生问题的现场及时解决问题。因为工作现场遇到的问题更具有紧迫感和真实感，多方会合在现场办公可以提高解决问题的效率。

3.设计师在企业的成长路径

以前，许多企业常常附带培养人才、教育人才的功能，有些大型企业不仅有自己的技术学校，甚至还有职工大学，可对人才进行内循环式的培养。目前，疲于市场奔波的服装企业大多没有长远的人才培养计划，庞大正规的培训计划无疑会增加企业运作成本，人才的频繁跳槽也使企业对培养人才心有余悸，企业在人才方面是实用的"拿来主义"。设计师的成长几乎是靠本人的悟性和自我充电计划完成的。

（1）从基础工作做起：从基础工作开始做起的好处是可以真正地熟悉基层工作的基本情况。许多国际著名设计师都是从学徒工、裁缝师傅开始一步一步成长起来的，因为任何一个伟大的人物都是从蹒跚学步开始走上辉煌事业旅途的。只有这样，设计师的专业基础才会真正扎实，可以在今后的工作中顺利地解决各种可能遇到的问题。

（2）从多个环节做起：从多个环节做起的好处是可以全面了解各环节真实的工作状态，任何一项巨大的工程都是由一个个细小的环节组合而成的。服装产品的开发是一根有许许多多环节的、从头到尾都贯穿着不少变数的链条，如果通晓了各个环节的工作情况，对设计如何与这些环节配合将起到很大作用。因此，国外有些服装品牌公司通常让应届毕业生工作从站柜台开始，再进入工厂部、市场部、仓储部等部门，让他们逐步熟悉企业运作状况，积累工作经验和沟通能力。

（3）从市场意识做起：从培养市场意识做起的好处是让设计师通过对市场需求的了解，摆正个人、品牌与市场的关系定位。设计最忌讳的是闭门造车，这种结果对企业来说很可能是灾难性的。由于个性或环境的原因，有些设计师不愿走出写字楼，而是凭着手中的资料进行一些极易脱离市场的设计。深入市场，不是要设计师去模仿、抄袭市场上流行的款式，其实是在培养临场感、体会市场态势、观察品牌状况、感受消费热点。在市场上多一些"浸泡"，一定能培养设计师的市场意识，从而使其设计的产品多一点市场性。

（4）从自我成长做起：从培养自我成长意识做起的好处是找准自己的职业发展方向，合理处理企业与个人的关系。既然目前许多企业不愿培养人才，设计师就只能依靠自身不断充实和完善自己。设计工作实质上仍是团队协作，因此如何将自身尽快融入品牌运作，是新加盟的设计师需要解决的问题。另外，设计师不可能胜任所有设计工作，只有树立自我成长意识，才能在工作中积累设计经验。

（四）设计师在企业中的工作内容

品牌的成长培养了设计师，设计师的才智也促进了品牌的成长。在品牌服装公司，设计师的工作内容因公司体制而异、因个人能力而异，设计师在其中发挥的作用也各有千秋。一般来说，小品牌公司的设计师几乎要完成所有与设计相关的工作，如卖场形象设计、产品包装设计、企业环境设计等，虽然工作异常辛苦，但可以得到有效的设计工作能力的锻炼。因此，从小型品牌服装公司中走出来的服装设计师，其设计能力的全面性比较突出。但是，由于设计内容太多，工作精力分散，其设计品质可能会受到一定的影响。

相对来说，大品牌公司的设计师工作较单一，只需完成细化分工后的设计工作即可，其他设计工作可由另外的设计师完成，虽然个人将因此得不到其他设计工作的锻炼，但其工作的专门性较强。因此，经过大型品牌服装公司锻炼的服装设计师，其设计技能更为专业。

概括起来可知，品牌服装公司的设计工作内容大致上分为产品设计、结构设计、工艺设计、包装设计、店铺设计、广告设计、企业环境设计等几个板块，分别由多个部门分工完成。

二、国内部分服装品牌企业简介

（一）福建柒牌集团有限公司简介

柒牌集团是以服饰研究设计和制造为主，集设计、生产、贸易于一体的综合性集团公司。柒牌集团始终坚持"精心、精细、精准、精确"的生产方针，倡导"立民族志气，创世界名牌"。

柒牌系列西服、夹克衫、休闲装、衬衫、T恤等，以风格时尚、款式经典、做工考究著称，现已成为大众时尚的焦点。

柒牌公司及系列产品曾先后荣获福建省著名商标、福建省名牌产品、中国服装博览会金奖、第十三届亚运会中国体育代表团唯一指定专用礼仪西服、中国体育代表团唯一指定专用出国礼服、中国十佳过硬品牌等殊荣。

（二）浙江报喜鸟服饰股份有限公司

浙江报喜鸟服饰股份有限公司成立于2001年，是报喜鸟集团旗下的核心企业之一，主要从事报喜鸟品牌西服和衬衫等男士系列服饰产品的设计、生产和销售。公司坚持走国内高档精品男装的发展路线，在国内率先引进专卖连锁特许加盟的销售模式，建立了我国运作最为规范、网络最为健全的男装专卖零售体系之一，是浙江省"五个一批"重点骨干企业。

公司坚持品牌经营的发展战略，以弘扬民族服饰品牌为己任，努力创造品牌的价值，提出"质量是品牌的基础、营销是品牌的活力、设计是品牌的灵魂"的品牌理念，设立功能齐全的研发设计中心，组建阵容强大的营销队伍，不断提高品牌的知名度和美誉度，提升品牌形象。

（三）红豆集团有限公司

红豆集团有限公司是江苏省重点企业集团，是国务院120家深化改革试点企业之一。"红豆"商标于1997年被国家工商总局认定为"中国驰名商标"，红豆品牌的主要产品均通过ISO 9002质量体系认证。

以服装起家的红豆集团有限公司，以创民族品牌为己任，1991年以来，先后荣获省级以上荣誉20多项。其中，1994年红豆服装被评为"中国十大名牌"；2001年9月，红豆衬衫被中国名牌推进委员会评定为"中国名牌"；并多次荣获"金桥奖"。品牌产品除畅销全国市场外，还出口20多个国家和地区。

三、国外部分服装品牌简介

（一）古驰（Gucci）

品牌简述：古驰品牌时装以高档、豪华、性感而闻名于世，以"身份与财富之象征"品牌形象成为上流社会的消费宠儿，一贯被商界人士垂青，时尚之余不失高雅，古驰现在是意大利最大的时装集团。

公司简介：古驰奥·古驰（Guccio Gucci）于1923年创立古驰。位于佛罗伦萨的古驰集团是当今意大利最大时装集团，古驰除时装外，也经营皮包、皮鞋、手表、家饰品、宠物用品、丝巾、领带、香水等。

（二）切瑞蒂1881（Cerruti1881）

品牌简述：切瑞蒂1881款式时刻紧随时尚，剪裁上更是将意大利式的手工传统、英国式的色彩配置和法国式的样式风格完美糅合，切瑞蒂1881极其注重面料的选用，流畅的线条是切瑞蒂1881的最大特点。他的男装更加有名，是高贵、时尚与风格的象征。周润发、米高·道格拉斯（Michael Douglas）、李察·基尔（Richard Tiffany Gere）等很多著名影星都是切瑞蒂1881的顾客。

公司简介：尼诺·切瑞蒂（Nino Cerruti）是切瑞蒂1881的创始人，被号称意大利时装之父，1930年出生于意大利，1967年在巴黎创立切瑞蒂1881。

本章小结

品牌服装设计的内容最好走出课堂，进行市场与企业实地调研。导入企业实际项目进行实训，同时应有团队合作精神，相互交流讨论，取长补短，完成设计任务。还要加深对课程的认识和理解，多总结，多了解市场动态，把握设计潮流。利用市场调研的方法完成调研报告，找到市场空白点，确定品牌定位进行设计与开发。本章能利用网络资源，搜集图片视频资料、阅读资料，利用资料有计划地教学，提高学生分析问题与解决问题的能力。

课后习题

1.什么是品牌定位？品牌定位的目的是什么？品牌定位包括哪些内容？

2.简述品牌服装的运作程序。

3.模拟设计一品牌服装，简单分析其运作程序及要素。

4.选择两个自己喜爱的国际服装品牌，对其品牌进行主要元素解析，用图形和文字说明。

第七章

服装赛事专题设计

教学目标：通过本章的学习，学生基本掌握国内外服装设计大赛的参赛信息，理解参赛系列服装设计的特点及方法。加强服装设计专业学生的理论基础和实践创新能力，提高学生实际的设计制作能力，鼓励他们踊跃参加国内外各类服装设计大赛。赏析服装设计赛事获奖作品，引导学生认真思考体会如何把握设计主题、结合流行趋势、提取元素的应用、为系列作品搭配配饰以及面料的二次再造等相关内容，分析作品成功之处，为学生完成优秀的参赛作品打下基础。

教学要求：要求学生具有一定的实践能力，包括设计和制作的实际能力，能够掌握各设计大赛的具体类别及要求，能够运用合理的设计方法进行参赛设计。使学生深刻认识到大赛设计作品的视觉效果要醒目，能充分把握服装面料、色彩的整体协调搭配。

近年来，各类比赛层出不穷，服装行业也不例外。通过服装比赛，一方面，设计师或专业学生能够提高设计能力及制作水平，可以为毕业后的工作就业铺设道路；另一方面，大赛主办方也能为企业和行业挖掘设计人才，提高其设计水平及社会影响力。随着服装比赛受到越来越多人的关注，人们对各类大赛的比赛服装要求也越来越高，无论是设计款式、造型、色彩，还是功能特性和展现的用途方面都有更高的要求。为了促进服装设计水平的提高，繁荣服装产业经济的发展，近些年国内举办了各种服装设计大赛，于是一种带有时尚色彩的新鲜血液——比赛服装诞生了。我们通过网络搜索服装设计赛事网页，就能查询到各种服装与服饰设计相关赛事。

许多设计师都是从服装设计大赛中脱颖而出，引起企业的注意，从而得到机会锻炼和进修。国外服装设计赛事发展较早，如1954年的由国际羊毛局（The Woolmark Company，IWS）主办的"国际羊毛标志大奖（Woolmark Prize Award）"比赛。著名服装设计师卡尔·拉格菲尔德和伊夫·圣·洛朗则是这项赛事外套组与晚装组的设计大奖获得者。我国的服装设计大赛，酝酿启航于20世纪80年代中后期，如1985年的全国时装设计"金剪奖"大赛。服装比赛兴起于20世纪90年代，随着社会的进步和产业经济的飞速发展，服装设计大赛的种类日益增多，水准也越来越高。我国有规模的服装设计大赛且举办历史在十年以上的也有很多，比如"大连杯"服装设计大赛开始于1992年、"真维斯杯"服装设计大赛开始于1992年、"汉帛杯"服装设计大赛（原"兄弟杯"服装设计大赛）开始于1993年、"中华杯"服装设计大赛开始于1995年、"中国服装设计新人奖"开始于1995年等。目前，随着我国社会的发展，国际之间的交流加强，使得大赛组织越来越完善，大赛的层次、定位、风格等都越来越全面。国内外的服装设计大赛种类繁多，根据赛事的级别分为国际级、国家级、省级、市级、校级等。国内有许多优秀的设计师都曾在国内外服装设计赛事中获奖，如马可、吴海燕、赵玉峰、祁刚、武学凯、张继成、唐炜、张伶俐、计文波、曾凤飞等。例如第一届"兄弟杯"金奖，吴海燕作品《鼎盛时代》，作品灵感来源于唐朝，采用古代居民生活为题材，试图在继承华夏民族艺术传统的基础上创作出神奇脱俗的意境。为达飘逸悬垂效果，面料选用素绸缎，颜色灵感来自敦煌壁画。手绘图案是其独特的构思，作品完成先后有7道工序。马可是国内知名的服装设计师，现为"例外"品牌的设计总监。1994年参加了第二届"兄弟杯"国际青年服装设计大赛，以"秦俑"系列EXCEPTION组装获大赛唯一金奖，提高了其在当时的社会知名度。"秦俑"系列采用本色真皮切割成小块，用细皮条连接而成，同时注入了现代流行色彩，意在再现古代秦俑朴拙而威武的风采，将中国的传统内涵转换成现今的创意精神。

目前，国内外的服装设计大赛规模和模式都有很大的发展，赛事与各领域跨界合作，比赛形式更加新颖，如美国时装设计大赛"天桥骄子"和国内的"魔法天裁"等真人秀服装设计比赛，将选手的设计、制作过程都通过大众媒体平台呈现在观众面前，以吸引更多人对服装设计的关注和兴趣。

第一节　服装设计大赛分类及特点

一、服装设计大赛分类

目前，国内外的赛事的分类有休闲服装设计大赛、婚纱设计大赛、针织服装设计大赛、T恤设计大赛、皮革设计类大赛、内衣设计大赛等，也有综合类的设计大赛，如"中华杯"国际服装设计大赛等。除此之外，还有专门以服装效果图为主的设计大赛。目前学生参加较为频繁的大赛主要有以下几项赛事，如虎门杯、大浪杯、真维斯杯、大连杯、汉帛奖、新人奖、常熟杯、浩沙杯等。依据赛事的细分，还有以下六种形式的赛事分类方法。

（一）按服装的艺术形式分类

按服装艺术形式可分为创意型服装设计比赛和实用型服装设计比赛。创意型设计比赛的作品不强调设计作品在实际生活中的穿着实用性，而是以设计创新为主，突出思维创新、面料创新、款式创新、工艺创新、表现方式创新等。评比标准以个性独特、风格突出、形式完美、注重艺术审美价值为主，创意型比赛服装设计往往不需要考虑服装设计作品在实际生活中穿着的可能性。

1.创意设计大赛

创意设计大赛需要有明确的主题，设计构思要奇特，在符合主办宗旨的前提下，力求创造出风格独特、时代鲜明的设计作品。面对大赛主题，要精心选择新颖的设计题材，要勇于打破传统常规的表现形式，利用丰富多样的设计语言表达新鲜出奇的视觉效果。在造型设计上，要力求打破传统的美学法则，以立体的、非常规的造型为主，巧妙利用细节。在色彩的设计上，要注重视觉冲击力，多利用对比的、非常规的色彩进行搭配组合，力求色彩效果醒目、突出。在面料的设计上，除了根据主题的需要外，还应更多地利用面料的再造方法对常规面料进行改造，也可利用非传统的服装材质，如塑料、金属、钢丝、纸张等非服用面料进行点缀。创意设计大赛服装不考虑在现实生活中任何场合穿着的可能性，它将给人以一种艺术美的享受，是一种把服装变为艺术品的升华。创意型服装设计比赛是专业性极强的比赛，考验设计师功力、能力与实力，世界上很多著名设计师都是以创意服装来创立品牌而一举成名的。

2.实用设计大赛

实用设计大赛主题明确，可以为某一类具体产品进行设计，这就要求设计者在创新的基础上更注重实用功能。实用型服装设计比赛的服装以实用性为基础，再进行艺术创新，设计的作品要符合市场的流行趋势，并能够推向市场，促进消费，有较直接的经济效益。在参加这一类大赛时，要紧紧把握当今的时尚潮流，在造型、色彩、面料的设计方面紧跟主办方确定的产品风格，将流行元素与产品设计牢牢结合。除了规定具体的面料设计外，设计者在面料的选用上，要非常关注目前面料市场的行情，而且要与主办方品牌及指定的风格相吻合。实用型服装设计比赛以适应特定服装市场需求为主，在一定的限制范围内进行设计创新，限定的范围包括类别、目标市场、流行因素等。要求务实，有明确的目标和现实的市场推广价值。如"迪尚"中国时装设计大赛、"虎门杯"国际青年设计（女装）大赛。它的评比标准是在使用基础上的艺术创新。

（二）按比赛规模分类

按比赛规模可将服装设计比赛分为国际性设计比赛、国内设计比赛、地方性设计比赛。区分一个比赛的级别，可以从主办方、大赛规模、知名度、征稿范围等方面进行考察。国际性的比赛有"汉帛杯""中华杯"等。

（三）按服装品类分类

服饰设计大赛是指服装和配饰设计比赛，可细分为服装、丝巾、领带、鞋、帽、袜子、手套、包包、项链配饰等多项设计比赛。例如："帽饰之星"2021上海国际帽饰设计大赛、"中国领带名城杯"第17届国际（嵊州）丝品花型设计大赛、2020第四届中国国际配饰设计大赛、"喜得龙杯"第八届中国（晋江）海峡两岸运动鞋设计大赛、"乔丹杯"第7届中国运动装备设计大赛、2020"安踏杯"中国鞋服设计大赛等。

（四）按服装类别分类

按服装类别来分，有时装设计大赛，如"常熟杯"潮流服饰组合设计大赛；职业装设计大赛，如"南山智尚杯"2024中国职业装设计大赛；休闲装设计大赛，如"真维斯杯"休闲装设计大赛；女装设计大赛，如"虎门杯"国际青年设计（女装）大赛、"大浪杯"中国女装设计大赛、"茗牌"中国国际女装设计大赛；皮革装设计大赛，如"真皮标志杯"中国国际皮革裘皮时装设计大赛；毛皮服装设计大赛，如中国国际青年裘皮服装设计大赛；羽绒服装设计大赛，如中国·平湖(羽绒服)服装设计大赛、"庐山杯"儿童羽绒服设计大赛；毛织服装设计大赛，如中国(大朗)毛织服装设计大赛；针织服装设计大赛，"濮院杯"PH Value中国针织设计师大赛；牛仔服装设计大赛，如"均安牛仔杯"全国牛仔创新设计大赛。

这种比赛往往有明确的风格或主要材质限定，且要求是可实施性作品。设计师要有较强专业知识和设计能力，尤其在材料和工艺方面要有深入研究。

（五）按举办单位分类

有国家级单位举办的各类设计大赛，如"CCTV杯"服装设计大赛；省市级单位举办类设计大赛、服装专业单位举办类设计大赛，包括服装企业、服装媒体及服装院校等，如"中国国际师生杯"服装设计大赛、服装名校学生作品大赛、"绮丽杯"全国知名院校时装设计邀请赛、中国服装设计师生作品大赛；还有校企联合举办各类服装设计大赛，如"YKK·东华杯"研究生服装设计大赛。

（六）按大赛规模分类

有国际级别的服装设计大赛、全国性服装设计大赛、地方性服装设计大赛和行业团体类服装设计大赛等。

二、服装设计大赛特点

（一）创意型比赛服装特点

创意型比赛服装的设计重点侧重于审美和创新，以系列为主，单独制作，通过服装充分表现设计师的创意，并运用面料材质、图案、制作手法等强调服装的表现效果。这类比赛服装不仅可以进行学术的探讨、艺术的欣赏，而且在推动服装发展的同时又能选拔人才。其主要的特点如下。

1.强烈的舞台效果

强烈的舞台效果是创意型比赛服装所必须具备的条件之一。

创意型比赛服装不同于实用服装的特点之一是它讲究的不是服装的实用性，而是给人以视觉冲击力，以及由此而产生的心灵上的兴奋和共鸣。当然，细细品味实用服装精良的做工也可产生心灵上的愉悦，但却不可能激发人的激情，如果把实用服装比作一位工匠的话，那创意比赛服装就好比是一位大师。

2.创新的服装材料

面料作为服装的三要素之一，在创意型的比赛服装中，起到关键的作用。新颖的服装面料，可以打破常规，展现设计者的想象力与创造力，给人以强烈的视觉冲击力，能够体现设计者的创新精神和艺术风格，而这正是创意型服装设计比赛的灵魂所在。同时，借助新型特殊材料，能够塑造非常规的服装廓型，达到较好的视觉肌理效果，拓展设计的可能性。但在运用新材料的同时，也需保证服装的方便、安全穿用性，不能因为材料的新奇而使模特穿着行走不便或不安全等。

3.较少的实用性能

创意型的比赛服装常在舞台上展示，很少应用于日常的穿着中，因此如果过多考虑服装的实用性，设计就会受到很大的限制，光是强烈的舞台效果和新奇的服装材料，已使其不具备人们日常生活中可以穿着的服装的特点了。不强调甚至不需要这类比赛服装的实用性就是为了让设计师有更大的想象空间，这样也更容易分出设计水平的高下。但是服装必须具有可穿性，不能束缚人体、扭曲人性、妨碍活动。较少的实用性，使得创意型比赛服装较少受流行因素的干扰，可以拓展更大的想象空间。

4.完美的系列效果

服装的系列感是指一套服装本身的色彩搭配、造型结构、面料运用合理之外，服饰配件的运用也能烘托服装所表现的主题，包括帽饰、耳环、鞋、包、手镯、道具等。如果服装是一个系列的，那还包括一个系列中各套服装之间的色彩配置、造型配置、面料搭配，以及配件安排是否合理和富于美感等。

5.丰富的文化内涵

丰富的文化内涵包括两方面：一是对传统文化的挖掘，二是对现代文化的挖掘。

在创意型比赛服装设计中，要在主题中拓展设计思路，往往会以资源丰富的传统文化作为设计的切入点，提取优秀的传统文化符号及元素，以服装作为设计载体，结合现代的服装款式及审美需求，融合创新，打造具有特色的创意赛事作品。需要注意的是，在传统文化中寻求创作灵感的时候，不可以照搬照抄，不能生搬硬套地把传统的东西当作标签贴在服装上，传统文化的挖掘要讲究一个"化"字，要以现代的形式"化"入作品中。

除了从传统文化吸取设计元素，还能从现代艺术中找寻设计灵感，现代艺术包括现代风味的建筑、室内装饰、现代派绘画等。可以运用横向思维激发创作灵感，从现代设计作品中的设计构思、艺术表现、艺术形式、艺术特征等方面，综合分析与思考，挖掘设计元素，将创意型作品进行创新。总之，创意型比赛服装的设计要从文化内涵上挖掘，因为如果仅仅是设计可穿用的实用服装，仅仅从服装本身去思考的话，其外延实在太小，所能发挥的余地太少，而充分的文化内涵往往是创意型比赛服装制胜的法宝，国内外众多的参赛者也正是在这方面做了努力才取得了好成绩。

（二）实用型比赛服装特点

实用型比赛服装强调其实用性，以成衣服装为主，追求面料品质的优越、工艺的精良。该比赛的作品需要符合市场需求、人们的着装习惯和流行趋势，一般具有较强的系列感。

1.优良的做工与面料

实用型比赛服着眼点在实用上，不但要有可穿性，而且要让人穿得舒服，这类比赛服装在做工上的要求与质地精良的成衣是一样的。优良的做工包括各项技术指标合乎规范，该用双针缉缝的不能用单针缉缝，单位长度针数为60的不能为40，应该归拔的地方不能省去，所有的毛边都应该码边等；要求服装板型贴切，做贴身设计要敢于下剪刀，容不得半点余量，省道的处理要既美观又准确等，缝制完成之后还要有不厌其烦地修改。当然，也包括面料的审美。我们可以从面料的印染技术、面料的后整理技术中评判面料的优劣，尤其是在当今，服装好坏的竞争甚至可以说是面料好坏的竞争。实用型比赛服装的面料虽然不能像创意型比赛服装那样随心所欲，但也还是要讲究有新意，应该努力打破材料单一造成的视觉单调。

2. 流行与个性的结合

实用型服装作品因为处于可穿性、实用性的目的，所以与人们的生活方式、消费心理相关。实用型的比赛服装虽然可以暂时游离"流行"以外，展现设计师自己的设计意图，但毕竟针对的是心怀"实用主义"的人群，所以即使是为比赛而设计的实用服装，也必须有较强的流行感。但是，如果参赛服装都是当季的流行款，那么就成了街边橱窗的陈列，设计师的创造力就表现不出来。因此，在实用型比赛服的设计中，个性是灵魂、流行是手段，只有把两者结合起来，才是较理想的设计。

3. 较强的系列感

较强的系列感包括两方面：一是指单套服装的完整性，二是指每套服装之间的系列性。前者单套服装的完整性要从一套服装本身的色彩搭配、造型结构、面料运用等方面合理考虑，使其具有整体美感。服饰配件如帽子、耳环、鞋、包、手镯、道具等运用合理，能够烘托服装主体、营造气氛；如果比赛要求制作两套以上的作品，那么就存在每套服装之间系列感的合理安排了。除了每套服装本身的完整性外，还包括各套服装之间的色彩呼应、廓型设计和面料分配，也包括配件分配的合理协调性，充分体现服装间的系列感。

4. 严格合理的工艺要求

由于实用型服装比赛考验的是设计师针对市场进行设计的能力，所以常常要求其设计出来的服装能够批量生产，这就要求比赛服装在设计上不可以有在机械化流水线作业中无法达到的细节，也不可以有违反流水线作业前后次序的工艺顺序。当然，这一方面束缚了设计师的手脚，却又从另一方面考核了设计师对实际操作的了解程度，服装不是在稿子上画就可以完成的，必须能合理地制作成品。

（三）比赛服装共同特点

从上面的阐述可以看出，系列感是比赛服装共同的特点，这也正是比赛服独特之处，考验设计师的个人设计风格能力水平外，还要看整体搭配能力，具有一定的数量要求。系列比赛服装的构成，至少应由两套及两套以上的服装组成，一般大赛要求为3~5套这样的小系列，考核参赛者系列设计服装的能力，能否把握好主题系列设计。系列比赛服装的规模主要受作品的内容、形式以及大赛规定的因素制约，当然，规模越大，给人的视觉冲击力就越强，展示效果也会更加丰富，但是规模越大，设计难度也就越大。兼顾系列设计中的共性与个性，在作品中贯穿共性的同时充分展现个性，两者相辅相成，共同组成优秀的参赛作品。共性是在比赛作品中形成系列感的重要元素，它是一组系列服装的整体灵魂所在，是系列中单套服饰共有的元素。系列服装共性的形成，最关键的是作品共有的内在精神，包括共有的主题思想、统一的情调和艺术风格，在系列服装构成当中，运用相同的面料、造型、装饰、色彩、标志、纹样、工艺处理等表现手法和服饰品等来实现。系列比赛服装虽然十分强调系列感，但服装的个性往往能够展示其具有真正魅力的重要因素，个性通常体现在构成单套服装的各个方面，包括形态、款式、造型、面料的构成形式，可以通过形状、数量、位置、方向、比例、长短的不同来体现，但特别要注意的是在兼顾共性、保证个性的同时，还要注意单套服装本身的形式完整或形式美，这样才能使系列服装更加尽善尽美。

第二节　赛事服装系列设计

一般的服装设计大赛都会要求参赛者围绕大赛主题，选择设计切入点和元素，进行系列设计。通常一系列为3~6套，只有了解系列设计的设计含义、系列设计的表现形式、系列设计中的各要素，才能更好地进行设计。

一、系列设计的含义

系列是指一系列的服装中具有相同或相似的元素，在一系列中具有共性与个性。服装系列设计以相似元素的设计来表现其整体统一，可从服装的造型、色彩、材料、图案及配饰的相似性等方面进行整体设计。简言之，相互关联的成组成套的事物叫系列。

在进行系列服装设计时，单件服装各要素也要有呼应，而每套服装之间也必须存在某种设计元素的关联性，强调设计形成的系列感。因此，每一系列的服装在多元素组合中表现出来的关联性和秩序性是系列服装设计的基本要求。服装系列设计可以形成一定的视觉冲击力。无论是品牌服装的专柜、商店橱窗或舞台展示，还是学生参加的服装设计大赛，服装以整体系列的形式出现，都会使服装整体系列效果更加突出和强烈。在参加大赛的设计中，系列服装更能制造声势，对作品起到宣传和烘托的作用，对视觉的刺激效果也会更强烈。而服装产品的系列设计不仅要明确设计的市场定位，而且要突出系列服装的整体风格，满足不同消费者的审美需求。因此，许多服装品牌都非常注重服装产品的系列化设计，这样可以充分反映该品牌产品的定位及品牌形象。

二、系列设计的表现形式

（一）造型的统一

通过服装廓型或内部结构之间的统一关联形成造型上的一致，从而形成系列感的形式。服装造型上的统一是服装系列产品、服装设计大赛系列作品中较常见的一种形式。在统一风格的外廓型下，系列服装设计可通过局部结构的变化，如通过领子的大小，口袋的大小位置、袖子的长短以及分割线的变化来增加服装整体的丰富性，这样就可以使系列服装在保持外形相同或相似的前提下仍然有丰富多样的变化，并通过此形式来突出服装系列设计的感染力。在进行外廓型统一的设计时，要注意使每套服装的外轮廓具有鲜明的系列特征，内部的细节设计不能影响或破坏外轮廓造型的统一感。此外，可以通过相同或相似的内部细节设计来使不同外轮廓的造型得到统一，使服装的内部细节关联元素统一在多套的服装中。系列设计的内部造型元素必须具有丰富的层次和强烈的视觉效果，可以通过改变细节结构的大小、长短、颜色、位置等使多套服装整体产生丰富的变化。在进行内部细节的设计时，要使系列服装的部分与整体之间构成一定的关联，这样才能使系列服装显得整体统一。

（二）色彩的关联

色彩是服装设计的三要素之一，色彩的关联是指在一系列的服装中，选用相同的或相似的色彩搭配作为服装中统一的要素，通过色彩的统一形成色彩关联的系列设计。一般采用色彩的渐变、重复、调和等法则进行色彩的搭配，并用色彩的纯度、明度、冷暖关系进行调和与变化。色彩关联形成的系列服装在造型和材料的选择上可以不同，各套不同造型的服装由于使用相同或相似的色彩搭配，使得系列服装的视觉效果能够形成整体统一。在具体设计时，可以改变各套服装的造型、面料肌理、图案等元素，让色彩关联的系列服装产生更丰富的层次及整体效果。

（三）面料的一致

是指在系列作品中，采用同一种面料或者将面料进行重组搭配，分别运用到各个服装中，使其产生面料的共性，从而形成的面料系列。在这类设计中，要慎重选择面料的风格、肌理、色彩、图案等要素，服装的造型可以不受限制，服装整体主要依靠面料本身的特征来形成强烈的视觉效果，从而形成系列感。因此，系列感的面料必须具有明显的特征，具有强烈的视觉效果，可以通过一定的面料再造使其具有震撼力。此外，还必须考虑面料的风格与造型的统一，避免产生混乱、不协调的视觉效果。

（四）工艺的统一

在系列的服装中，通过特色的工艺强调服装之间的关联性，特色的工艺主要包括绣花、抽褶、饰珠、镶边、染色、镂空、贴补、抽纱、多层次褶皱、扎结、镶拼等。在具体的设计中，一般多套服装通过同一种工艺手法进行统一设计，强调工艺的设计手法在很多的大赛设计作品中都能见到，通过相同的褶皱处理，使系列服装的元素得到统一。

（五）配件的协调

通过搭配风格类似的服装配件进行协调的系列设计。服装的配件不仅可以搭配服装突出服装的整体风格，还能起到画龙点睛的作用。在通过配件强调系列感的设计中，服装造型必须简洁大方，配饰选择要有特色，并与服装整体风格一致。这些系列配件可以选用相同的服装配饰，或者是具有相同元素的系列配饰，可以遵循统一中有变化，变化中有统一的原则，让配饰起到协调服装整体效果的作用。

在服装系列设计大赛的作品中，除了以上常见的几种表现形式外，还有通过类似图案、相同的题材、统一的形式美等表现形式，来实现系列服装的整体效果。不同主题的设计大赛可以选取不同的表现形式进行系列服装设计，主要依照设计大赛的具体要求而定。掌握好赛事服装系列设计中的统一与变化原则，在符合主题设计的范围内，积极探索服装设计的要素，在系列设计中灵活地运用三要素进行组合搭配，依据统一变化的规律协调各个要素，设计出以统一为主旋律的服装系列，或以变化为基调的服装系列。

三、系列设计的原则

系列设计的原则简单地说就是如何求取最佳的设计期望值，这一期望值涉及系列的群体关联和个体变异所具有的统一与变化的美感。评价系列服装设计优劣，标准在于以下三个方面：系列群体是否完整、个体变化是否丰富、异质介入是否适当。系列设计的方法可以从以下四个方面进行设计与整合。

（一）以某一造型为基础进行延伸

在系列设计中，在以某一造型为原型的基础上从多种思维角度出发进行拓展和延伸设计，使之产生许多相互关联的新造型元素，这是学生较常用的设计方法。

（二）从单个细节要素进行整体设计

从单个细节要素进行整体设计是指在系列设计中以单个细节为元素进行组合、派生、解构、再造等的设计。这是从局部入手的设计方法，这个细节要素可以是服装内部的结构，如口袋、拉链、扣子、领子等局部，也可以是面料的某一颜色组合或某一特征的图案等。把这些细节元素经过提炼后再分布到系列服装中的每一款式上，就可以形成统一的系列设计作品。

（三）以单个饰品为元素进行组合搭配

这是从服装单个的饰品进行系列设计的方式，以某一饰品为主要元素，可以是镶嵌在服装中的饰品，也可以是独立搭配或可以拆卸的一件饰品。以单个饰品为元素的系列设计要在每款服装中尽可能进行相同或类似的饰品搭配和组合，通过上下、左右等位置的变化，丰富服装款式的搭配效果。

（四）以设计草图为蓝本进行系列整合

从许多不成系列的设计草图中挑选出一些设计图稿，并对它们进行构思整合，通过系统造型、细节、色彩、面料、图案等元素形成系列化的设计。平时在练习中积累一些设计稿图，选出一些具有一定的可选性，效果会比较突出的设计图稿，并利用这些草图进行系列设计激励学生关注平时的积累，使他们注重平时日常生活中产生的灵感。

第三节　赛事服装设计流程

赛事服装设计的艺术创作过程同其他艺术创造一样，但也有其独特的方面，具体的设计程序包括下面七个步骤。

一、获得信息

意欲参加服装设计比赛者可以从征稿通知中获取比赛信息，征稿通知通常会刊登在专业服装报刊、专业网站上。一些重要比赛往往每年会在比较固定的时段同时在数种媒体上刊登通知，一般这些通知会在正式比赛前4～6个月刊登；比赛者也可以去当地服装行业协会或服装设计师协会询问；或找到专业服装网站，利用服装网站搜索引擎进行搜索，这些网站通常会将比赛征稿通知发布在网页上。尽量通过这些渠道尽快获得全面的第一手信息。

（一）艺术创意类设计比赛

艺术创意类设计比赛的宗旨为以设计创新为主。设计创新侧重于意识及形态方面的创新，包括设计思维创新、制作表达方式创新、设计取材及搭配方式创新等。要求参赛作品的思想积极健康、设计构想奇妙、视觉形态新颖且极具艺术审美价值。艺术创意类设计大赛并不要求设计作品产生即时的市场效益，但必须有一定的潜在市场价值和可实操性。此类设计大赛是对设计创造能力的一种综合展现。

（二）市场实用类设计比赛

市场实用类设计比赛的宗旨为以适应特定服装市场需求为主，设计创新在一定的限定范围内进行，这种限定范围主要包括服装类别、服装品级、服装目标市场、服装流行因素等。此类服装大赛要求参赛作品在务实的前提下展现、展开设计思维，作品要有明确的目标性和现实的市场推广价值。对设计师的市场了解和把握程度有较高的要求。

（三）专业类设计比赛

专业类设计比赛是指针对具体服装类别举办的设计比赛，如休闲装设计比赛，婚纱礼服设计比赛等，往往有明确的风格或主要材质限定，且要求是可实施性作品。对设计师有较强专业知识和素质，尤其在材料和工艺方面要有深入研究。如名瑞杯，欧迪芬杯等。

（四）国际性设计比赛

国际性设计比赛在全球范围内征集作品，主要目的在于广泛交流、博采众长。此类大赛一般偏重设计的艺术性和创新性，而文化特异性、个性和时尚性也是重要的评判参考因素。设计师应该把设计置于一个广泛的范围内进行构想，使作品具有更加深远的意义。

（五）全国性设计比赛

全国性设计比赛即在全国范围内征集设计作品，是对我国行业水平的一种检阅。全国性设计比赛有国家级单位主办的，也有地方相关单位主办的，但性质基本是一致的，都力求在全国范围内促进行业设计水平的提升。

（六）地方性设计比赛

地方性设计比赛即在地方范围内征集设计作品，旨在促进地方设计水平的提升和促进地方的行业发展。地方性设计比赛的影响虽不及全国性设计比赛大，但往往具有独到的地方特色。

二、了解大赛特点

每个服装设计比赛都有其特点，参赛者务必弄清比赛的参赛作品性质，究竟是创意装还是实用装，是休闲装还是运动装，不要张冠李戴。如果文不对题，再出色的作品也会名落孙山。不同类别的服装都有各自的比赛。专业类设计比赛往往有明确的风格或主要材质的限定，且大多数要求设计是具有可实施性的服装作品，但也有少数比赛注重创意性作品，如羽绒服装类设计比赛作品就越来越具有艺术审美性。专业类设计比赛要求设计师具有较强的专业知识和素质。

三、确定设计主题

主题是服装设计的灵魂，是蕴含在时装作品之中的中心思想，它体现在时装作品具体表现形式中。系列比赛服装的主题构思是作品中所有元素组成组合后传达出来的设计理念。理解好主题的内在含义并用恰当的题材进行表现，是比赛服装设计关键性的第一步。

近年来，国内、国际的时装设计大赛，大多采用有确切主题的方式，也称为命题设计。所以设计之前，应对主题命题进行较为细致的分析和判断，以弄清题意的内涵和外延，通常称为审题。审题是理清思路、寻找创意切入点的重要一环。任何命题都有其特定的意义和范围，既限定了内容，也提供了创意构思的线索。例如第九届"兄弟杯"服装设计大赛的主题是"东方与西方"，是一个比较宽泛的命题，中心含义就是用作品来诠释东西方文化，但东方与西方意象又可重叠，诠释东西方文化的主题开始上升到东西方文化的交流和融合。世界各国的参赛选手根据各自不同的文化背景和社会经历，从各自不同的角度对这个主题进行了精彩的诠释，如参赛作品《绿林英雄》，作者以具有侠义精神的中国古代绿林英雄与美国西部牛仔为切入点，通过运用牛仔面料的拼接、打磨等工艺，表现在当今东西方文化互融背景下的英雄精神。

（一）具象命题的理解

有些命题比较具象，即指向明确，限定清楚，基本情调较为稳定，在审题时比较好把握。如2002年在深圳举办的"衡韵杯"中国唐装设计大赛的主题是"时尚中国风"，指向很明确，参赛要求即为具有"中国味"的时装。其参赛入围作品有《镜花缘》《风骨》《龙之恋》《梦唐》《水再生》《水灵》《涅》等。设计者将中国的传统服饰、传统文化艺术与国际流行的时尚元素结合起来，题材的选用和表达既有浓厚的中华民族气息，又有强烈的时尚感，将传统的唐装生活化、国际化，既符合时尚潮流，又有新的突破。

（二）抽象命题的理解

有些命题较为抽象，大多指向思想或精神方面的内容，这种命题多采用前面讲到的"意合法"的构思方法。例如，第四届全国服装设计师大赛的主题"涅"，就要先去感受其意境。"涅"是佛教中超脱生死的一种精神状态和境界，是超越自我的灵魂升华，是张力无限的生命突破，是新生命的完美开始。因而，只要把握了超越、重生、挣脱以及旧与新、平凡与美丽、黑暗与光明、宁静与激荡、回归与升华、冷酷与激情、痛苦与快乐、顺从与反叛的关系，也就懂得了"涅"的精神境界，构思的切入点就可以循着"涅"的表面形象进入它的精神境界。这次参赛入围作品当中有以蝴蝶蜕变、年轮、茧、荆棘鸟、蒲公英、古代货币、山水画、夜来香等为题材的作品，其以回归自然、挣脱束缚、原始激情、世外桃源等为主题，既象征了古老东方文明神秘沉静的精神世界，又表达了涌动、跌宕、狂野的勃发激情。

四、切入构思

当通过审题，明确了主题的内涵和外延后，即着手收集与主题相关的"直接信息""间接信息"和"相关信息"来选择表现主题的题材。如主题"时尚中国风"，可从各种渠道收集中国传统服饰的图案、色彩、结构、配饰、面料、工艺，以及国际服装流行元素和国内外服装设计大师有"中国味"的服装作品等直接信息，也可收集与服装无关的诸如陶瓷器、青铜、折扇、古铜币、剪纸、水墨画、书法、中国结以及中国功夫、中式建筑、中式家具等间接信息。又如"我们只有一个地球"的命题，就应去收集有关环保的直接或间接的信息，如与服装相关的环保面料、工业污染、废水处理、动植物保护等反映人与自然关系的信息，以及现有的国内外设计大师有关环保的作品等。

在收集资料和信息时要以形象的勾画记录为主要手段，必要时配以文字说明。对所接触到的使自己感兴趣又易产生联想的信息加以整理，初步确定一个构思的方向。如"时尚中国风"这个主题，当设计者对收集到的信息进行整理时，又对中国画产生了兴趣，中国水墨画那种内在的意境和情感、那种若有若无给人无限想象空间的感觉，就是设计者产生灵感的源泉，那么设计者构思的切入就从中国画开始，即选定了表现主题的题材。

五、确定款式

将灵感转化为构思，然后把这种构思予以表现，运用设计中的美学原理在确定了基本型款之后，可以按照相似原则，将构成基本型独特特征的造型要素进行变化，从而衍生成系列。例如以基本型中一种元素（外形、纹样、肌理、细节）为共性元素，变化其他元素的位置、方向来构成系列；或以一种元素（外形、纹样、肌理、细节）变化对比构成系列，前者是统一感强的系列形式，后者是变化感强的系列形式。

虽然在比赛服装的系列设计中，组成服装的每一要素都具有相当的地位，但一般应有一至两种要素占据主导地位，千万不要将所有的要素集中在一起造成过于"丰富"而显得凌乱的效果，没有设计重点。每款服装既有鲜明的个性，又有整体上的艺术性和系列性，两者达到和谐和统一。

六、草图绘制

系列比赛服装的设想方案应尽可能先画成草图，大量的草图是挑选优秀设计构思的保证。挑选后的草图需进一步完善轮廓、细节、比例等，并注重单套作品独特的个性和创新，以及每款服装间的系列性，做到整体的协调和个体的完美。并认真检查其造型风格是否贯穿整个系列，系列作品应用的设计要素是否有连贯性和延续性；单套颜色的运用和系列配色组合是否体现出一组主色调的色彩效果，并有节奏地划分在系列的每一个款式之中；纹样风格是否统一，表现纹样的手法是否一致；材料能否形成整体协调而又有局部的变化性；装饰手法、缝制工艺是否表现为统一的风格；配件、饰品和格调等是否与系列作品存在内在联系和相呼应的关系。

七、参赛稿绘制

仔细检查完草图后就可以运用各种绘画手法来绘制参赛要过的第一关——效果图绘制。由于初赛是以评审服装效果图的形式进行的，参赛者没有进入评审现场的资格。因此，绘制出色的服装效果图在初赛中非常重要。一般完整的参赛稿由以下四部分组成。

（一）系列时装展示效果图

当将草图调整至正稿后，需要运用学过的效果图技法，选择最适当地表现方式，将其绘制成彩色效果图。用于参赛的服装设计图是参赛入围的第一关，因此，必须大胆地表现出特定的风格或个性（当然要注意兼顾大赛的有关规定）。必要时可描绘背景图，尽可能使画面明快、醒目、有韵律感及充满创意，若是使用浅色系，则要使用轮廓线或背景色彩，使主题有效凸显出来，这样才能引起评委的注意和好感。系列时装展示效果图绘制要细致完整，才能使它更好地一方面表现出想象的艺术形象，另一方面表达出设计的艺术氛围、面料质感、时装款式。优秀的时装效果图具有主题作品的审美和耐人寻味的细节，并烘托出时装创意的氛围和情调。

（二）系列款式结构图

完成人物着装效果图后，还必须画出正面、背面的款式结构图，通常用1∶5比例画出。款式结构图是表达设计款式的具体结构尺寸和形状及配置关系的平面图，用于检查设计的合理性和指导工艺制作。由于比赛服装的着装对象为模特，因此设计尺寸要以模特的尺寸为标准。

画款式结构图时要注意：款式结构图的比例要准确、适当，无论是外轮廓比例，还是局部与局部、局部与整体的比例；款式结构图要讲究对称、平衡，虽然款式结构图不画人体，但不管其款式如何变化，最终都要受到人体体态特征的制约，都要构成视觉上的对称和平衡。款式结构图要注意层次和空间的表现，既要注意表现出服装里外的重叠关系，又要表现出面料起伏以及着装摆放时的空间立体效果。款式结构图要强调结构和工艺，即强调表现出时装各部分的连接形式和内部构造，如衣片形状、接缝部位、开口位置、省位、褶位及有无缉明线等。

（三）文字说明

在参赛的效果图上应附有相关的文字说明，一般大赛称其为设计说明。包括设计主题名、灵感来源、设计意念、规格尺寸、材料要求、面料种类和面料小样说明等。其中，设计意念的描述要特别注意，其内容要积极、健康，文笔简洁、流畅，并要符合主题及主题命题。因为一般设计意念是用来说明引发创作灵感来源的事物、设计题材的来源、所希望表达的设计思想和情感等，也可简单地用来说明用什么样的工艺手法表现设计作品，以增加评委对设计效果图的完整认识。如"衡韵杯"中国唐装设计大赛金奖作品《梦唐》的设计意念是："泠然琵琶上，月下天飞高。一去千百年，梦里惜多少。"这正是作品所要表达的一种梦境中的唐朝。

（四）参赛稿命名及方法

参赛作品命名的文字要准确、精练、醒目、流畅自然，应赋予文字以美感，令人一目了然且回味无穷。优秀参赛稿的命名也很关键，作品的名称一般都是作品设计师设计创意的直接传达，可以从题材的构成入手，提取出题材的主要元素，以题材的异他性确定标题。这是依据设计灵感的题材资料来思考命题的方法。如参赛获奖作品《莲中珍宝》以取自梵文的题材命名，既有对历史文化产生的联想，又烘托出作品，使其将20世纪的人间净土——西藏的神秘与绚丽展现出来，并具有形象、深刻、易记的特点。也可以从所表现的主题内容入手，概括出作品的思想内涵或艺术内涵的要点，让观众对作品的主题有大体的理解和把握。如作品《荷塘烟雨》的命名，"荷塘""烟雨"等词都是中国传统写意花鸟画的写照，紧贴"东方与西方"主题，作品采用西方芭蕾舞裙的款式，中西合璧。甚至还可以从作品的形象特征入手，把最鲜明的特征归纳出来并同时提示主题的蕴涵，给人以新颖、巧妙、寓意深刻之感。如作品《紫魅》《生如夏花》《动感》《裘》等。

第四节　赛事服装作品赏析

在校学生参加服装设计大赛时，要先按照征稿要求画出设计效果图，有设计大赛的参赛效果图要求画出款式图和标注选用面料，并且效果图的视觉效果要强烈突出，如果仅有理想的设计构思，没有一定的表现形式的设计是不会引起评委注意的。此外，在效果图中还要写上设计说明及特殊的工艺制作等。待入围评选结束后，主办方将开始通知入围选手参加决赛，入围选手就可以开始制作服装，包括对面料的选用、打版、裁剪、制作等一系列工序，最后形成系列设计实物才能进行决赛，决赛以动态的表演形式为主。

例如，第29届"汉帛奖"的参赛主题是从可持续的角度出发，注重弘扬当地传统文化，希望年轻设计师挖掘、推动未来生活方式的新设计，简而言之就是可持续时尚主题（图7-1）。

图7-1　金奖作品《何以为家》（作者：冷清）

金奖作品《何以为家》就是从孩童时期的游戏中找到创作灵感，在系列作品中探寻人与家的关系。设计师应用精巧复杂的拼接编制工艺，再搭配上立体剪裁，将可持续的理念充分融入设计中。

一、作品《黎愿》

主题选定：作者的灵感源于传承海南黎族服饰文化，希望通过作品来呈现传统元素与现代童装设计的结合，打造民族风格。

设计说明：该系列提取黎族的纹样，进行纹样的重组和排列，以圣诞元素的红绿配色搭配传统的黎锦刺绣，强烈的对比色，营造欢喜的气氛，运用于时尚可爱的童装设计。

二、作品《黎乡忆》

设计说明：本系列以海南黎族少数民族文化传统图腾展开设计，灵感来源于黎族标志性"大力神"纹，取其元素进行重新创新和重构组合成为新的更具时尚性的图案，以印花方式在涤纶面料上印图，主色调为湛蓝搭配灰黑，用明黄的配饰达到撞色效果，款式提取当下流行元素以下摆剪裁不规则形式为主，注入年轻、活力的元素，板型宽松随性，整个系列都以一种过去传承和当下创新流行相贯穿融合，更能给人眼前一亮的感觉。

图7-2　《黎愿》（作者：琼台师范学院　2017级艺术设计学　郭星雨）

图7-3　《黎乡忆》（作者：琼台师范学院　2017级艺术设计学　王文静）

三、作品《迷鹿》（图7-4）

设计说明：本系列灵感来源于非物质文化遗产中黎族图腾纹样。非遗中国体现艺术魅力，传承民族文化、增强文化自信。在这次的融合设计中，作者运用黎族图案和童装休闲款式的结合来体现现代时尚与东方智慧。四款设计款式以休闲简约为主，配以黎族图案中的鱼纹、鹿纹，将黎族传统纹样进行创新，更富有文化内涵与时尚吸引力。时尚与民族两种艺术文化相交融，使黎族纹样绽放新的生命力，从而传承并发扬民族文化。

图7-4 《迷鹿》（作者：琼台师范学院　2021级艺术设计学　马诗语）

四、作品《初步探索》（图7-5）

设计说明：灵感来源于以黎族图案纹样及热带植物为设计元素绘制的系列效果图，运用了编织的手法结合数码印花，具有时尚感。

图7-5 《初步探索》（作者：海南经济职业技术学院　服装与服饰
设计班　翟庆珍）

五、作品《竹墨黎影》(图7-6)

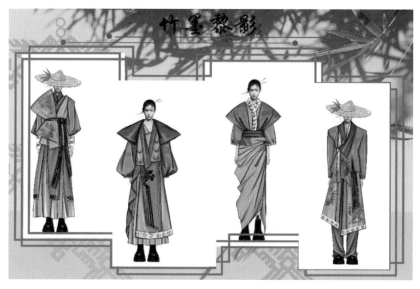

图7-6　《竹墨黎影》(作者：海南经贸职业技术学院　服装与服饰
设计班　易友利)

六、作品《海韵》(图7-7)

图7-7　《海韵》(作者：琼台师范学院　2019级
艺术设计学　符发愿)

七、作品《他乡》(图7-8)

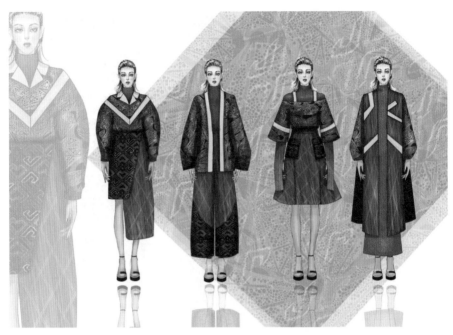

图7-8 《他乡》(作者:琼台师范学院 2015级服装与服饰设计 黄越)

八、作品《织黎》(图7-9)

图7-9 《织黎》(作者:琼台师范学院 2021级艺术设计学 崔俊)

九、作品《绿野仙踪》（图7-10）

设计说明：
　　随着我们不断探索自然界的生存法制，喷器繁复呈现出时而神秘虚幻，时而华美惊艳的和谐景象，丛林中拟态的生存、山崖蛸壁、溪流飞翔获得的绒瑕和静止显现的斑纹与极度内敛的新解构主义结合在一起。

图7-10《绿野仙踪》（作者：琼台师范学院　2013级服装与服饰设计　龙丹）

本章小结

　　本章讲授了服装设计大赛的分类、赛事服装的特点及分类、赛事服装面料的特点及分类、赛事服装设计的灵感思维积累、服装设计大赛的系列设计、参赛作品赏析等相关的知识内容，着重对参赛系列设计的表现形式和方法进行了讲述，使学生掌握运用以造型、色彩、面料、工艺、配件、局部细节为基本要素进行系列设计，掌握系列设计的原则及懂得评价系列设计的优劣。赏析了"汉帛奖"等获奖设计作品，着重对一套完整的设计流程进行讲述，学生需要重点掌握其内容，大家一定要认真思考、体会如何把握设计主题，结合流行趋势、提取元素，为系列作品搭配配饰以及面料的二次再造，以设计出完整有创意的设计作品。

课后习题

1. 收集国际、国内服装大赛最新比赛信息各一个，并深入分析该比赛特点与历届获奖作品。
2. 挑选一个以往大赛进行模拟参赛设计系列。
3. 针对某一种面料材质分析其在不同服装设计大赛作品中的应用，重点阐述面料与造型、面料与风格效果等。
4. 确定某一服装设计大赛，按照大赛主题，进行具体的系列设计，完成系列设计效果图（含5套服装）。要求系列感强，附设计主题、设计说明，尺寸为8开纸张。

参考文献

［1］陈金怡，蔡阳勇．服装专题设计[M]．北京：北京大学出版社，2010．

［2］唐宇冰，李克兢，李彦．服装专题设计[M]．上海：上海交通大学出版社，2013．

［3］许崇岫，张吉升，孙汝洁．服装专题设计[M]．北京：化学工业出版社，2012．

［4］程杰铭，郑亮，刘艳．色彩原理与应用[M]．北京：印刷工业出版社，2014．

［5］黄元庆．服装色彩学[M]．北京：中国纺织出版社，2010．

［6］李莉婷．服装色彩设计[M]．北京：中国纺织出版社，2004．

［7］王惠娟．服装造型设计[M]．北京：化学工业出版社，2010．

［8］徐亚平，吴敬，崔荣荣．服装设计基础[M]．上海：上海文化出版社，2010．

［9］周文杰．男装设计艺术[M]．北京：化学工业出版社，2013．

［10］叶淑芳，王铁众．女童装设计与制作[M]．北京：化学工业出版社，2017．

［11］段轩如．创意思维实训[M]．北京：清华大学出版社，2018．

［12］伍斌．设计思维与创意[M]．北京：北京大学出版社，2007．

［13］刘小君．服装材料[M]．北京：高等教育出版社，2016．

［14］吕航，赖秋劲．服装材料与应用[M]．北京：高等教育出版社，2014．

［15］吕波，服装材料创意设计[M]．长春：吉林美术出版社，2004．

［16］韩邦跃，孙金平．服饰图案[M]．北京：化学工业出版社，2009．

［17］胡艳丽．女装设计[M]．石家庄：河北美术出版社，2009．

［18］胡迅，须秋洁，陶宁，等．女装设计[M]．上海：东华大学出版社，2011．

［19］刘晓刚．童装设计[M]．上海：东华大学出版社，2008．

［20］刘晓刚，崔玉梅．基础服装设计[M]．上海：东华大学出版社，2011．

［21］马丁·道伯尔．国际时装设计元素：设计与调研[M]．赵萌，译．上海：东华大学出版社，2016．

［22］理查德·索格，杰妮·阿戴尔．国际服装丛书．设计：时装设计元素[M]．袁燕，刘驰，译．北京：中国纺织出版社，2008．

［23］崔玉梅．童装设计[M]．2版．上海：东华大学出版社，2015．

［24］陆珂琦，张炫夏．浅析服装廓形设计与实践[J]．艺术教育，2011（9）：43．

［25］徐崔春，杨妍，吴彩云．创意服装设计：童装设计[M]．北京：化学工业出版社，2018．

[26] 田琼. 童装设计[M]. 北京：中国纺织出版社，2015.

[27] 崔玉梅，刘晓刚. 服装设计4：童装设计[M]. 2版. 上海：东华大学出版社，2015.

[28] 陈璞，郭卉，甄靖怡. 现代童装设计[M]. 上海：东华大学出版社，2021.

[29] 蒋睿，夏新月，雷雅然. 以校服之新，扬民族文化之帆——民族文化元素在校服设计中的应用[J]. 服装设计师，2023（9）：77-80.

[30] 张晓红. 服装色彩偏好在中小学校服设计中的应用研究[J]. 丝网印刷，2023（10）：68-70.

[31] 梁燕，沈吕婷，杨思思. 符号学视角下的大学校服设计研究[J]. 丝绸，2022，59（7）：105-115.

[32] 杨晶莹. 商务职业装研究现状与发展趋势[J]. 服装学报，2022，7（5）：440-445.

[33] 郭庆红. 论职业装的现状和发展趋势[J]. 黄冈师范学院学报，2012，32（1）：49-51.

[34] 林雁，蒋晓文. 浅谈职业装的时尚化发展趋势[J]. 新西部，2010（12）：123，108.

[35] 李华麒. 职业装的设计路径和未来发展[J]. 国际纺织导报，2019，47（6）：46-50.

[36] 周子莹. 职业装的历史演变与特色化设计研究[D]. 海口：海南大学，2017.

[37] 徐伟. 中华民族风格服装服饰国际化探究—职业装设计[D]. 天津：天津科技大学，2013.

[38] 穆雨萱，田宝华. 我国航空职业装设计分析与创新探究[J]. 轻纺工业与技术，2021，50（10）：90-91.

[39] 张琛. 航空职业装中空姐职业装色彩规范化研究[J]. 戏剧之家，2018（20）：140.

[40] 张冠群. 民族风格空姐职业装的设计应用[D]. 北京：北京服装学院，2017.

[41] 张琛. 航空职业装的美观化设计研究[D]. 西安：西安工程大学，2016.

[42] 张鹏波，侯珊珊，王巧铃，等. 基于实用需求的新中式空乘服原型建立与优化设计研究[J]. 艺术与设计（理论），2023，2（8）：98-101.

[43] 王琳. 基于地域文化的空乘职业装设计分析[J]. 化纤与纺织技术，2023，52（6）：153-155.

[44] 吴瑜，王群山. 宋代梅花纹在现代职业装设计中的应用——以空乘职业装为例[J]. 山东纺织经济，2022，39（2）：45-49.

[45] 赵栩彬. 职业装设计中服饰色彩的视觉感应分析[J]. 化纤与纺织技术，2021，50（10）：122-124.

[46] 郭珍梅. 基于视觉识别技术视角的我国空乘职业装演变趋势浅析[J]. 空运商务，2018（7）：49-51.

[47] 宋烨飞，詹云，刘晓捷. 基于地域文化的空乘职业装设计探索[J]. 大众文艺，2017（7）：114.

[48] 何元跃. 宾馆迎宾职业装设计要素[J]. 纺织报告，2018（11）：54-56，58.